用範例實作學

Visual C#程式設計

使用 C#2019

王振興　編著

全華圖書股份有限公司　印行

國家圖書館出版品預行編目(CIP)資料

用範例實作學 Visual C#程式設計 : 使用 C#2019 / 王振興編著. -- 初版. -- 新北市 : 全華圖書, 2019.11
面 ; 公分
ISBN 978-986-503-078-0(平裝附光碟片)
1.C#(電腦程式語言)
312.32C 108004337

用範例實作學 Visual C#程式設計

使用 C# 2019

(附範例光碟)

作者 / 王振興
執行編輯 / 李慧茹
封面設計 / 曾霈宗
發行人 / 陳本源
出版者 / 全華圖書股份有限公司
郵政帳號 / 0100836-1 號
印刷者 / 宏懋打字印刷股份有限公司
圖書編號 / 06394007
初版一刷 / 2019 年 11 月
定價 / 新台幣 450 元
ISBN / 978-986-503-078-0(平裝附光碟片)
全華圖書 / www.chwa.com.tw
全華網路書店 Open Tech / www.opentech.com.tw
若您對書籍內容、排版印刷有任何問題，歡迎來信指導 book@chwa.com.tw

臺北總公司(北區營業處)
地址：23671 新北市土城區忠義路 21 號
電話：(02) 2262-5666
傳真：(02) 6637-3695、6637-3696

南區營業處
地址：80769 高雄市三民區應安街 12 號
電話：(07) 381-1377
傳真：(07) 862-5562

中區營業處
地址：40256 臺中市南區樹義一巷 26 號
電話：(04) 2261-8485
傳真：(04) 3600-9806

由於科技的進步與網路的發達，電腦及其他消費性電子產品之應用，已成為現代人生活中不可或缺的基本要素。有鑑於此，教育部已將程式設計課程，列入一〇七學年度國民中小學之教學課綱中，期望於此階段之教育過程中，培養出具有邏輯思維與創造能力的科技尖兵。

政府的立意雖佳，然而師資培訓與教學教材等問題伴隨而生。以教材而言，筆者發覺坊間的教材，大多著重於初階之教學，如：變數之類別、宣告方法、合格之變數名稱、迴圈的控制等等，或是介紹太多艱澀的術語，如：繼承 (Inheritance)、封裝 (Encapsulation)、多載 (Overload) 等等。往往學習了半天，仍然停留在初學者的階段，或是不知所云，而失去了學習的動機。

有鑑於此，筆者望能仿效古人教導習字的精神，尋求程式設計學習之道。初始時，一筆一畫的帶領讀者進入程式設計的殿堂，如似學前孩童學習語言般的，必先不知其然的熟讀三字經、弟子規等書籍，待時機成熟進入狀況後，讀者自然能懂得程式設計的奧妙。筆者特別強調，程式設計之學習捷徑無他，必須由實作開始，一字一字的鍵入程式碼。於錯誤時，學習如何於網路中尋找問題之答案。需時時發想，如何以程式設計，解決生活中所遭遇到的問題。

本書以 Visual studio 2019 為例。開始時，以各步驟含圖解之方式，介紹安裝、建立專案、與整合發展環境。其次再以範例引導，介紹群組盒、文字盒、按鈕、標籤、進度橫桿、與計時器等基本元件之用法。接著又以計算階乘、計算費伯納西數、尋找兩個矩陣的相乘積、尋找一個矩陣的反矩陣、利用克拉瑪法則求解一元三次線性方程式、求解三元一次線性方程式、計算兩車間距離、與排序法之程式，說明程式設計在解決數學問題之應用。

最後再以登入系統、餐廳之點餐程式、大樂透之開對獎程式、小算盤、小作家、小畫家、猜測終極密碼數字、快速四則運算、井字棋、射擊砲彈、打地鼠、水果盤、與吃角子老虎等遊戲程式之設計，讓讀者瞭解程式設計是如何解決生活中之問題，並增加讀者學習之興趣。

本書將所有程式皆集中刊載於一處，以方便讀者學習時之參考。然筆者才疏學淺，倉促付梓，倘有疏漏誤植，尚請各界先進不吝指正。

王振興　謹誌
2019 於新北市

CH01 環境建置

CH02 文字盒之變化

CH03 應用於數學

CH07 遊戲一

CH08 遊戲二

01 環境建置

本章依 Visual Studio 2019 之安裝步驟、建立 C# Windows Form 專案之步驟、整合發展環境（Integrated Development Environment, IDE）之介紹、與常用的元件與專業術語之中英文對照表之順序，一步一步帶領各位進入到 C# 程式設計之範疇，最後再以 HelloWorld 範例程式，讓各位寫出人生的第一個 C# 程式。

1.1 安裝 Visual Studio 2019

安裝 Visual Studio 2019 之步驟如下：

1. 在“Google Chrome”上，鍵入“visual studio 2019 download”（如圖 1.1.1）。

圖 1.1.1 Google Chrome

2. 點擊“Downloads | IDE, Code, & Team Foundation Server | Visual Studio”。(如圖 1.1.2)。

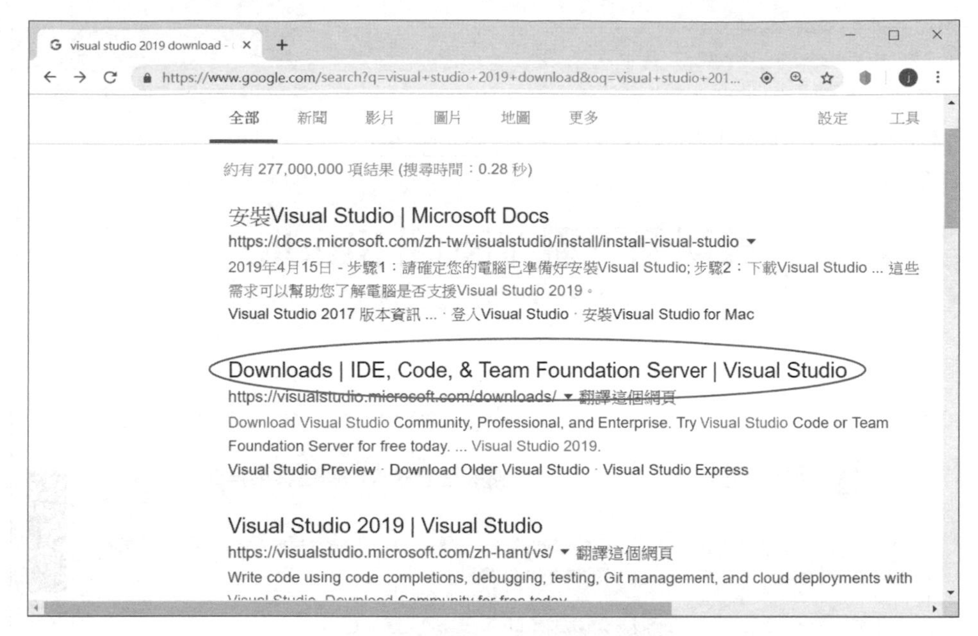

圖 1.1.2　Google Chrome 搜尋圖

3. 當出現如下之畫面，點擊“社群 / 免費下載”（如圖 1.1.3）。

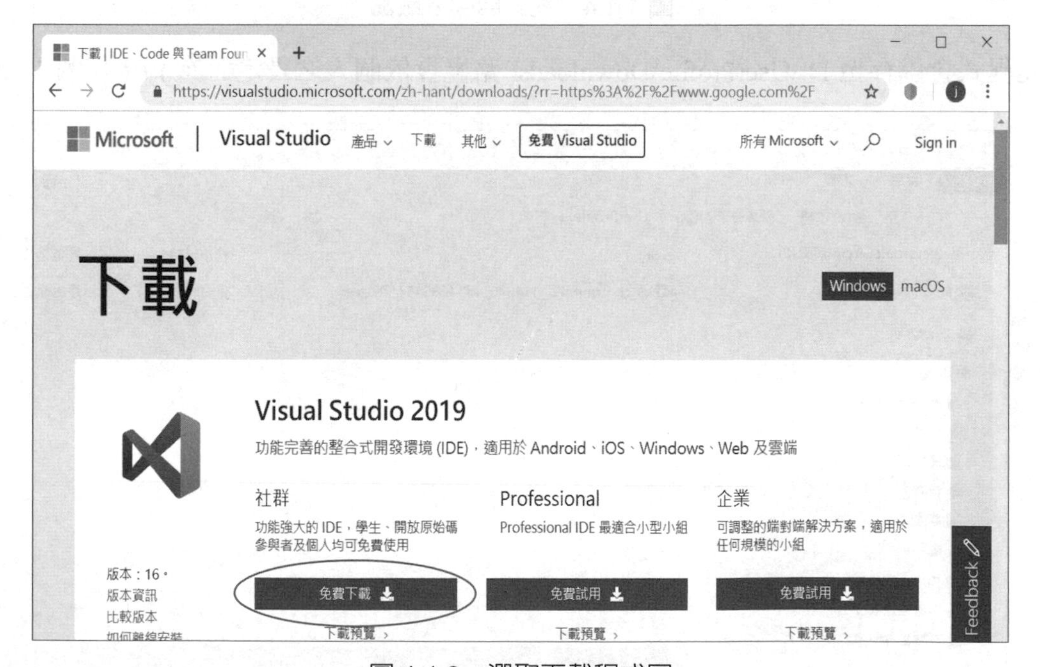

圖 1.1.3　選取下載程式圖

4. 則程式“vs_community_....exe”會自動下載。(如圖 1.1.4)

圖 1.1.4　程式自動下載圖

5. 此程式會儲存至 D:\UserProfile\Downloads(路徑會依個人之設定而異)。(如圖 1.1.5)

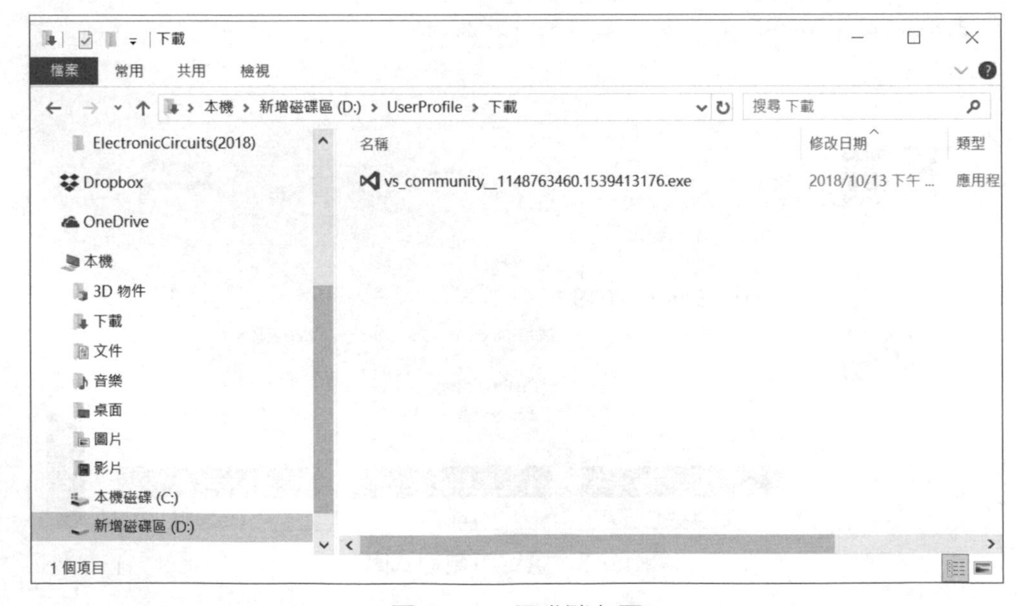

圖 1.1.5　程式儲存圖

6. 點擊此安裝檔“vs_community_....exe”，並按下“繼續”。（如圖 1.1.6）

圖 1.1.6　程式待執行畫面

7. 出現如下之安裝初始畫面。(如圖 1.1.7)

圖 1.1.7　安裝初始畫面

8. 待出現如下之畫面時，選擇所需之套件，為節省儲存空間，此處選擇的套件有：“.Net 桌面開發”、“適用 Windows 平台開發”。(如圖 1.1.8)

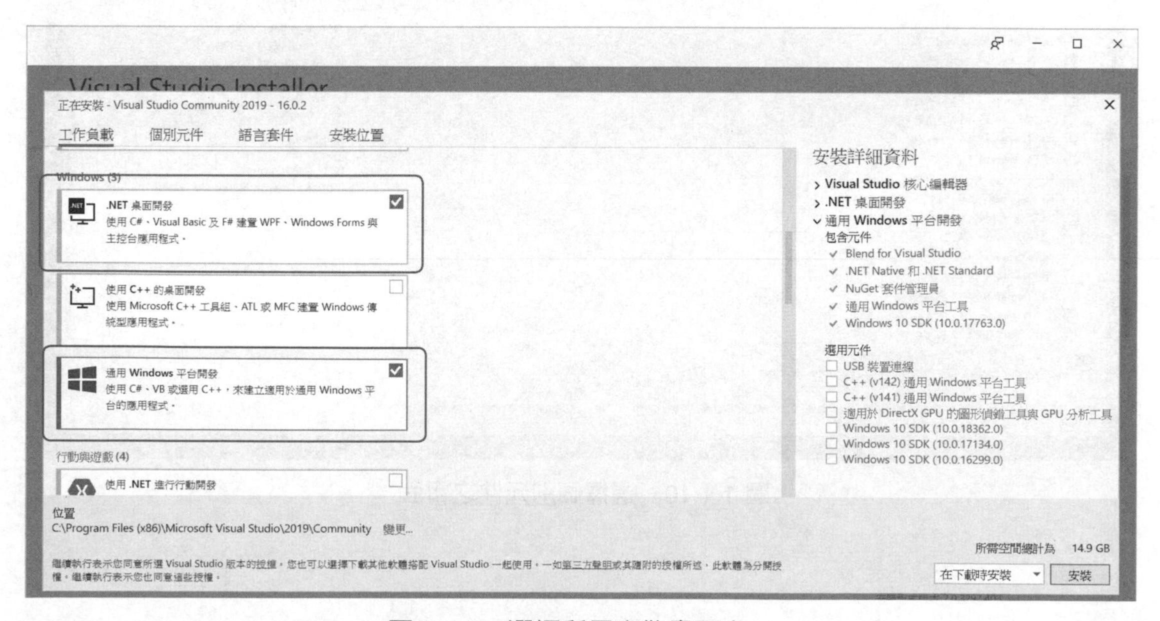

圖 1.1.8　選擇所需套件畫面之一

9. 再將畫面移動到最下方，選取所需之套件：“Visual Studio 擴充功能開發”。（如圖 1.1.9）

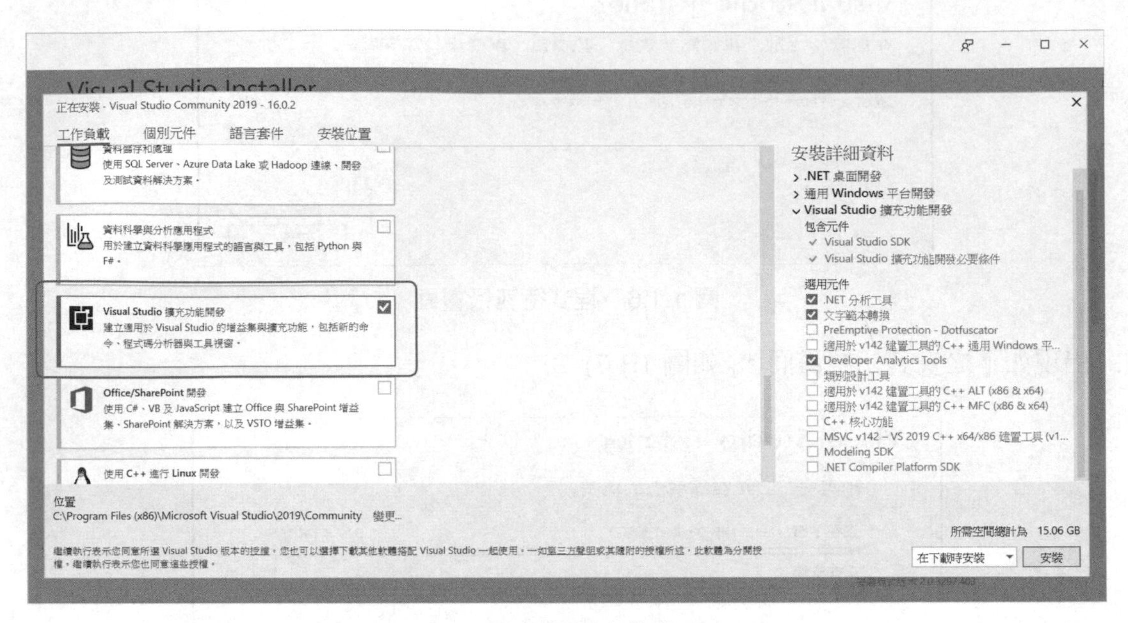

圖 1.1.9　選擇所需套件畫面之二

10. 再將畫面切換至“個別元件”，此處若無額外之需要，則不需額外勾選，安裝程式會自動勾選所需之相依元件。（如圖 1.1.10）

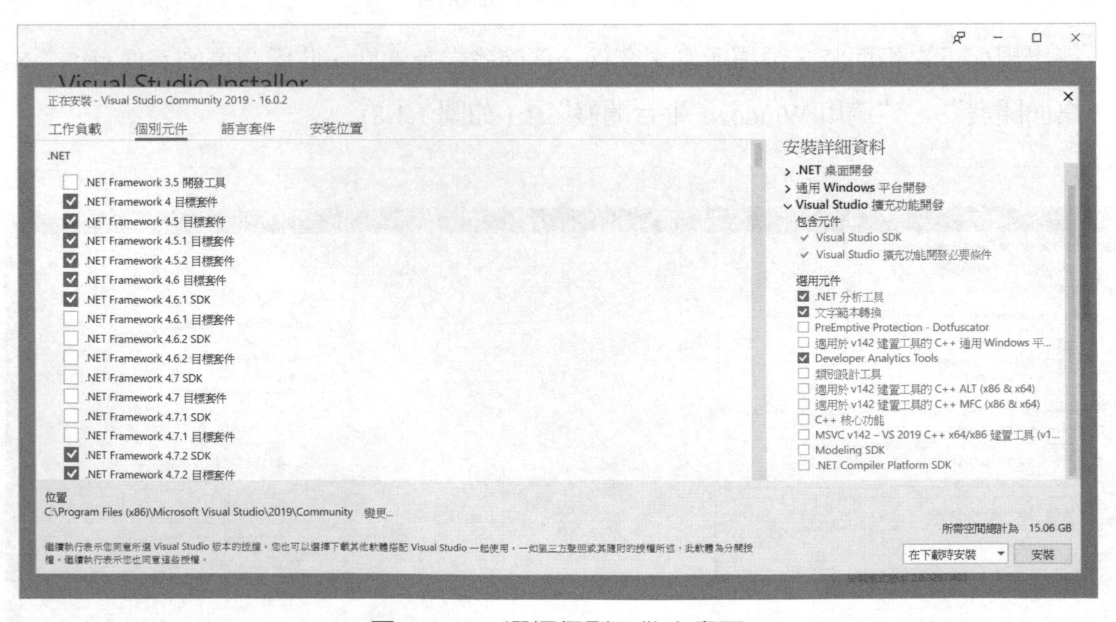

圖 1.1.10　選擇個別元件之畫面

11. 若有其他語言之需求，則可將畫面切換至“語言套件”，以選擇所需之語言。（如圖 1.1.11）

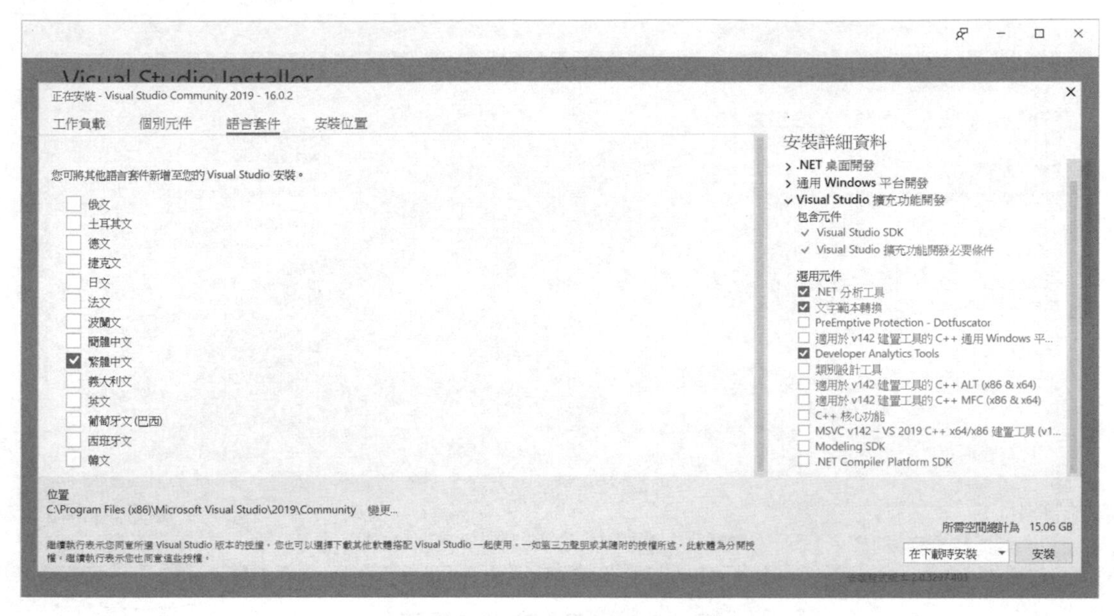

圖 1.1.11 選擇語言套件之畫面

12. 若需變更安裝位置，則可將畫面切換至“安裝位置”，以選擇適當之安裝路徑。（如圖 1.1.12）

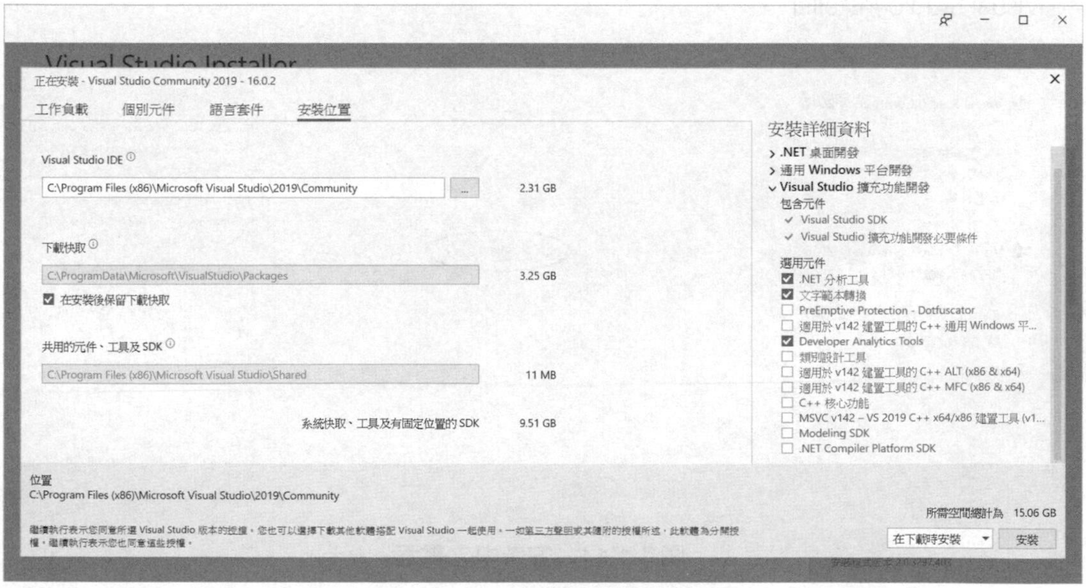

圖 1.1.12 選擇安裝位置之畫面

13. 為了避免網路不穩定導致安裝失敗，建議選擇“全部下載後安裝”，按下“安裝”鍵，等待安裝。（如圖 1.1.13）

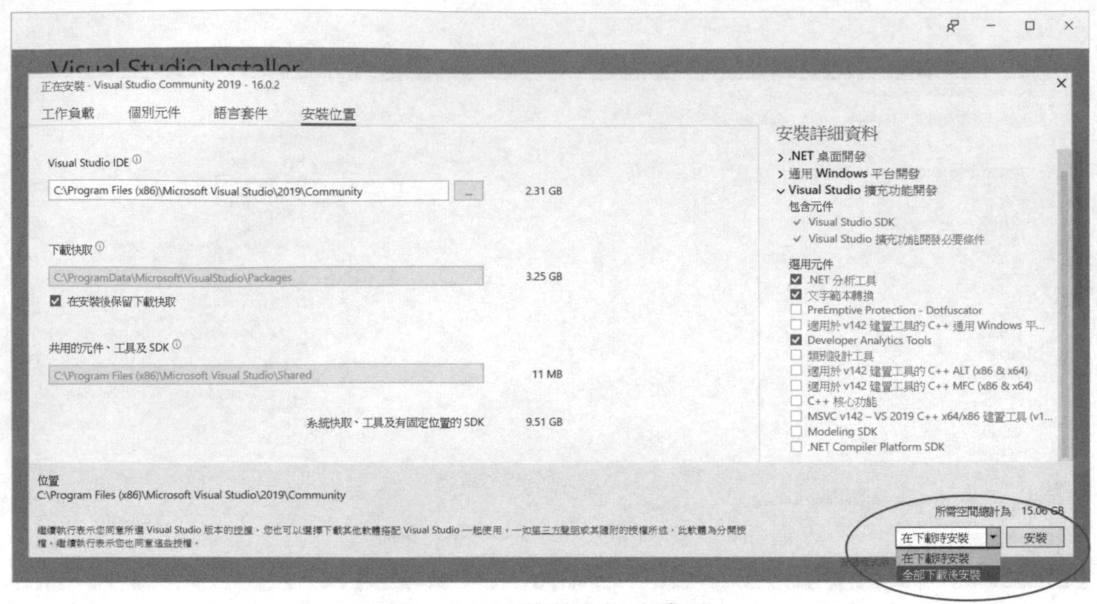

圖 1.1.13　等待安裝之畫面

14. 途中若要暫時終止安裝，可選擇“暫停”鍵。（如圖 1.1.14）

圖 1.1.14　安裝中之畫面

15. 安裝完畢後，即可關閉安裝程式，完成安裝。（如圖 1.1.15）

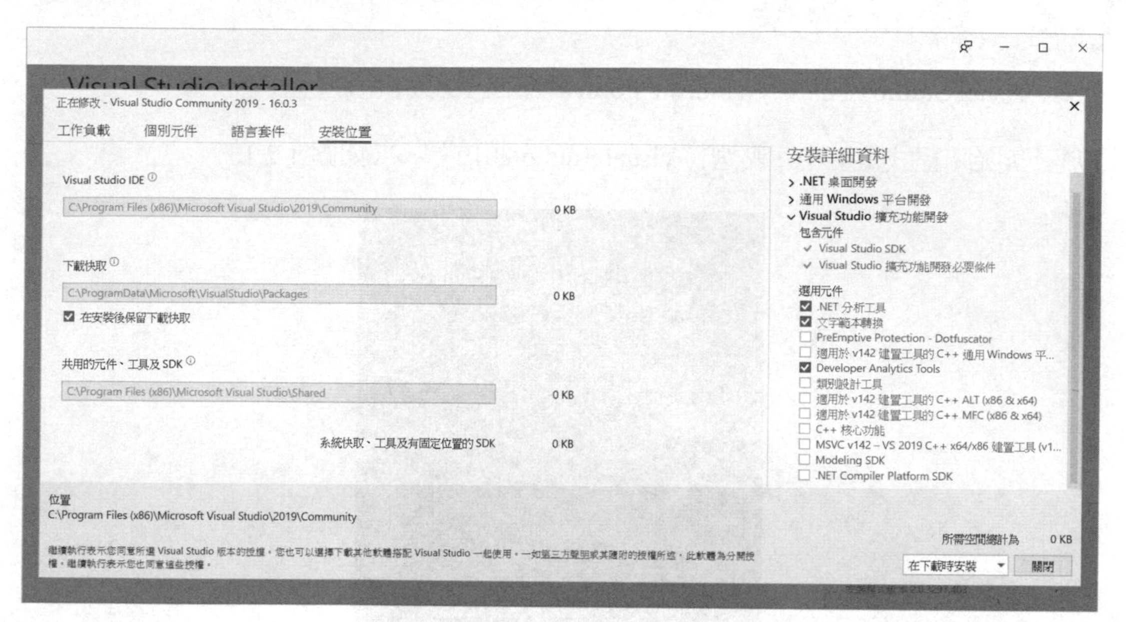

圖 1.1.15 完成安裝之畫面

1.2 建立專案

以 Visual Studio 建立 C# Windows Form 專案之步驟如下：

1. 於「開始 / 程式集」中，點選“Visual Studio 2019”。（如圖 1.2.1）

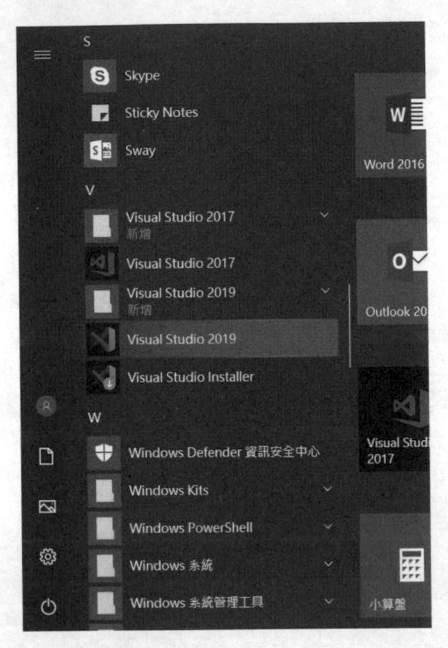

圖 1.2.1 執行 Visual Studio 2019 之畫面

2. 第一次使用時，需選擇登入帳戶，若無帳戶可先選擇“不是現在，以後再說”或亦可以申請“建立一個 !”。（如圖 1.2.2）

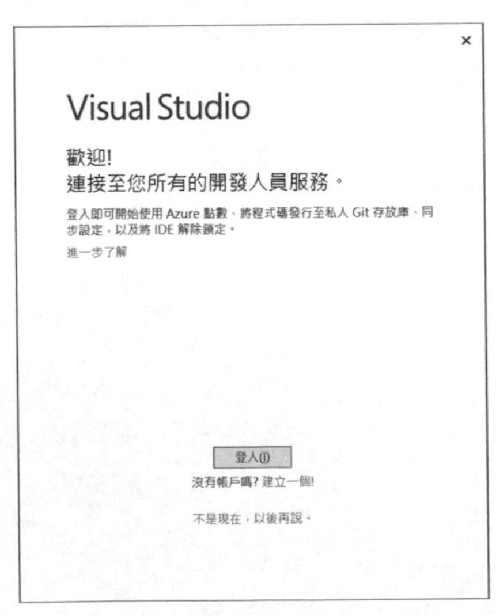

圖 1.2.2 選擇登入帳戶之畫面

3. 第一次使用時，需於「開始 / 程式集 / 設定」中，將更新與安全性，切換至開發人員模式（此一行為將降低系統安全性，允許第三方應用程式之執行）。（如圖 1.2.3、圖 1.2.4、圖 1.2.5、與圖 1.2.6）

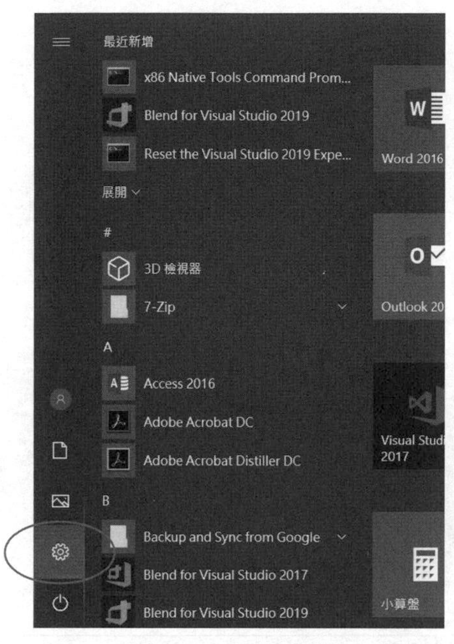

圖 1.2.3　選擇設定之畫面

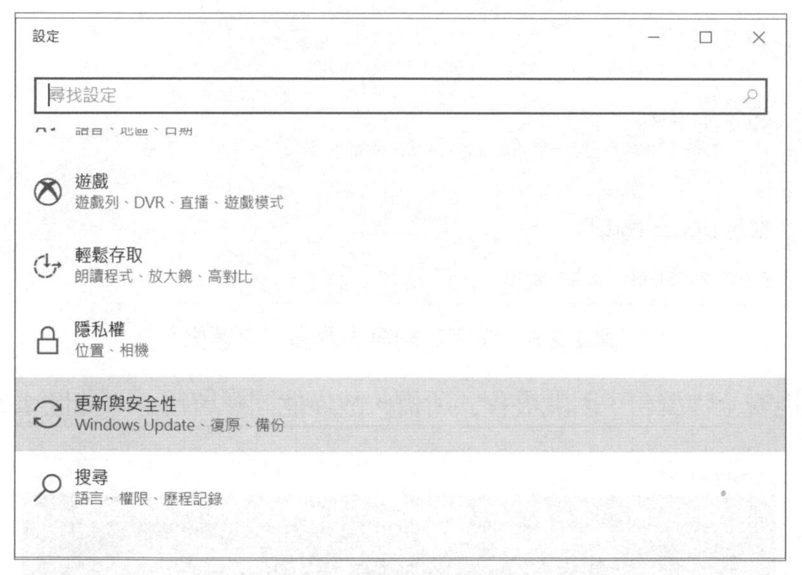

圖 1.2.4　選擇更新與安全性之畫面

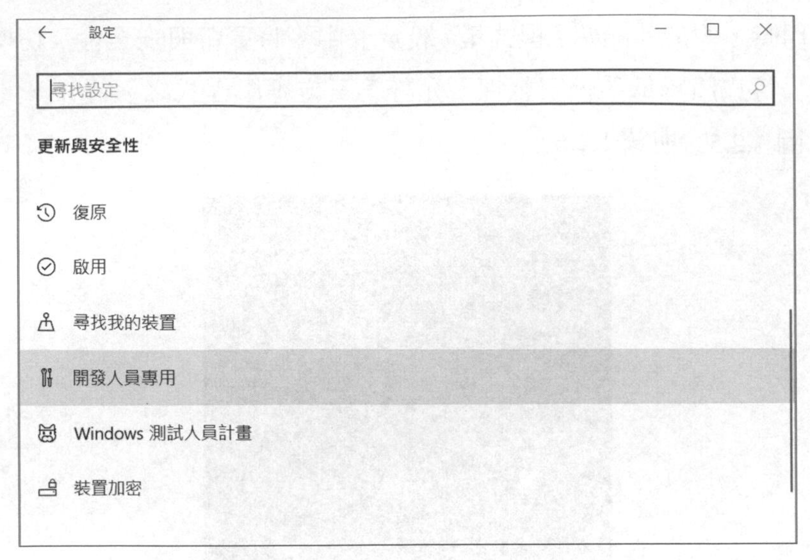

圖 1.2.5 選擇開發人員專用之畫面

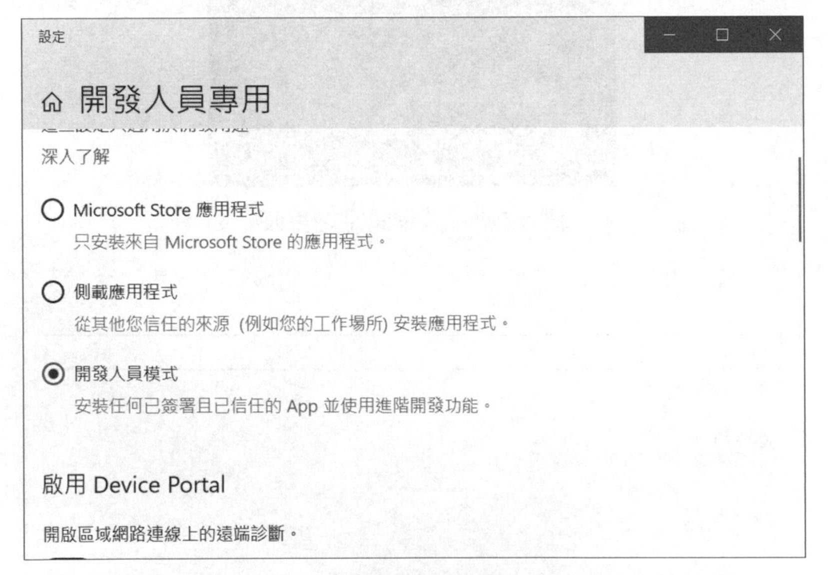

圖 1.2.6 設定為開發人員模式之畫面

4. 此時會出現安全性警告，因開發程式所需，故僅能同意啓用。（如圖 1.2.7）

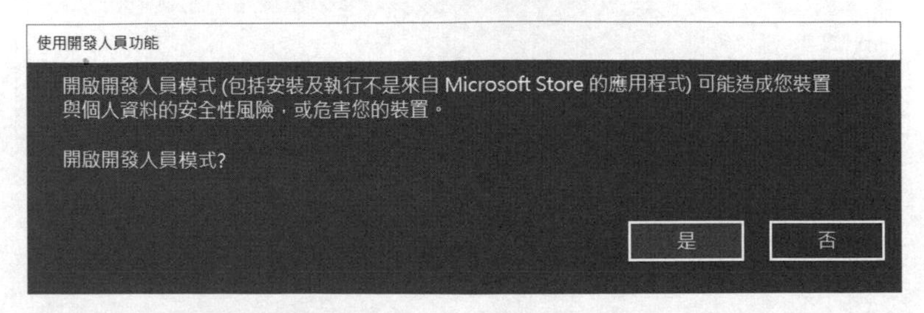

圖 1.2.7 安全性警告之畫面

5. 當出現 Visual Studio 2019 之畫面時，選擇“建立新專案”。（如圖 1.2.8）

圖 1.2.8　Visual Studio 2019 啓動之畫面

6. 於“語言”項下，選擇“C#”程式語言。（如圖 1.2.9）

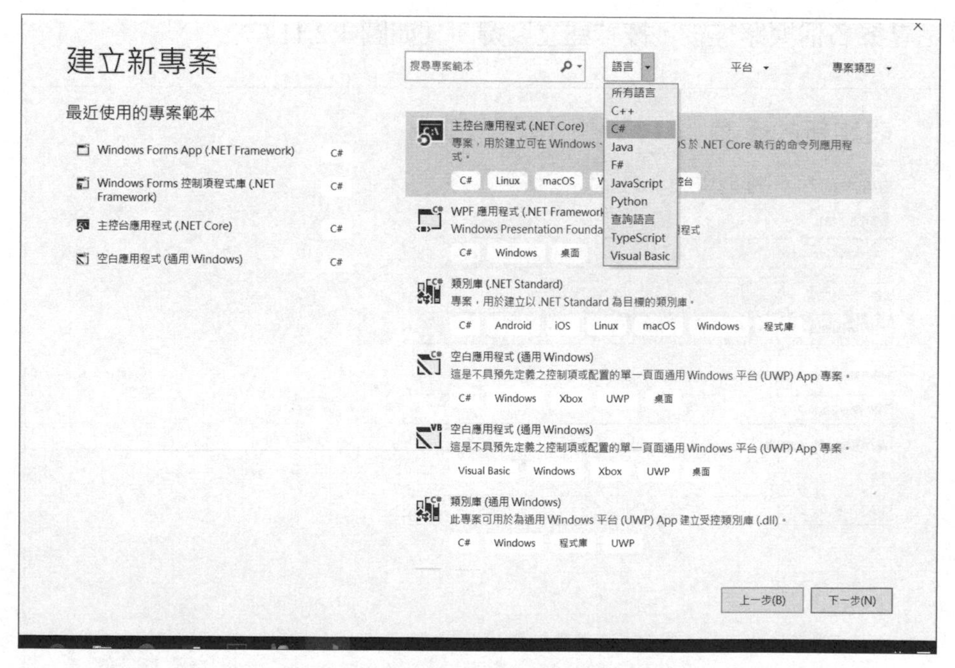

圖 1.2.9　選擇 C# 程式語言之畫面

7. 選擇 Windows Forms App (.Net Framework) 之程式模型後，按“下一步”鍵。（如圖 1.2.10）

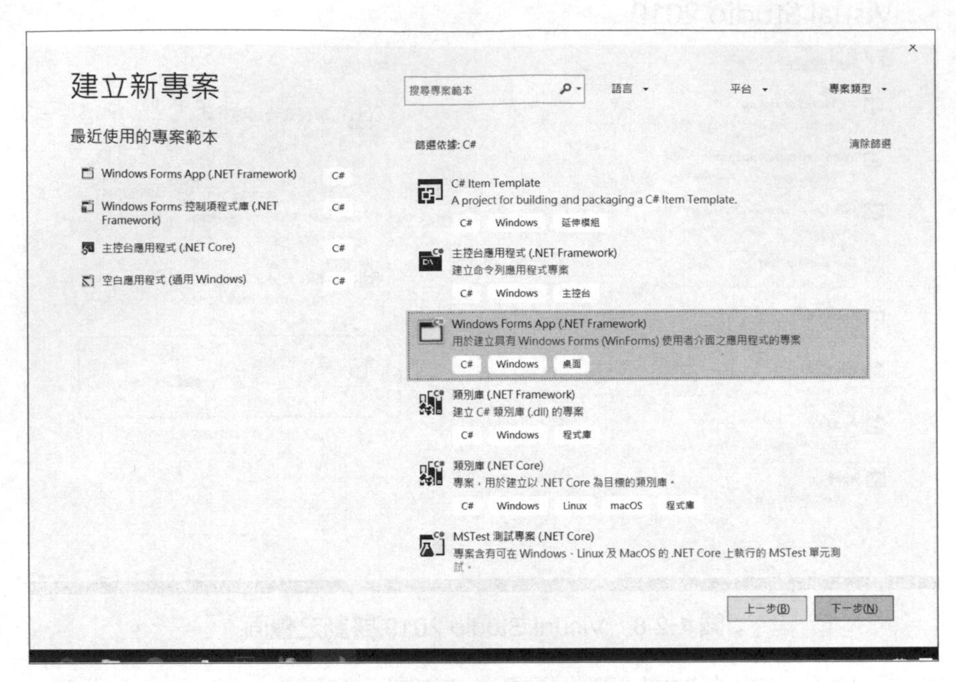

圖 1.2.10　選擇 C# 程式模型之畫面

8. 於設定專案名稱與路徑後，按“建立”鍵。（如圖 1.2.11）

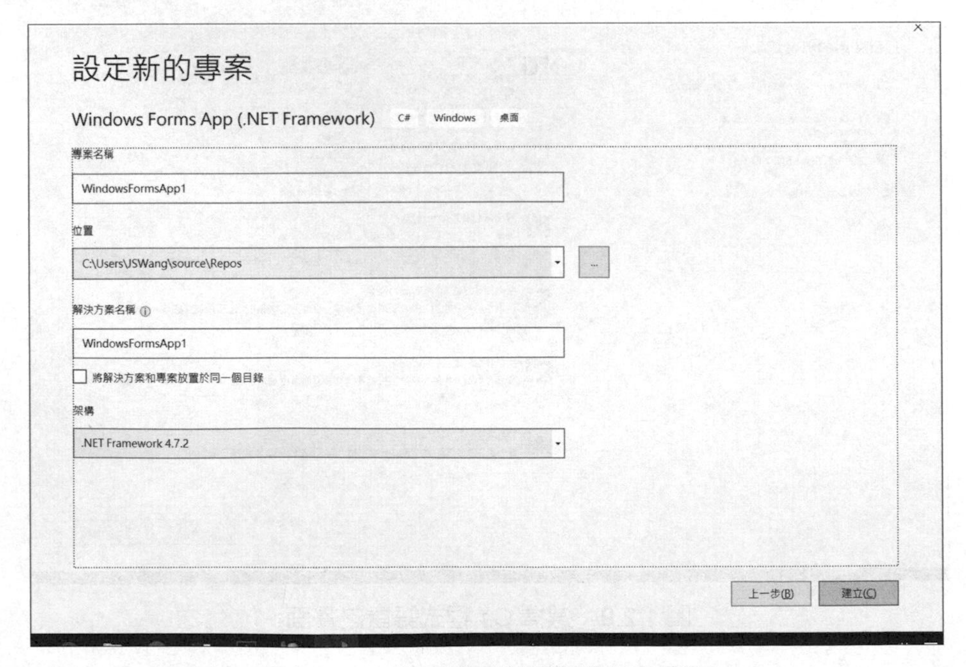

圖 1.2.11　設定專案名稱與路徑之畫面

9. 當出現如下之畫面時，便可開始撰寫程式了。（如圖 1.2.12）

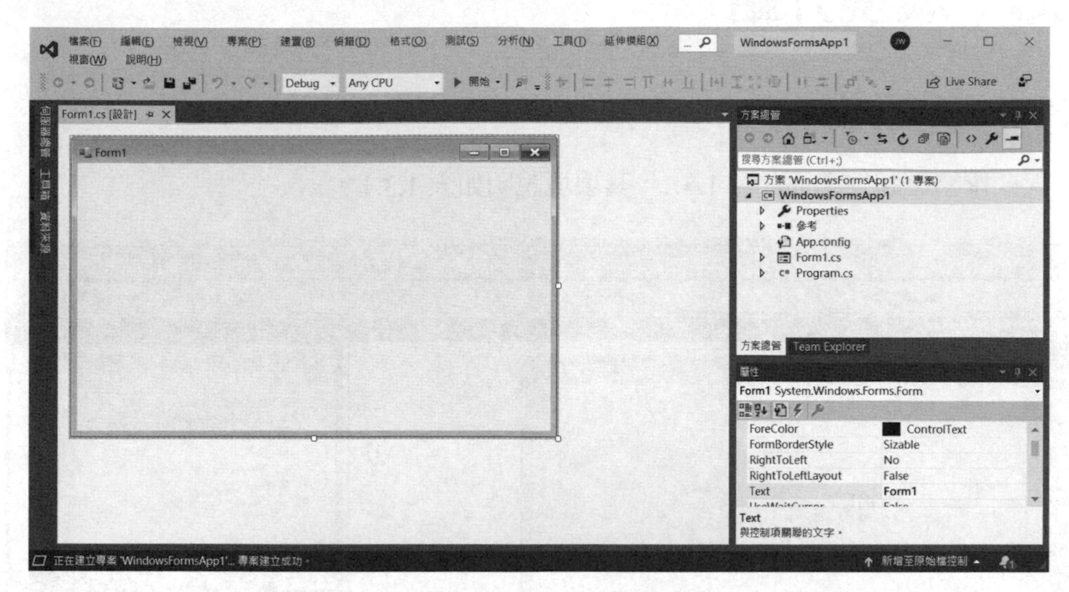

圖 1.2.12　程式撰寫起始畫面

1.3 環境介紹

1.3.1 起始畫面

程式撰寫之起始畫面如圖 1.3.1，其環境說明如表 1.3.1。

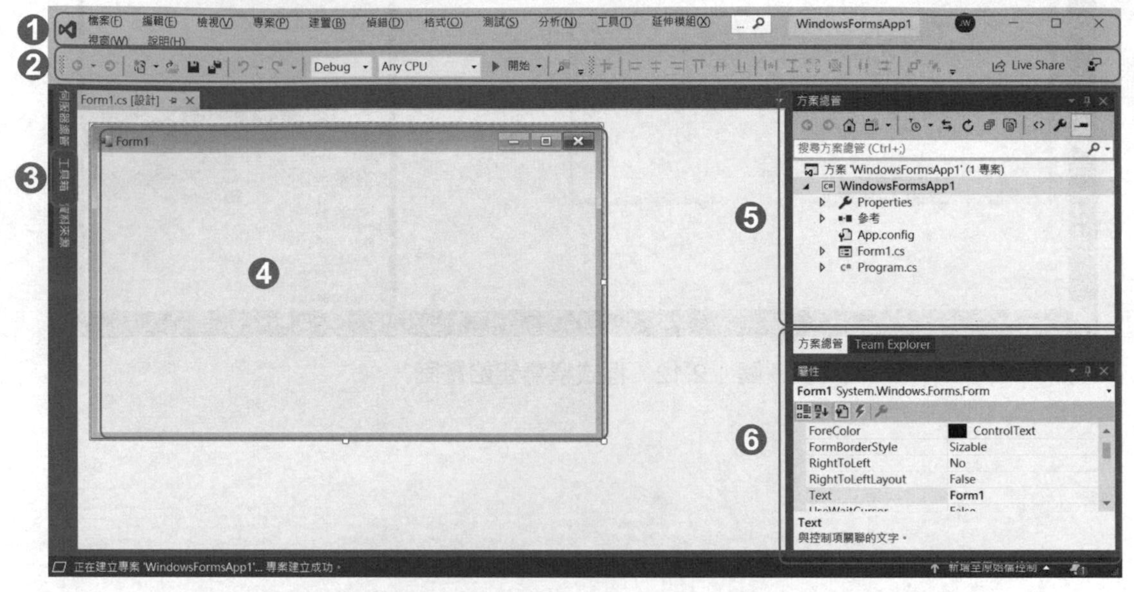

圖 1.3.1　起始畫面之環境介紹

表 1.3.1　起始畫面之環境說明

編號	名稱	說明
1	命令列	各種指令以類型列表
2	按鍵快捷列	常用指令之快捷鍵
3	工具箱（元件盒）	各種工具（元件）之列表
4	表單	程式執行時所見之視窗
5	方案總管	方案元件總匯管理之處
6	屬性視窗	設定物件屬性或選擇觸發事件之處

1.3.2 工具箱（或稱元件盒）

當按下「工具箱」鍵，會出現如圖 1.3.2 之工具箱畫面，以滑鼠雙點擊（Double clicks）所選元件或按滑鼠左鍵不放，將所選之元件拖曳至表單上，其結果如圖 1.3.3 所示（以 Button 元件爲範例）。

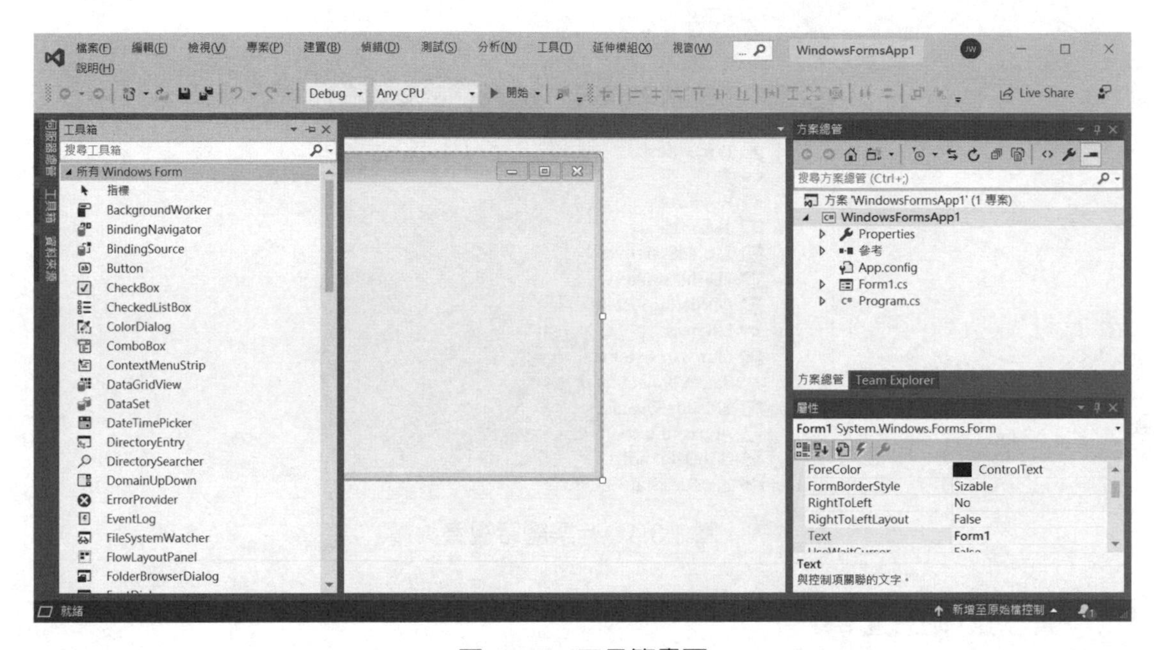

圖 1.3.2 工具箱畫面

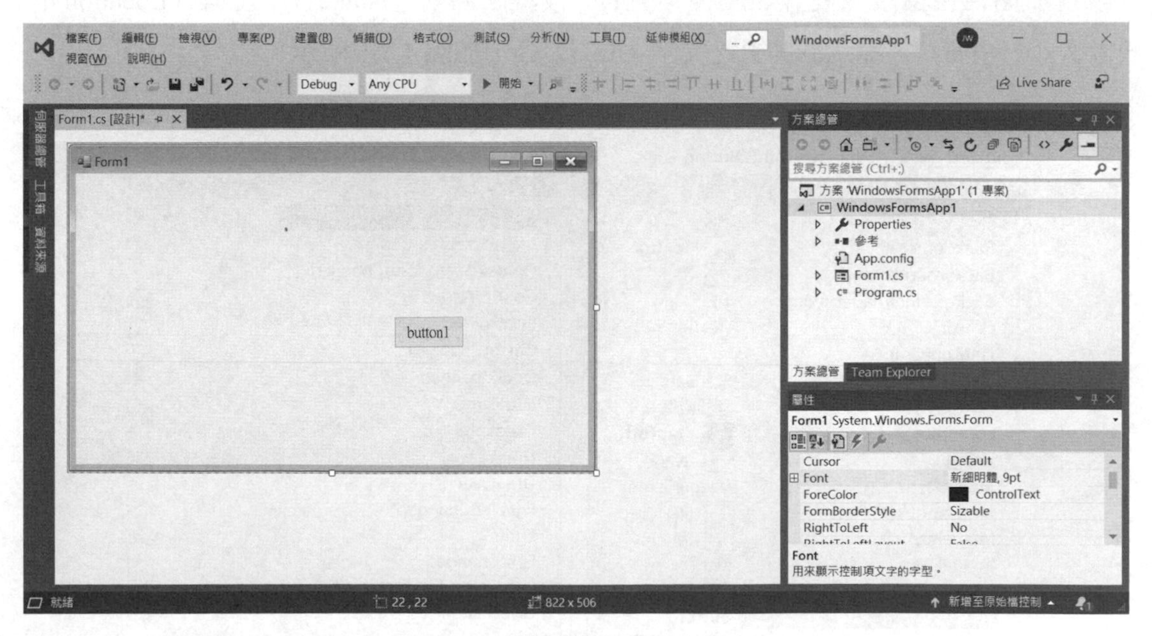

圖 1.3.3 將按鍵鈕加至表單上

1.3.3 方案總管

方案總管掌管方案（或稱專案）中所有會使用到之項目，包含：程式、類別、資料庫、資源等，如圖 1.3.4 所示。

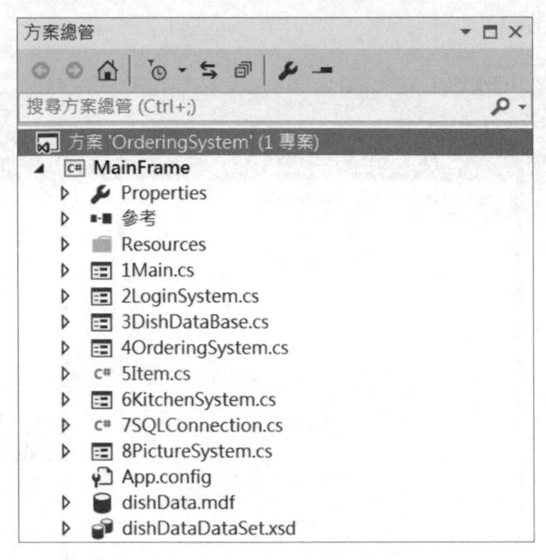

圖 1.3.4　方案總管視窗

1.3.4 屬性視窗

可於屬性視窗設定元件之屬性，例如：按鍵之名稱（Name）、位置（Location）、尺寸大小（Size）、顯示於其上之文字（Text）等，如圖 1.3.5 所示。

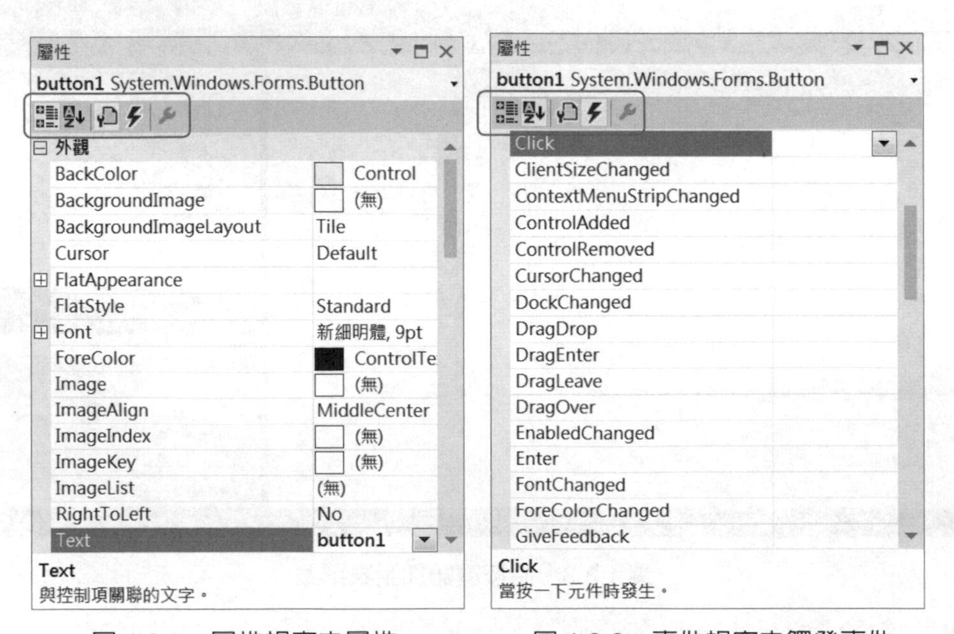

圖 1.3.5　屬性視窗之屬性　　　圖 1.3.6　事件視窗之觸發事件

亦可於此視窗選擇當元件被觸發時所需處理的事件，例如：此按鍵被按下之事件（Click）、滑鼠移動至此按鍵之事件（MouseHover）等，如圖 1.3.6 所示。

此視窗中四按鍵之功能，如表 1.3.2 所示。

表 1.3.2　屬性視窗按鍵之功能說明

編號	按鍵圖型	功能說明
1		各屬性或事件依類型排列
2		各屬性或事件依字母順序排列
3		切換至屬性視窗
4		切換至事件視窗

於元件之事件視窗中，以滑鼠雙點擊事件名稱，即可撰寫處理此事件之程式。

1.4 中英文術語對照表

常用的元件與專業術語之中英文對照，如表 1.4.1 所示。

表 1.4.1 中英文術語對照表

英文	中文	英文	中文
AdapterManager	配接器管理者	Application	應用程式
Arc	弧線	Asc (Ascend)	遞增
AutoPopDelay	自動突顯之延遲時間		
BackColor	背景顏色	BindingSource	綁定的資料源
BindingNavigator	綁定的導引器	Bisque	淡褐色
Bold	粗體字	BorderColor	邊框顏色
BorderSize	邊框線條尺寸	BorderStyle	邊框款式
Break	暫離	Button	按鈕
Center	中心（央）	Checked	被勾選
CheckedListBox	選項列表盒	CheckOnClick	點擊時勾選
Circle	圓形	ClearSelected	清除選項
Class	類別	Click	點擊
Close	關閉	Column	行
ComboBox	組合盒	Const	常數
Controls	控制項	Constructor	建構子
Convert	轉換爲	Count	總數
Data	資料	DataGridView	資料檢視格
DataRowView	依列查看資料	DataSet	資料集合
DataSource	資料來源	Default	內（機）定值
DefaultView	內定查看法	Desc (Descend)	遞減
DialogResult	對話結果	DrawArc	繪弧線
DrawEllipse	繪橢圓形	DrawPolygon	繪多邊形
DropDown	下拉	DropDownItems	下拉之項目

英文	中文	英文	中文
Enable	致能	Encoding	編碼
EndEdit	終止編輯	Event	事件
EventArgs	事件參數	Exclusive-OR	互斥或
Exit	離開		
False	假	File	檔案
Fill	裝填	FilledCircle	填滿的圓形
FillEllipse	填滿的橢圓形	FilledRectangle	填滿的長方形
FilledTriangle	填滿的三角形	FixedSingle	固定平面的
Fixed3D	固定立體的	Flat	平坦
FlatAppearance	平坦外觀	FlatStyle	平坦款式
Float	實（浮點）數	Flush	刷洗
FolderBrowserDialog	文件夾瀏覽器對話框	Font	字型
ForeColor	前景顏色	Form	表單
Fuchsia	金鐘色		
Global variable	全域變數	GroupBox	群組盒
HScrollBar	水平捲軸桿		
Icon	圖示	Image	圖像
InitializeComponent	元件初始化	Italic	斜體字
Item	項目		
Label	標籤	Length	長度
LightGray	淺灰色	Line	線條
Lime	萊姆色	List	列表
ListBox	列表盒	Load	載入
Maximum	最大值	MenuStrip	功能表橫條
MessageBox	訊息盒	MessageBoxIcon	訊息盒圖示
MiddleCenter	正中心（央）	Minimum	最小值
MouseDown	滑鼠按下	MouseMove	滑鼠移動

英文	中文	英文	中文
MouseUp	滑鼠升起	Multiline	多行
NameSpace	命名空間	New	開新檔案
NumericUpDown	上下數值選擇器		
Object	物件	Open	開啓舊檔
OpenFileDialog	開啓檔案對話框	Orange	橘黃色
Panel	嵌板	Parse	解析成
Partial	部分的	PasswordChar	密碼代表字元
Pen	畫筆	PictureBox	圖像盒
Play	播放	Point	點
Private	私有的	ProgressBar	進度橫桿
Project	專案	Property	屬性
Public	公有的		
Random	亂數產生器	ReadToEnd	讀至結尾
Rectangle	長方形	Refresh	刷新圖像盒
RichTextBox	多彩文字盒	Row	列
Save	儲存檔案	Save as	另存新檔
SaveFileDialog	儲存檔案對話框	ScrollBars	捲軸
SelectionFont	選擇的字型	SelectedText	選擇的文字
Sender	派送者	SetItemChecked	設定該項目爲勾選者
Separator	分隔線	ShowDialog	顯示對話框
Size	字體大小	SolidBrush	實心的刷子
Sort	排序	SoundPlayer	聲音播放器
Static	靜態	StreamReader	訊流讀取器
StreamWriter	訊流書寫器	Strikeout	加刪除線
String	字串	SubString	子字串
TableAdapter	表格配接器	Tag	標籤
Text	本文	TextAlign	文字對齊

英文	中文	英文	中文
TextBox	文字盒	Timer	計時器
ToInt16	轉換爲 16 位元的整數	ToolBox	工具箱（元件盒）
ToolStrip	工具橫條	ToolStripButton	工具橫條之按鈕
ToolStripMenuItem	工具橫條之功能表項目	ToolTip	工具提示
ToString	轉成字串	Triangle	三角形
True	眞		
Underlined	加底線	UpdateAll	更新所有資料
Using	使用		
Validate	產生效用	Visible	可看見
Void	空的（無回傳的）		
Warning	警告	Write	寫入

1.5 範例程式

範例 1-1 HelloWorld

說明 當按下按鍵後，於文字盒中顯示“Hello world!”。

1. 使用元件：表單 *1、文字盒 *1、按鈕 *1
2. 專案之配置如圖 1.5.1。

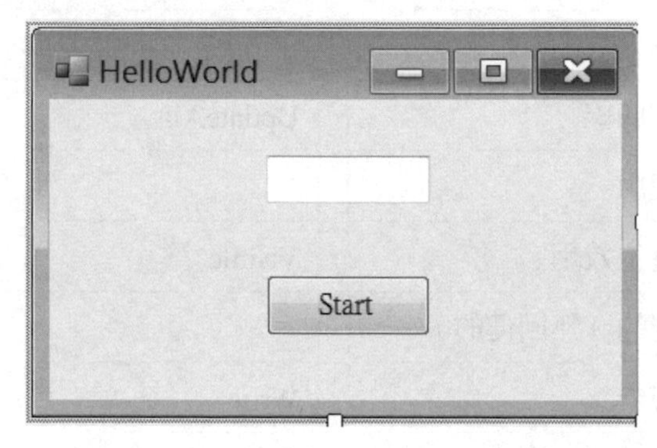

圖 1.5.1 HelloWorld 專案配置圖

3. 操作流程：

   (1) 依照建立專案之流程，當出現視窗畫面，如圖 1.5.2 所示。

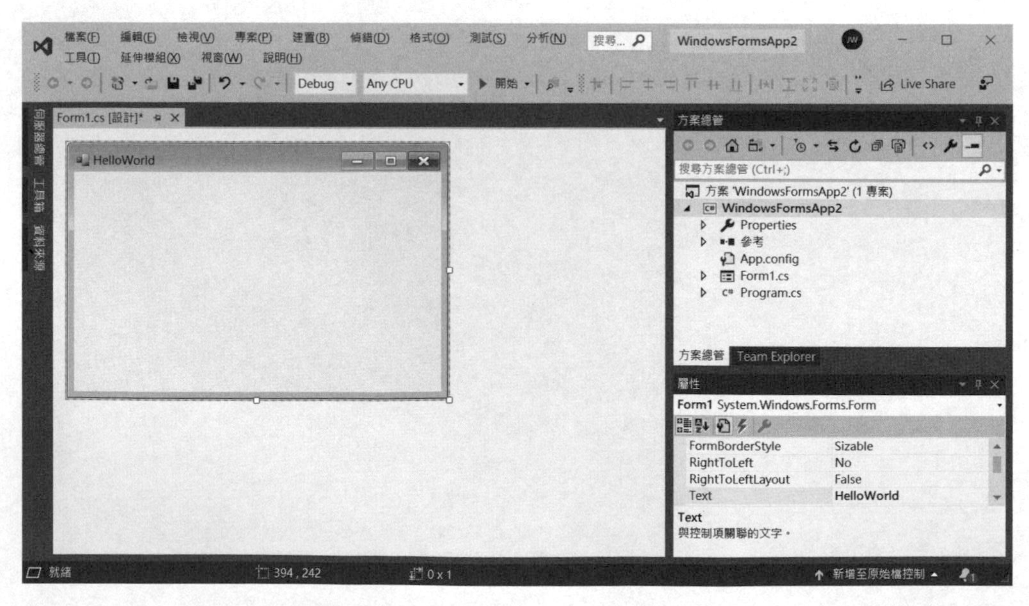

圖 1.5.2 HelloWorld 專案起始畫面

(2) 點選表單將其尺寸拉長，並修改其本文為“HelloWorld”，如圖 1.5.3 所示。

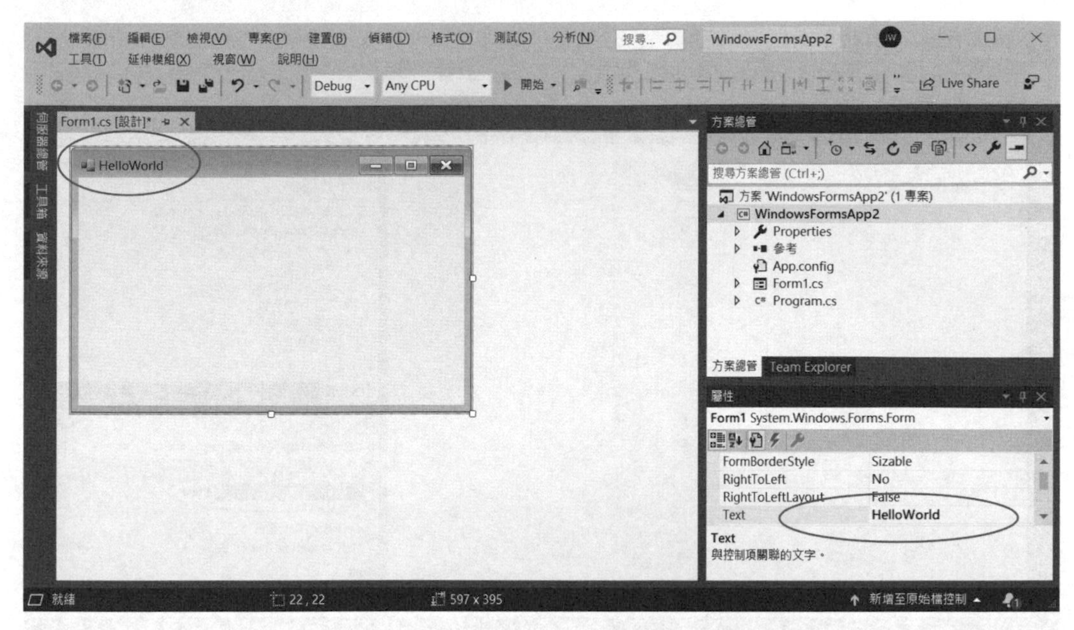

圖 1.5.3　HelloWorld 專案修改表單本文圖

(3) 點選工具箱將文字盒拖曳至表單上，並修改其文字對齊方式為中央對齊“Center”，如圖 1.5.4 所示。

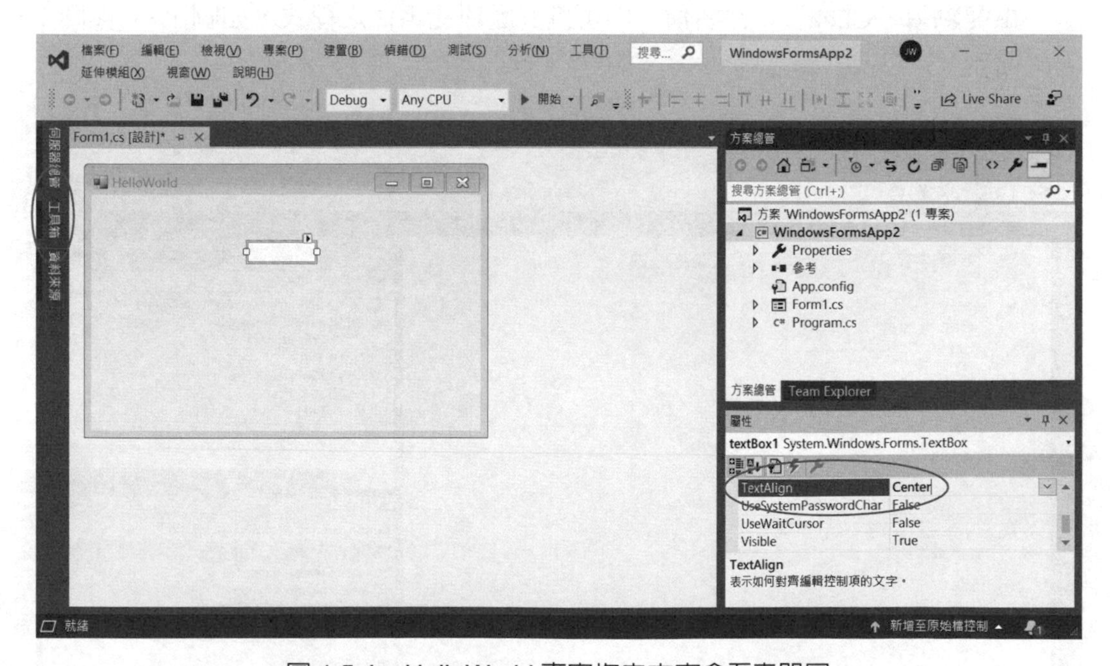

圖 1.5.4　HelloWorld 專案拖曳文字盒至表單圖

(4) 點選工具箱將按鈕拖曳至表單上，並修改其本文為“Start”，如圖 1.5.5 所示。

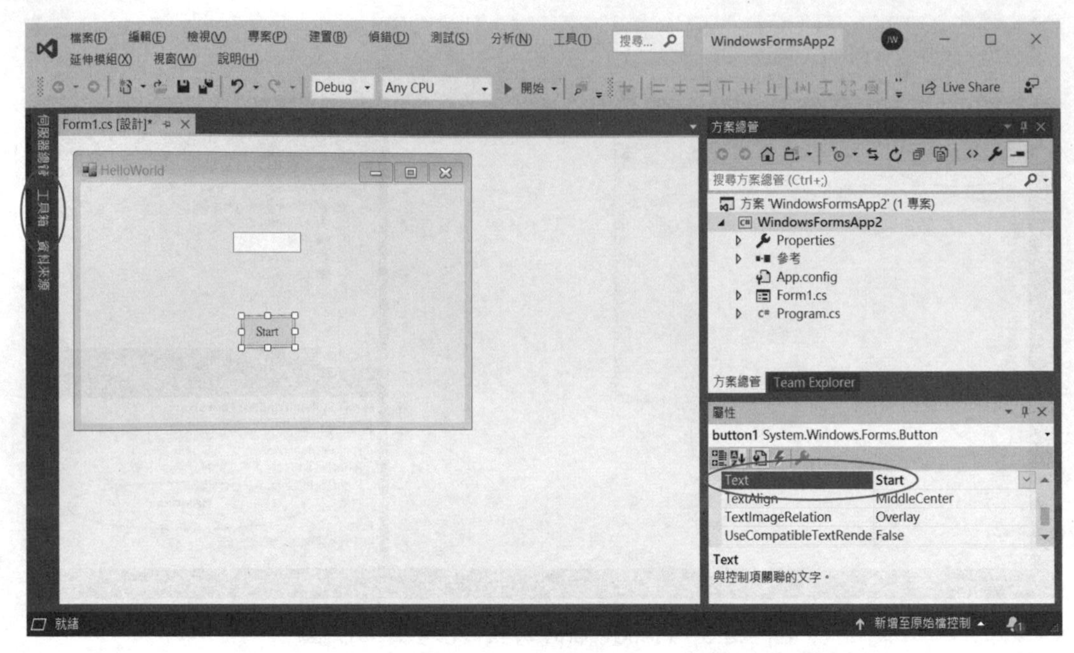

圖 1.5.5　HelloWorld 專案拖曳按鈕至表單圖

(5) 以滑鼠雙點擊（Double click）按鈕，或將屬性視窗切換至事件視窗後，再以滑鼠雙點擊“Click”事件名稱，即可撰寫處理此事件之程式，如圖 1.5.6 與圖 1.5.7 所示。

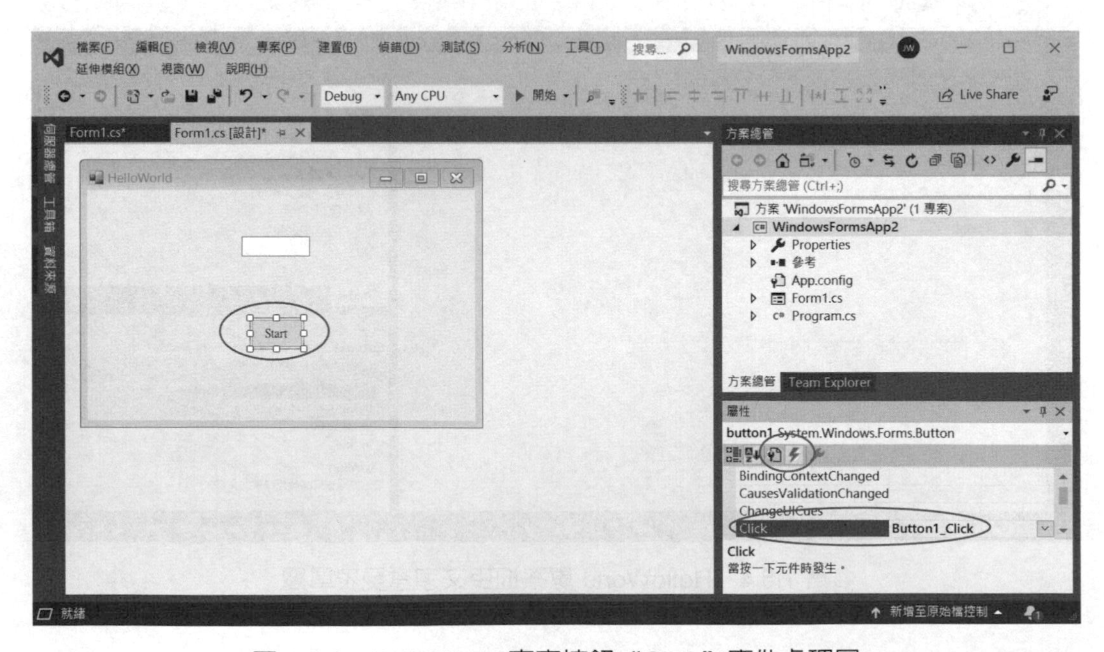

圖 1.5.6　HelloWorld 專案按鈕“Click”事件處理圖

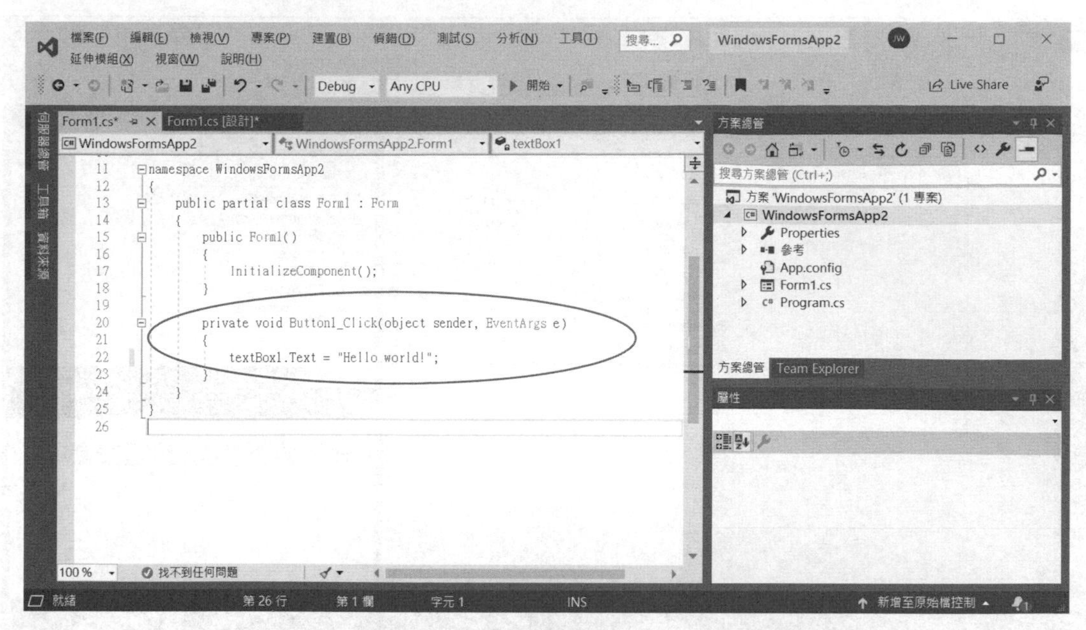

圖 1.5.7　HelloWorld 專案撰寫“Click”事件程式圖

(6) 當程式撰寫完畢，則以滑鼠點擊快捷列中之「開始」按鈕，或於命令列中以滑鼠點擊「偵錯 -> 開始偵錯」，即可執行此程式，如圖 1.5.8 與圖 1.5.9 所示。

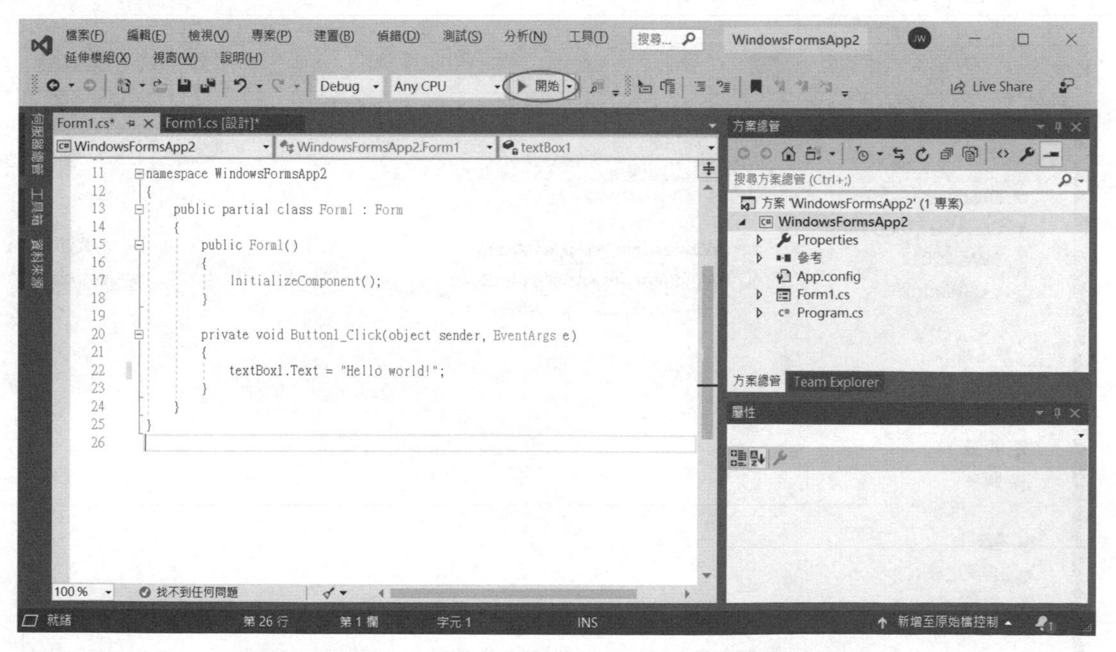

圖 1.5.8　HelloWorld 專案如何執行程式之畫面一

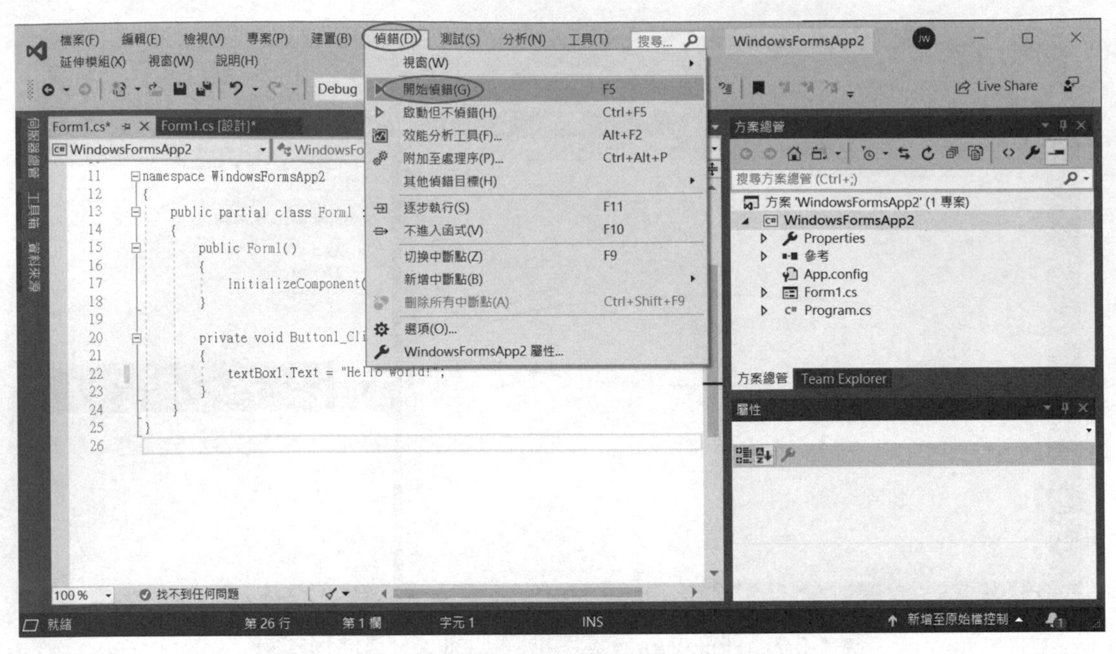

圖 1.5.9 HelloWorld 專案如何執行程式之畫面二

(7) 注意：於目錄中，以滑鼠雙點擊解法 (Solution) 檔案（副檔名為 .sln），即可開啓舊有之專案程式，如圖 1.5.10 所示。

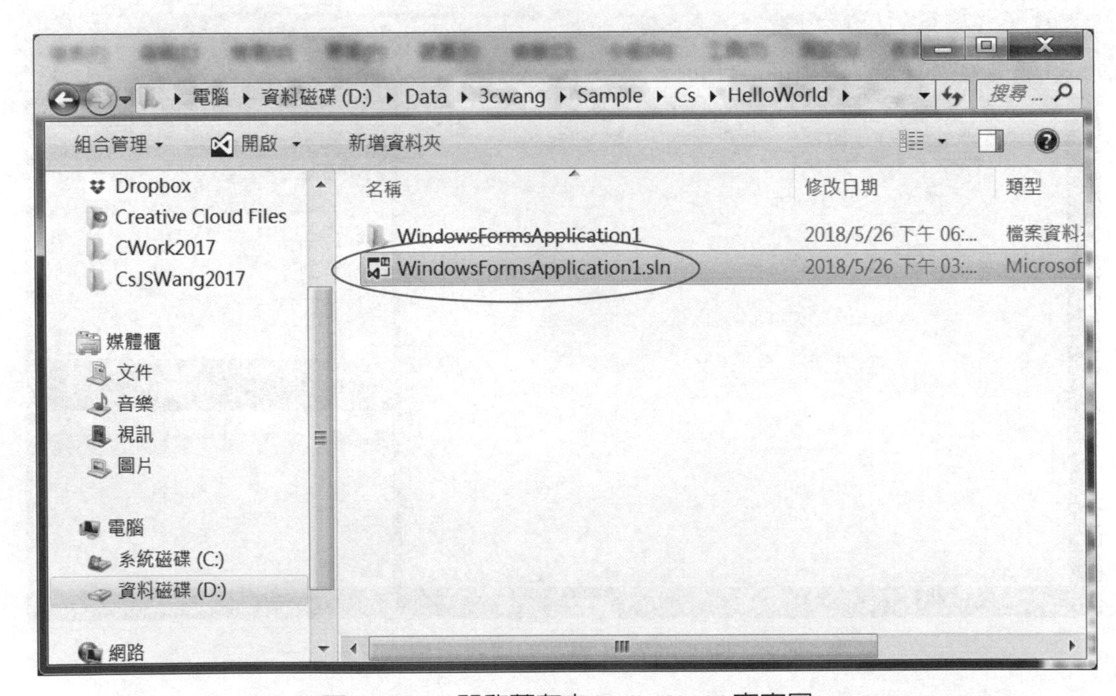

圖 1.5.10 開啓舊有之 HelloWorld 專案圖

(8) 注意：當舊有之專案開啓後，若無法看見表單，則以滑鼠雙點擊方案總管視窗中之"Form1.cs"，即可恢復正常，如圖 1.5.11 與圖 1.5.12 所示。

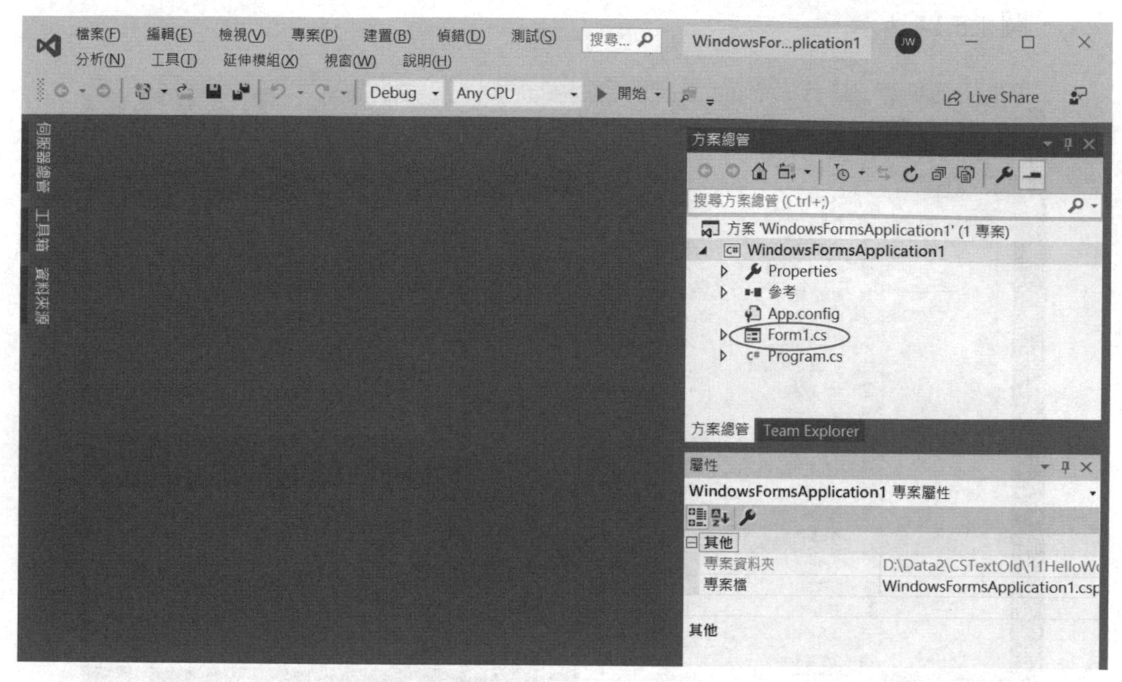

圖 1.5.11 HelloWorld 專案解決無法看見表單之畫面一

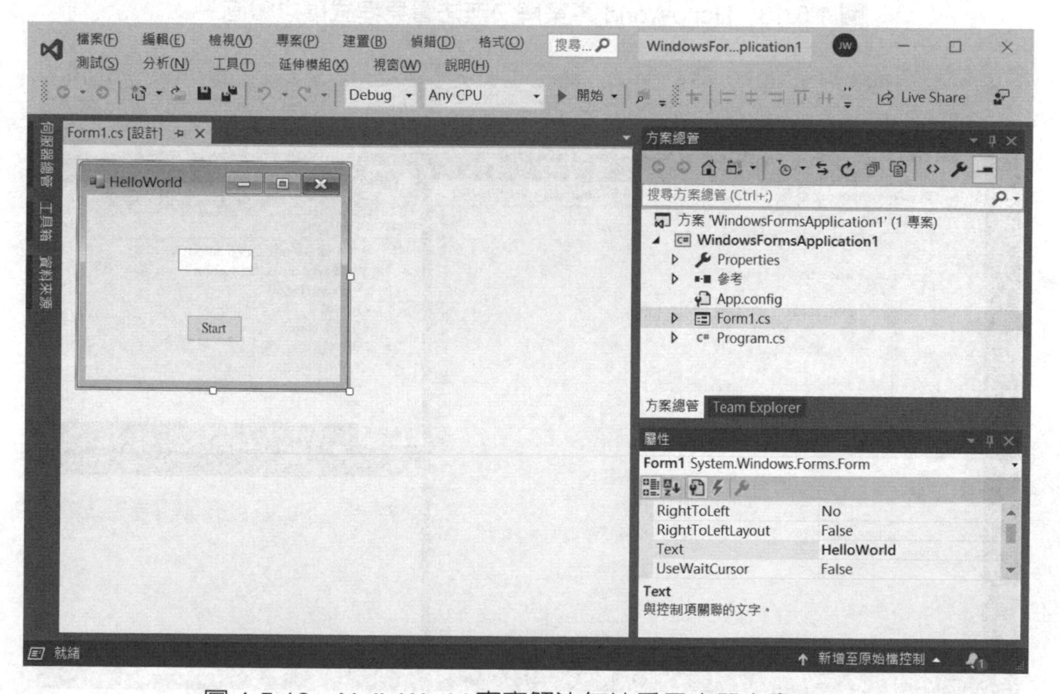

圖 1.5.12 HelloWorld 專案解決無法看見表單之畫面二

(9) 注意：當舊有之專案開啓後，若無法看見程式內容，則以滑鼠雙點擊表單中之按鈕，或於命令列以滑鼠點擊「檢視 -> 程式碼」，即可恢復正常，如圖 1.5.13 與圖 1.5.14 所示。

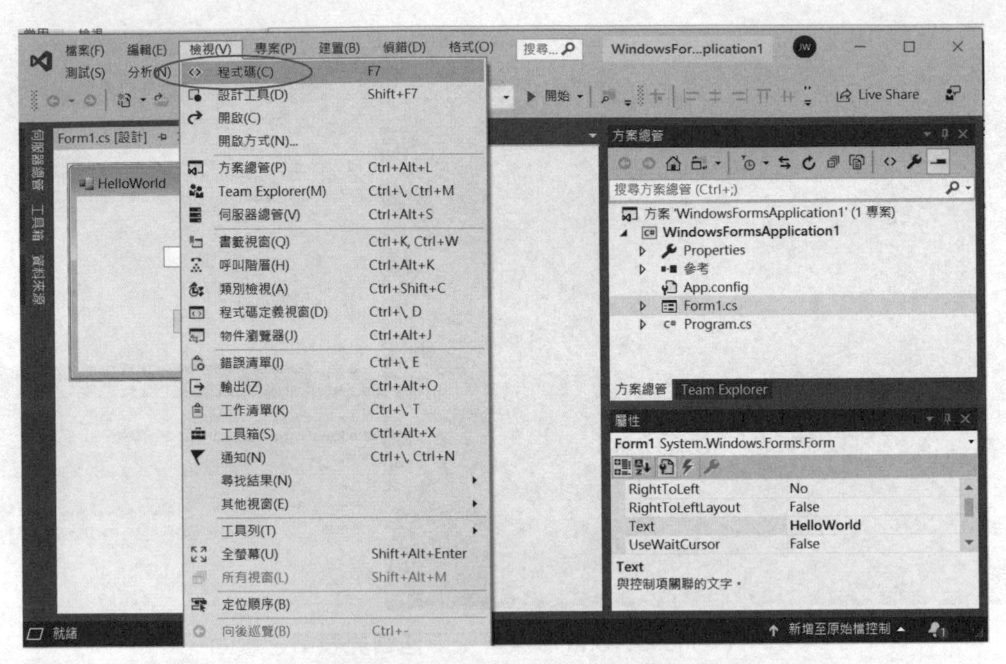

圖 1.5.13 HelloWorld 專案解決無法看見程式碼之畫面一

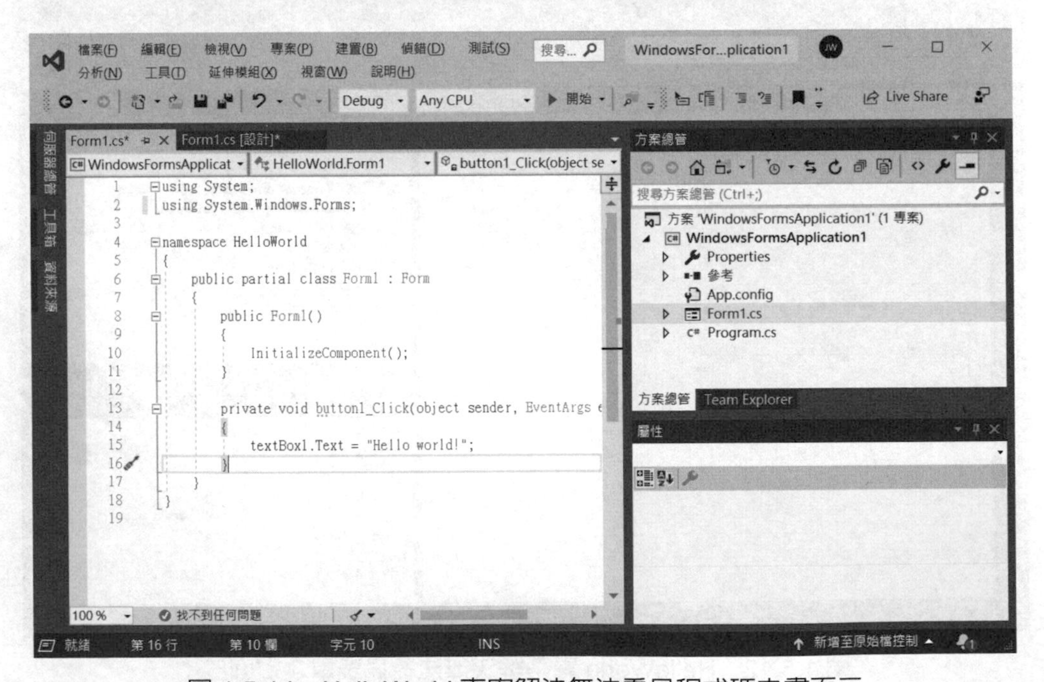

圖 1.5.14 HelloWorld 專案解決無法看見程式碼之畫面二

4. 各元件需修改之屬性，彙整如表 1.5.1。

表 1.5.1 HelloWorld 屬性彙整表

項次	元件名稱	屬性	值
1	Form1	Text	HelloWorld
2	textBox1	Text	
		TextAlign	Center
3	button1	Text	Start

註解：textBox1 之 Text 屬性值爲空白。

5. 各元件需處理的事件，彙整如表 1.5.2。

表 1.5.2 HelloWorld 事件彙整表

項次	元件名稱	事件名稱	對應程式
1	button1	Click	button1_Click

註解：將 button1 之屬性視窗切換至事件視窗（如表 1.3.2 之 3 所稱），再雙擊 Click 事件，即可撰寫 button1_Click 之處理程式。

6. 程式碼

```
1   using System;
2   using System.Windows.Forms;
3
4   namespace HelloWorld
5   {
6       public partial class Form1 : Form
7       {
8           public Form1()
9           {
10              InitializeComponent();
11          }
12
13          private void button1_Click(object sender, EventArgs e)
14          {
15              textBox1.Text = "Hello world!"; // 當按鈕按下時，文字盒出
    現"Hello world!"
16          }
17      }
18  }
```

7. 輸出結果如圖 1.5.15 所示。

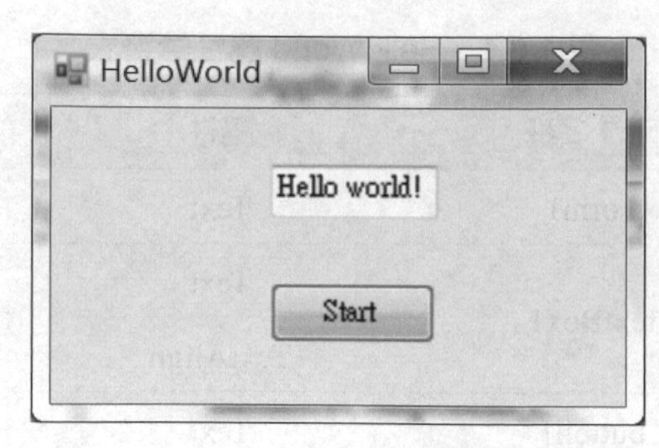

圖 1.5.15　HelloWorld 專案執行結果

8. 程式說明：

(1) 當第 4 行，由“namespace WindowsFormsApplication2”修改爲“namespace Hello World”時，程式中會出現如圖 1.5.16 之小燈泡。

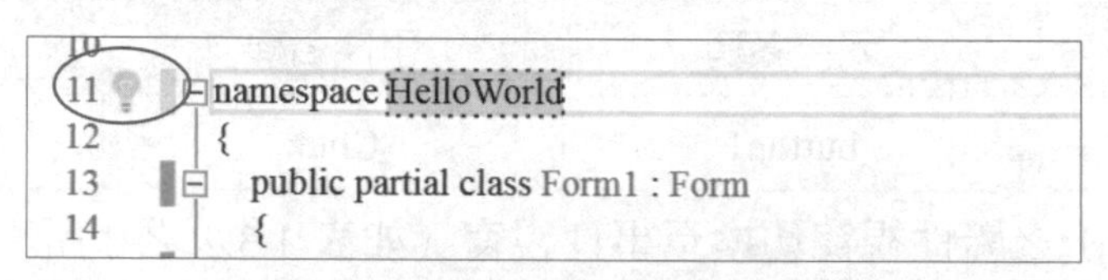

圖 1.5.16　修改 namespace 之畫面一

(2) 點選“重新命名”如圖 1.5.17，以完成修改動作。

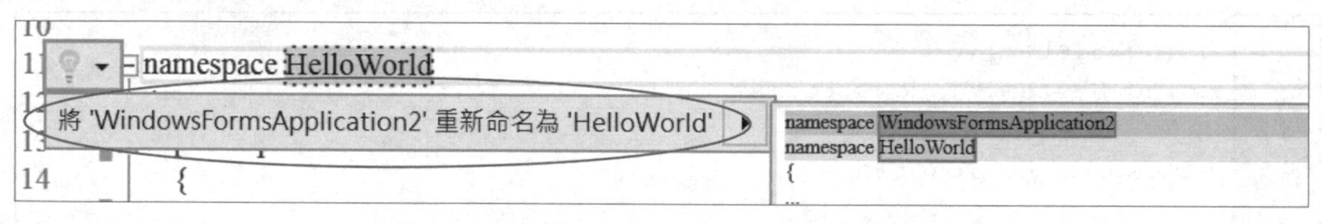

圖 1.5.17　修改 namespace 之畫面二

9. 注意：

(1) 當於 HelloWorld 專案之設計畫面時（如圖 1.5.18），不小心以滑鼠雙擊表單後。

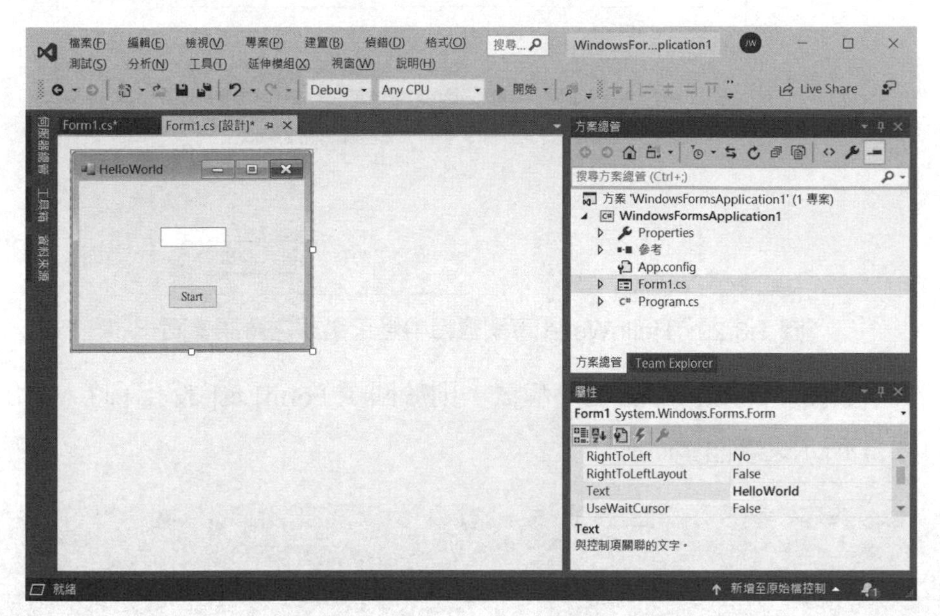

圖 1.5.18　HelloWorld 專案之設計畫面

(2) 會出現 Form1_Load 回應程式之撰寫畫面，如圖 1.5.19 所示。

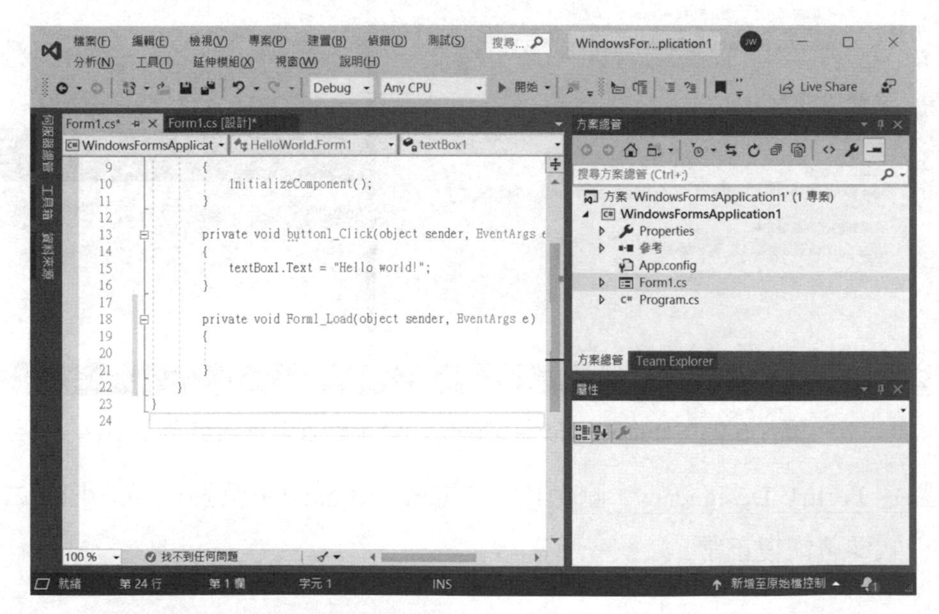

圖 1.5.19　HelloWorld 專案 Form1_Load 回應程式之撰寫畫面

(3) 此時可用 Ctrl-Z 按鍵，當出現修正錯誤之警語畫面時（如圖 1.5.20），按「是 (Y)」鍵，即可恢復正常。

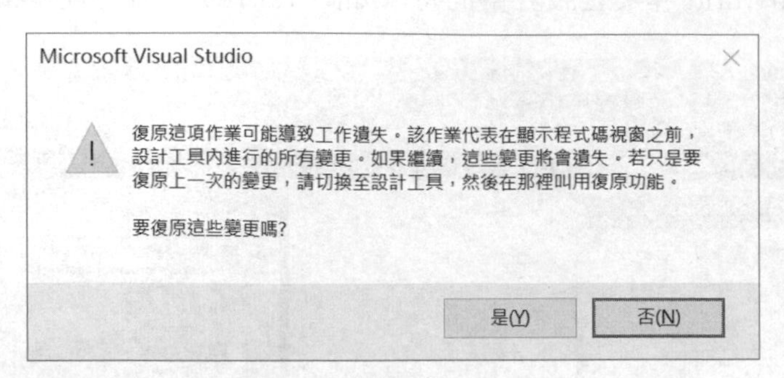

圖 1.5.20　HelloWorld 專案編輯中修正錯誤之警語畫面一

(4) 若直接刪除 Form1_Load 回應程式，則於回至 Form1.cs[設計] 時，會出現如圖 1.5.21 所示之警語畫面。

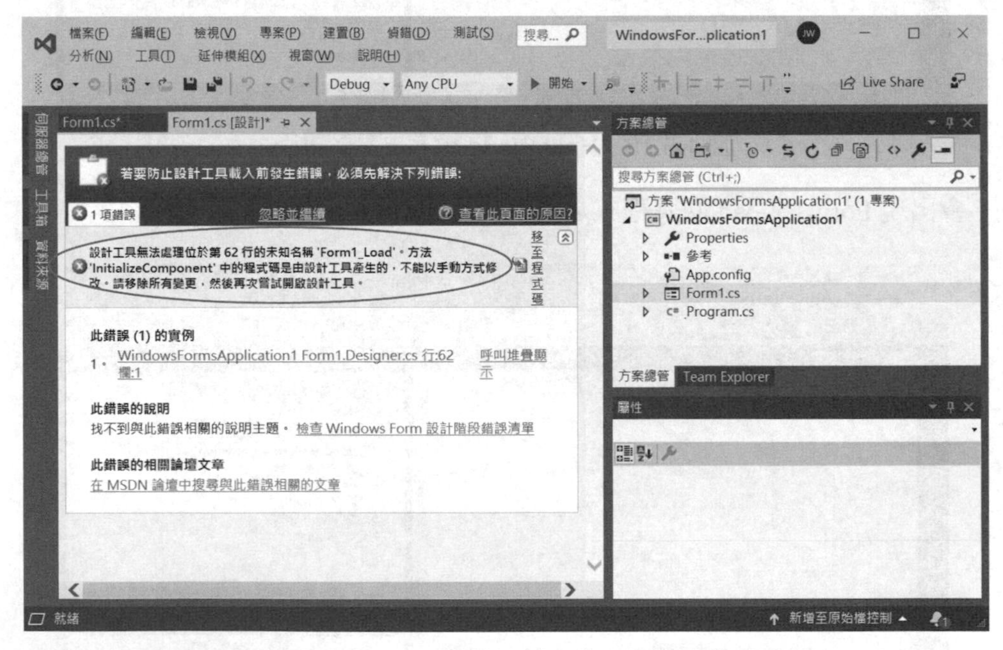

圖 1.5.21　HelloWorld 專案編輯中修正錯誤之警語畫面二

(5) 點選 Form1_Designer.cs，刪除其中之 Form1_Load 回應程式，如圖 1.5.22 所示，程式即可恢復正常。

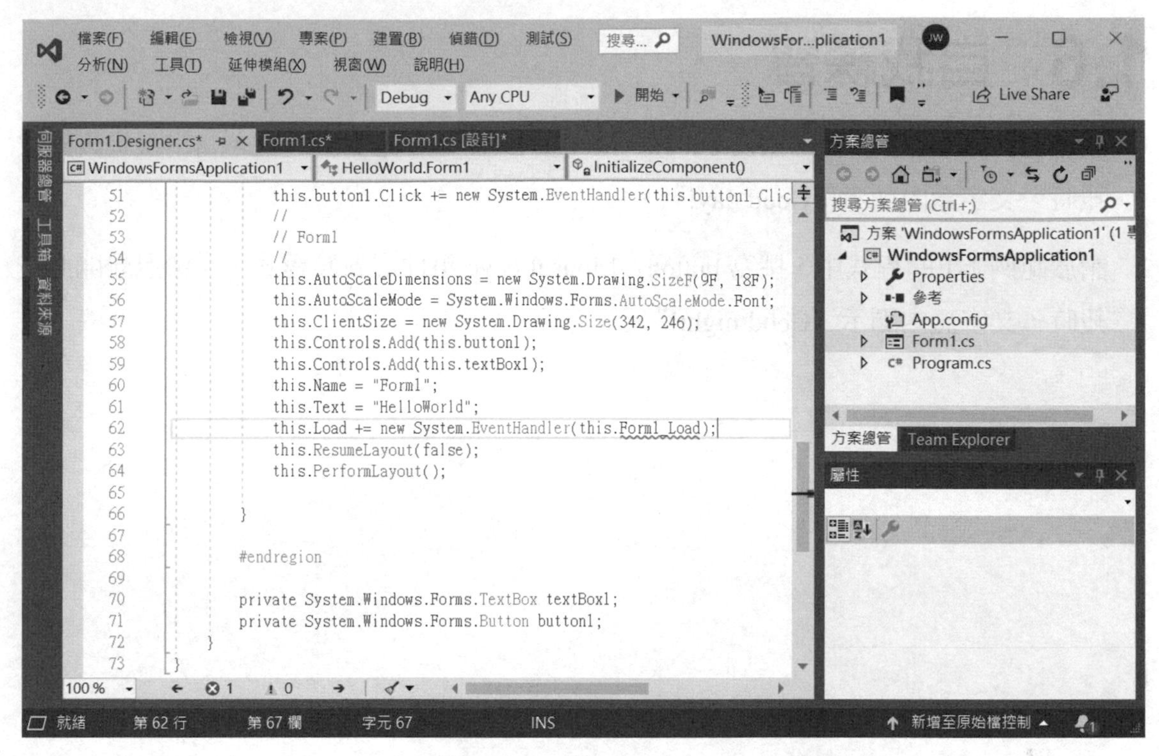

圖 1.5.22 刪除 Form1_Designer.cs 中之回應程式

1.6 自我練習

1. 請於範例 1-1 的程式中，撰寫 button1_MouseHover 事件之對應程式，當滑鼠進入此按鈕時，文字盒內顯示“Good day!”。
2. 請於範例 1-1 的程式中，撰寫 button1_MouseLeave 事件之對應程式，當滑鼠離開此按鈕時，文字盒內顯示“Good night!”。

文字盒之變化

本章以文字盒與多彩文字盒爲例，介紹於 C# 程式中，最基本之輸入與輸出方式，並利用按鈕，介紹最常用的事件回應之方法。經由範例程式之帶領，各位可了解群組盒、文字盒、按鈕、標籤、進度橫桿、與計時器等元件之用法，以及不同元件共享同一事件之設定步驟。

2.1 ShowName

範例 2-1 ShowName

說明 當按下按鍵後，於文字盒中顯示名字與行號。

★ 使用元件

表單 *1、群組盒 *1、文字盒 *2、按鈕 *1

★ 專案配置

專案之配置如圖 2.1.1。

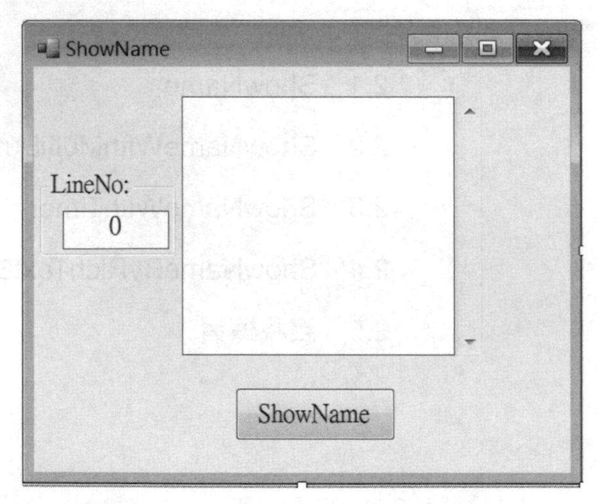

圖 2.1.1 ShowName 專案配置圖

★ 屬性彙整表

1. 各元件需修改之屬性，彙整如表 2.1.1。

表 2.1.1 ShowName 屬性彙整表

項次	元件名稱	屬性	值
1	Form1	Text	ShowName
2	textBox2	(Name)	lineTB
		BorderStyle	FixedSingle
		Text	0
		TextAlign	Center
3	groupBox1	Text	LineNo:
4	textBox1	BorderStyle	FixedSingle
		Multiline	True
		ScrollBars	Vertical
		Text	
		TextAlign	Left
5	button1	Text	ShowName

備註：第 4 項 textBox1 之 Text 為空白。

2. 各元件需處理的事件，彙整如表 2.1.2。

表 2.1.2 ShowName 事件彙整表

項次	元件名稱	事件名稱	對應程式
1	button1	Click	button1_Click

★ 程式碼

```
1   namespace ShowName
2   {
3      public partial class Form1 : Form
4      {
5         string st = "Jennshing Wang";// 宣告字串變數
6         int counter = 0;// 宣告計數器變數
7         public Form1()
8         {
9            InitializeComponent();
10        }
11
12        private void button1_Click(object sender, EventArgs e)
13        {
14           counter ++;// 每次加一
15           lineTB.Text = counter.ToString();
16           textBox1.Text = "("+num.ToString()+")" + st + "\r\n" +
    textBox1.Text; // 將執行出來的結果向上延伸顯示
17           //textBox1.Text += "("+num.ToString()+")"+st+"\r\n";
    // 將執行出來的結果向下延伸顯示
18        }
19     }
20  }
```

★ 輸出結果

輸出結果如圖 2.1.2 所示。

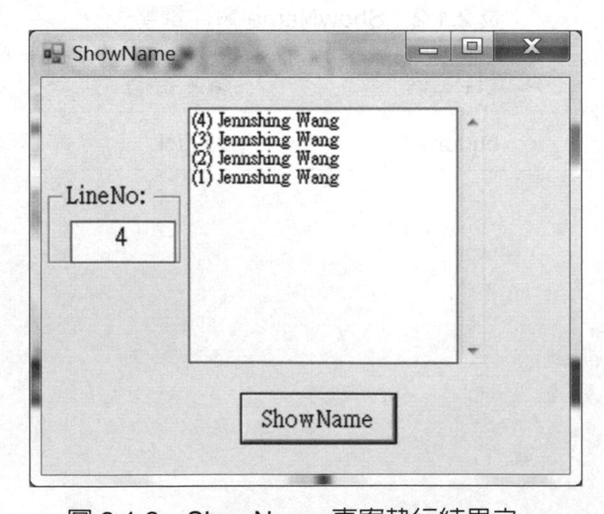

圖 2.1.2　ShowName 專案執行結果之一

★ 程式說明

1. 第 15 行是將 counter 之數值轉換爲字串後傳給文字盒。
2. 若將程式碼之第 16 行改爲第 17 行，則輸出結果如圖 2.1.3 所示。因爲"+="是將新的值串接在舊的值之後，故行號爲由小到大增加的趨勢。
3. "\r\n"表示換行，"//"後之文字代表註解。

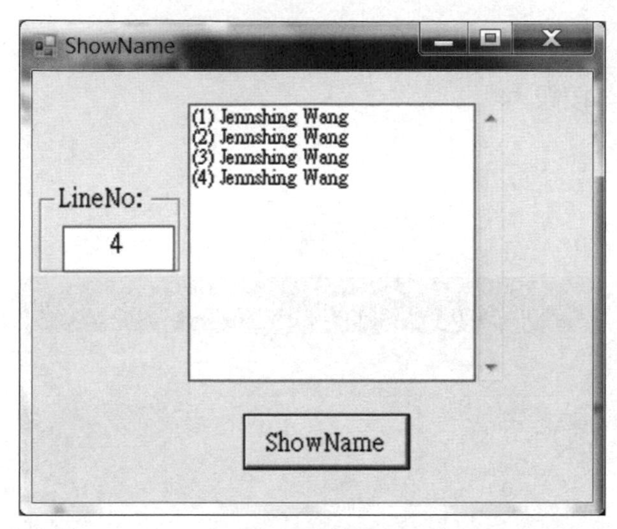

圖 2.1.3 ShowName 專案執行結果之二

2.2 ShowNameWithMultiButtons

範例 2-2 ShowNameWithMultiButtons

說明 使用多個按鈕控制文字盒顯示不同之內容。

★ 使用元件

表單 *1、文字盒 *2、按鈕 *4。

★ 專案配置

專案之配置如圖 2.2.1。

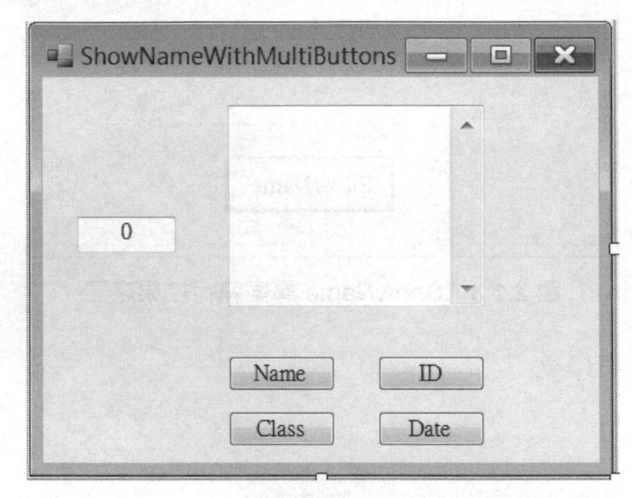

圖 2.2.1 ShowNameWithMultiButtons 專案配置圖

★ 屬性彙整表

1. 各元件需修改之屬性，彙整如表 2.2.1。

表 2.2.1 ShowNameWithMultiButtons 屬性彙整表

項次	元件名稱	屬性	值
1	Form1	Text	ShowNameWithMultiButtons
2	textBox1	(Name)	countTB
		Text	0
3	textBox2	(Name)	showTB
		Multiline	True
		ScrollBars	Vertical

4	button1	(Name)	nameBTN
		Text	Name
5	button2	(Name)	classBTN
		Text	Class
6	button3	(Name)	idBTN
		Text	ID
7	button4	(Name)	dateBTN
		Text	Date

2. 各元件需處理的事件，彙整如表 2.2.2。

表 2.2.2 ShowNameWithMultiButtons 事件彙整表

項次	元件名稱	事件名稱	對應程式
1	nameBTN	Click	button _Click
2	classBTN		
3	idBTN		
4	dateBTN		

★ 程式碼

```
1   namespace ShowNameWithMultiButtons
2   {
3      public partial class Form1 : Form
4      {
5         public Form1()
6         {
7            InitializeComponent();
8         }
9
10        private void button_Click(object sender, EventArgs e)
11        {
12           countTB.Text = (int.Parse(countTB.Text) + 1).ToString();
13           if (sender == nameBTN)// 設定按下 nameBTN 時的事件
```

```
14              showTB.Text += "(" + countTB.Text + ") Jennshing Wang\r\n";
15          else if (sender == classBTN)// 設定按下 classBTN 時的事件
16              showTB.Text += "(" + countTB.Text + ") CSIE_JUST\r\n";
17          else if (sender == idBTN)// 設定按下 idBTN 時的事件
18              showTB.Text += "(" + countTB.Text + ") 1234567890\r\n";
19          else// 設定按下 dateBTN 時的事件
20              showTB.Text += "(" + countTB.Text + ") " + ") 2018/04/22\r\n";
21      }
22    }
23  }
```

★ 輸出結果

輸出結果如圖 2.2.2 所示。

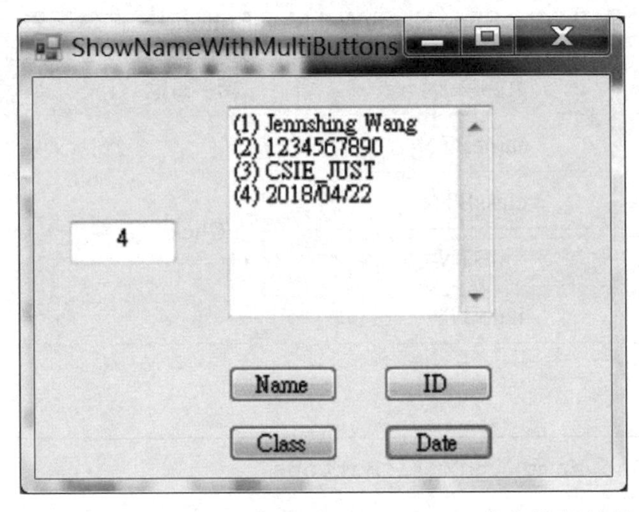

圖 2.2.2　ShowNameWithMultiButtons 專案執行結果

★ 程式說明

1. 第 12 行是先將 countTB 之字串轉換爲整數，待加 1 後轉換爲字串，再將其存回 countTB。
2. 備註：此程式主要是教導如何使不同之元件共享同一事件。

★ 不同元件共享同一事件

設定不同元件共享同一事件之步驟如下：

1. 選取 nameBTN 元件，將屬性視窗切換至事件視窗，再雙擊 Click 事件（如圖 2.2.3）。

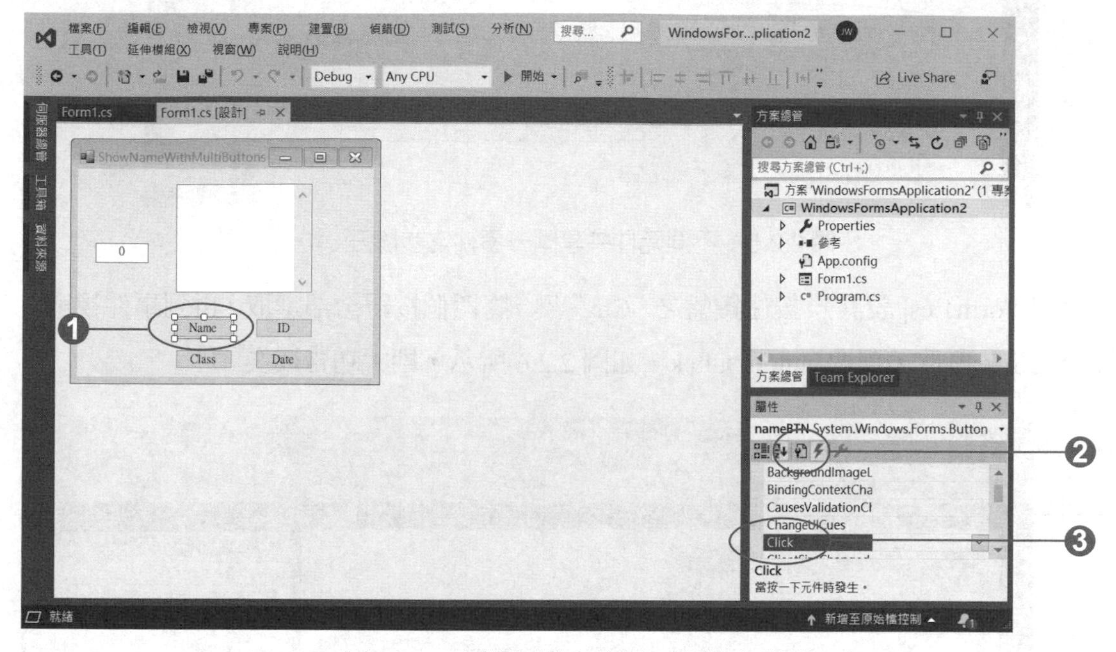

圖 2.2.3　不同元件共享同一事件之步驟一

2. 將 nameBTN_Click 事件更名為 button_Click，此時程式左邊出現一個黃色的燈泡圖樣，如圖 2.2.4 所示。

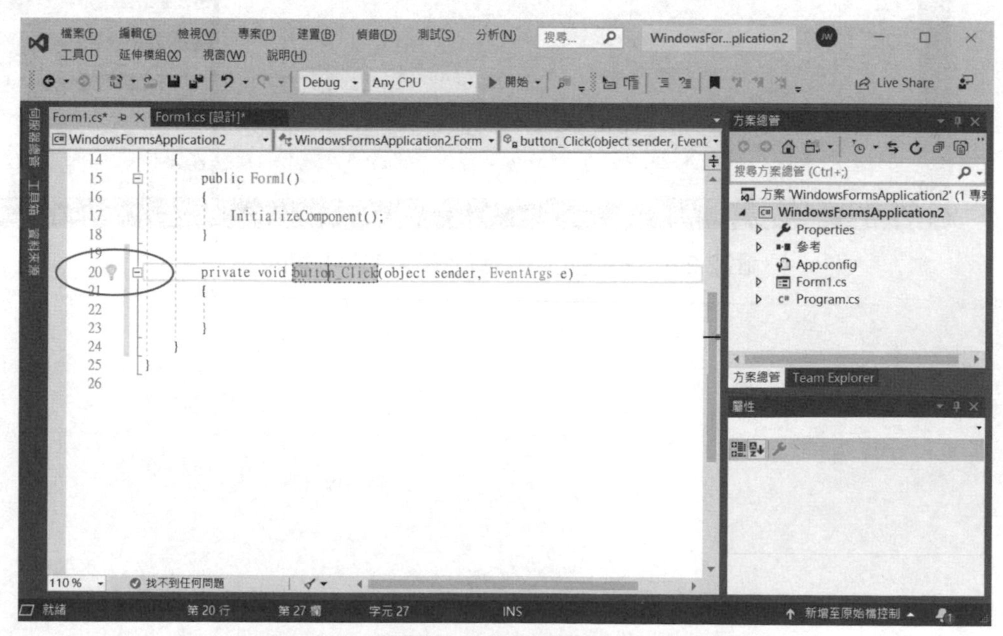

圖 2.2.4　不同元件共享同一事件之步驟二

3. 點選黃色的燈泡圖樣，將 nameBTN_Click 事件重新命名為 button_Click，如圖 2.2.5 所示。

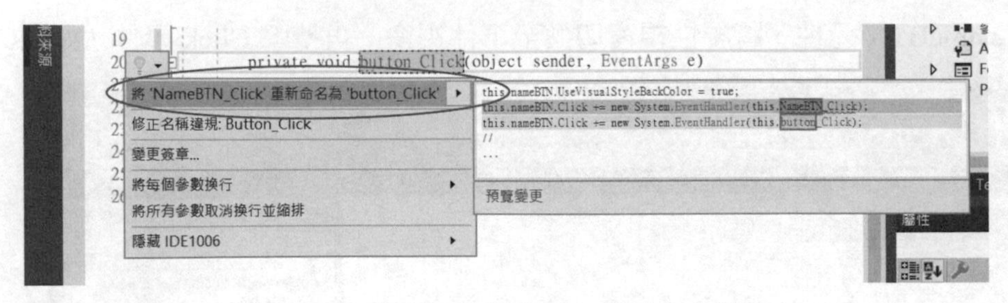

圖 2.2.5　不同元件共享同一事件之步驟三

4. 返回到 Form1.cs[設計]，按住鍵盤之“Ctrl”鍵，將四個按鈕全部選取，再到事件視窗，點擊 Click 事件，選取 button_Click，如圖 2.2.6 所示，則大功告成矣。

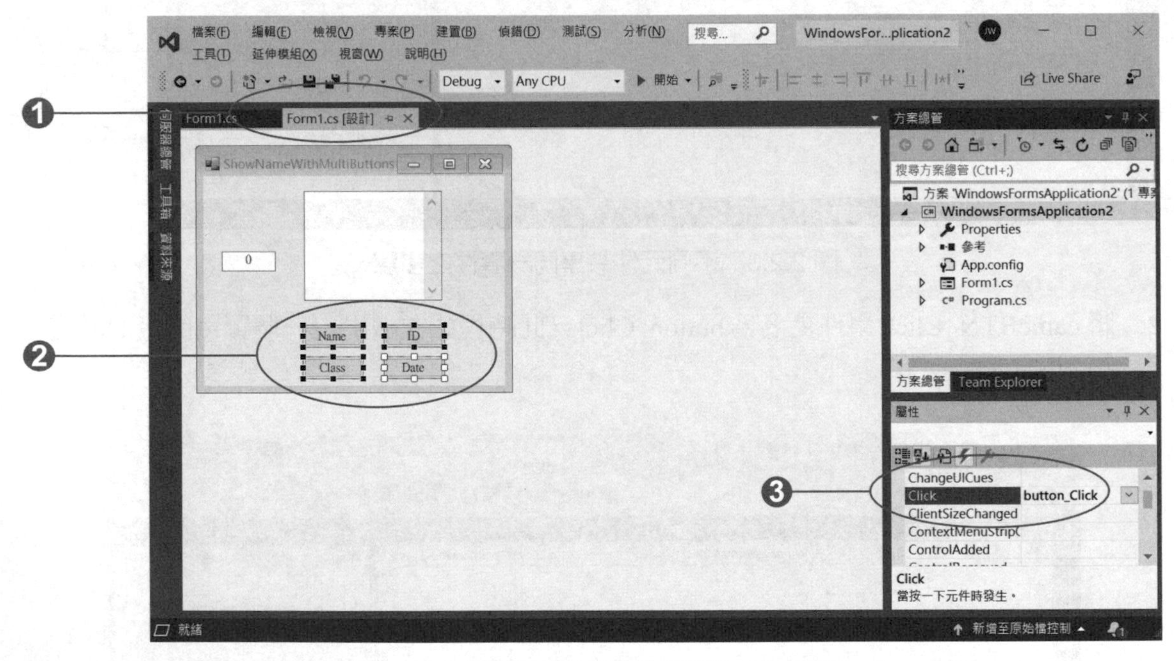

圖 2.2.6　不同元件共享同一事件之步驟四

2.3 ShowNameWithTimer

範例 2-3 → ShowNameWithTimer

說明 當按下按鈕後，啟動計時器，將名字一個字元一個字元的顯示於文字盒中，並以進度橫桿顯示完成度。

★ 使用元件

表單 *1、標籤 *3、文字盒 *3、按鈕 *1、進度橫桿 *1、計時器 *1。

★ 專案配置

專案之配置如圖 2.3.1，專案中隱藏的元件如圖 2.3.2 所示。

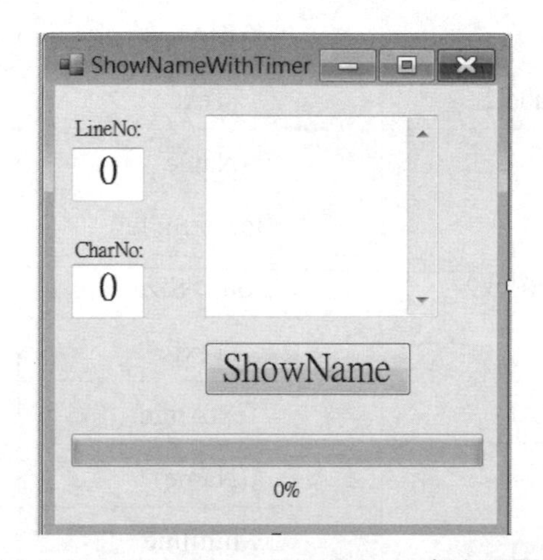

圖 2.3.1　ShowNameWithTimer 專案配置圖

圖 2.3.2　ShowNameWithTimer 專案中隱藏的元件

★ 屬性彙整表

1. 各元件需修改之屬性，彙整如表 2.3.1。

表 2.3.1　ShowNameWithTimer 屬性彙整表

項次	元件名稱	屬性	值
1	Form1	Text	ShowNameWithTimer
2	label1	Text	LineNo:
3	textBox1	(Name)	lineTB
		BorderStyle	Fixed3D
		Font->Size	16
		Text	0
		TextAlign	Center
4	label2	Text	CharNo:
5	textBox2	(Name)	charTB
		BorderStyle	Fixed3D
		Font->Size	16
		Text	0
		TextAlign	Center
6	textBox3	(Name)	nameTB
		Multiline	True
		Text	
		TextAlign	Left
		ScrollBars	Vertical
7	button1	(Name)	showBTN
		Font->Size	16
		Text	ShowName
8	progressBar1	Value	0
9	label3	Text	0%
		Visible	False
10	timer1	Interval	100

2. 各元件需處理的事件，彙整如表 2.3.2。

表 2.3.2　ShowNameWithTimer 事件彙整表

項次	元件名稱	事件名稱	對應程式
1	showBTN	Click	showBTN _Click
2	timer1	Tick	timer1_Tick

註解：撰寫 timer1_Tick 事件處理程式之步驟（如圖 2.3.3 所示）：

(1) 於方案總管視窗雙擊 Form1.cs。

(2) 點選 Form1.cs[設計]。

(3) 將屬性視窗切換至事件視窗（如表 1.3.2 之 3 所稱）。

(4) 再雙擊 Tick 事件、或

(5) 直接雙擊 timer1 物件，即可撰寫 timer1_Tick 事件之處理程式。

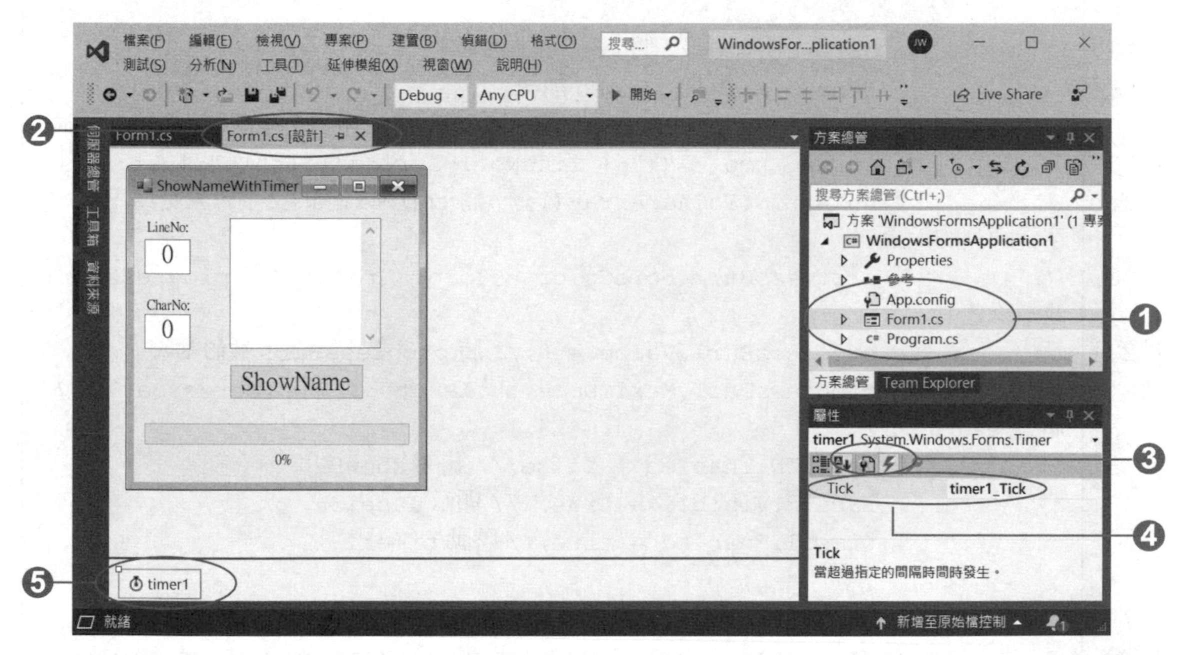

圖 2.3.3　撰寫 timer1_Tick 事件處理程式之步驟

★ 程式碼

```
1   namespace ShowNameWithTimer
2   {
3       public partial class Form1 : Form
4       {
5           static string st = "Jennshing Wang\r\n";// 宣告靜態字串
6           char[] ch = st.ToCharArray();// 宣告字元陣列
7           int counter = 0;// 宣告計數器變數
8           int lineNo = 0;// 宣告行號變數
9
10          public Form1()
11          {
12              InitializeComponent();
13          }
14
15          private void showBTN_Click(object sender, EventArgs e)
16          {
17              counter = 0;// 將 counter 歸零
18              lineNo++;// 將 lineNo 加一
19              lineTB.Text = lineNo.ToString();//lineTB 裡的文字等於 lineNo
20              string tmp = "(" + lineNo.ToString() + ") " + st;
21              ch = tmp.ToCharArray();// 將 tmp 陣列裡的文字，設定爲 ch
    字元陣列的元素
22              progressBar1.ForeColor = Color.Green;// 將 progressBar1
    改爲綠色
23              progressBar1.Value = 0;// 將 progressBar1 數值歸零
24              progressBar1.Maximum = ch.Length;// 將 progressBar1 最大
    值設爲 ch 的長度
25              showBTN.Enabled = false;// 關閉 showBTN
26              label3.Visible = true; // 顯示 label3
27              timer1.Enabled = true;// 啓動 timer1
28          }
29
30          private void timer1_Tick(object sender, EventArgs e)
31          {
32              if (counter != ch.Length)// 如果 counter 的值不等於 ch 的長度
33              {
34                  nameTB.Text += ch[counter];// 將 nameTB 裡的文字串接
35                  counter++;//counter 加一
36                  charTB.Text = counter.ToString();// 將 counter 裡的
    值顯示於 charTB
```

```
37                  label3.Text = (counter * 100 / ch.Length).
    ToString() + "%";// 更新 label3 之值
38                   progressBar1.Value++;//progressBar1 的數值加一
39              }
40              else// 否則
41              {
42                  timer1.Enabled = false;// 關閉 timer1
43                  label3.Visible = true; // 隱藏 label3
44                  showBTN.Enabled = true;// 致能 showBTN
45              }
46          }
47      }
48  }
```

★ 輸出結果

程式執行中如圖 2.3.4 所示，輸出結果如圖 2.3.5 所示。

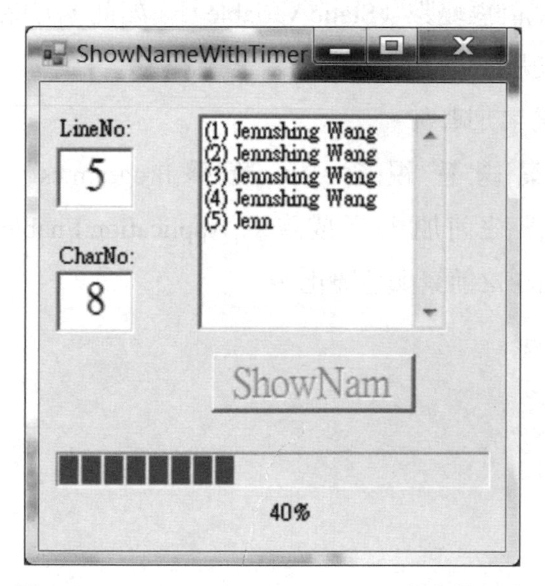

圖 2.3.4 ShowNameWithTimer 專案執行中

圖 2.3.5　ShowNameWithTimer 專案執行結果

★ 程式說明

1. 第 5 行之 st 需宣告為靜態變數（Static variable），如此，方能將宣告時所設定之初值生效，以供第 6 行使用。
2. 第 6 行將字串轉換為字元陣列。
3. 備註：請於方案總管視窗中，雙擊 Program.cs，將此行“Application.EnableVisualStyles();”之前加“//”成為“//Application.EnableVisualStyles();”，如此方可看出 progressBar1 之前景顏色變化。

2.4 ShowNameByRichTextBox

範例 2-4 ShowNameByRichTextBox

說明 當按下按鈕後，啓動計時器，將多彩文字盒內名字的字體逐漸加大，並以進度橫桿顯示完成度。

★ 使用元件

表單 *1、多彩的文字盒 *1、標籤 *1、文字盒 *1、按鈕 *1、進度橫桿 *1、計時器 *1。

★ 專案配置

專案之配置如圖 2.4.1，專案中隱藏的元件如圖 2.4.2 所示。

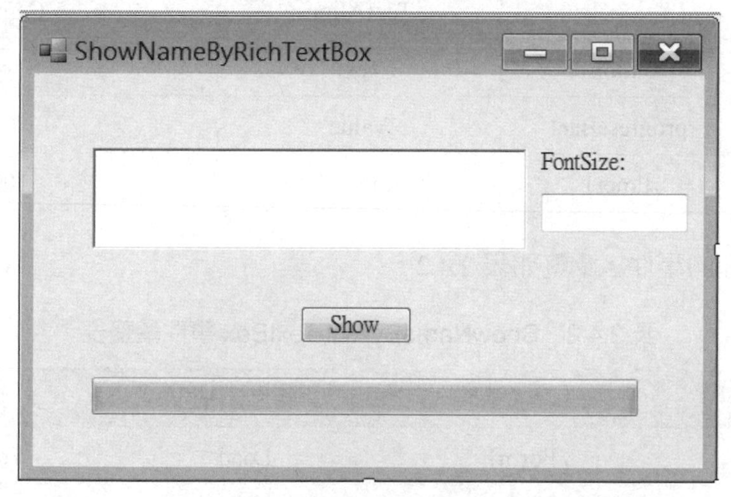

圖 2.4.1　ShowNameByRichTextBox 專案配置圖

圖 2.4.2　ShowNameByRichTextBox 專案中隱藏的元件

★ 屬性彙整表

1. 各元件需修改之屬性，彙整如表 2.4.1。

表 2.4.1 ShowNameByRichTextBox 屬性彙整表

<table>
<tr><th>項次</th><th>元件名稱</th><th>屬性</th><th>值</th></tr>
<tr><td>1</td><td>Form1</td><td>Text</td><td>ShowNameByRichTextBox</td></tr>
<tr><td rowspan="2">2</td><td rowspan="2">richTextBox1</td><td>BorderStyle</td><td>Fixed3D</td></tr>
<tr><td>Text</td><td></td></tr>
<tr><td>3</td><td>label1</td><td>Text</td><td>FontSize:</td></tr>
<tr><td rowspan="3">4</td><td rowspan="3">textBox1</td><td>BorderStyle</td><td>Fixed3D</td></tr>
<tr><td>Text</td><td></td></tr>
<tr><td>TextAlign</td><td>Center</td></tr>
<tr><td>5</td><td>button1</td><td>Text</td><td>Show</td></tr>
<tr><td>6</td><td>progressBar1</td><td>Value</td><td>0</td></tr>
<tr><td>7</td><td>timer1</td><td>Interval</td><td>100</td></tr>
</table>

2. 各元件需處理的事件，彙整如表 2.4.2。

表 2.4.2 ShowNameByRichTextBox 事件彙整表

項次	元件名稱	事件名稱	對應程式
1	Form1	Load	Form1_Load
2	button1	Click	button1 _Click
3	timer1	Tick	timer1_Tick

註解：Form1_Load 事件爲表單載入時所處理的事件，當雙擊表單任何位置，即可撰寫 Form1_Load 事件之處理程式。

★ 程式碼

```
1  namespace ShowNameByRichTextBox
2  {
3      public partial class Form1 : Form
4      {
5          string st = "Jennshing Wang\r\n";// 宣告字串
6          int size, startValue = 6, endValue = 20;// 宣告起始與終止變數
7
8          private void timer1_Tick(object sender, EventArgs e)
9          {
10             if(size <= endValue)// 如果 size 的值小於等於 endValue
11             {
12                 textBox1.Text = size.ToString();//textBox1 裡的文字
   等於 size
13                 richTextBox1.SelectionStart = 0;// 設定在
   richTextBox1 中所選文字的起始點
14                 richTextBox1.SelectionLength = st.Length; // 設定在
   richTextBox1 中所選文字的結束點
15                 richTextBox1.SelectionFont = new System.Drawing.
   Font("Times", size); // 設定 richTextBox1 文字的大小等於 size
16                 richTextBox1.Text = st;//richTextBox1 裡的文字等於
   st 的文字
17                 progressBar1.Value++;//progressBar1 的數值加一
18                 size++;
19             }
20             else// 否則
21             {
22                 timer1.Enabled = false;// 關閉計時器
23                 button1.Enabled = true;// 開啟按鈕
24             }
25         }
26
27         private void Form1_Load(object sender, EventArgs e)
28         {
29             progressBar1.Maximum = endValue - startValue + 1;
   // 設置 progressBar1 的最大值
30         }
31
32         public Form1()// 建構子
```

```
33          {
34              InitializeComponent();
35              Text = "ShowNameByRichTextBox";
36          }
37
38          private void button1_Click(object sender, EventArgs e)
39          {
40              size = startValue;// 將 startValue 傳給 size
41              timer1.Enabled = true;// 開啓計時器
42              button1.Enabled = false;// 關閉按鈕
43              progressBar1.ForeColor = Color.Green;// 將 progressBar1
    的顏色變成綠色
44              progressBar1.Value = 0;// 將 progressBar1 的數值歸零
45          }
46      }
47  }
```

★ 輸出結果

程式執行中如圖 2.4.3 所示，輸出結果如圖 2.4.4 所示。

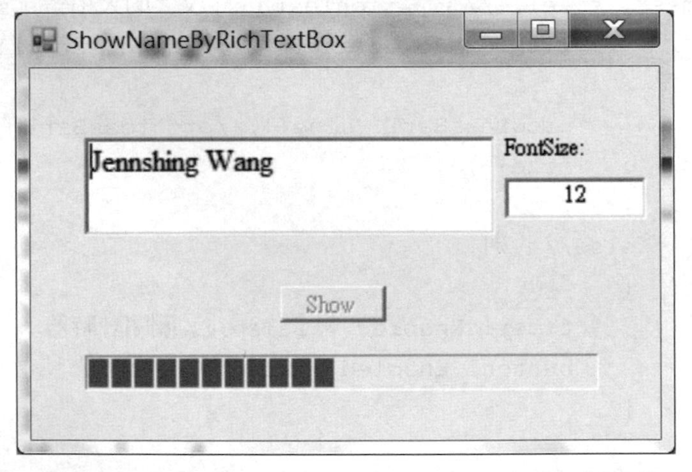

圖 2.4.3　ShowNameByRichTextBox 專案執行中

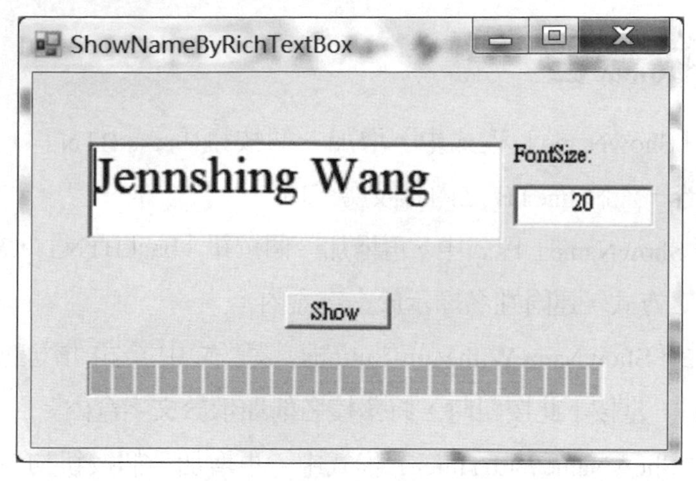

圖 2.4.4　ShowNameByRichTextBox 專案執行結果

★ 程式說明

1. 第 32 行之建構子（Constructor），乃 Form1 表單元件建立時所處理之事件，因爲表單爲所有其他元件之容器，實乃最早建立之元件，故 Form1 之建構子，亦可稱之爲專案初始化時所執行之程式。
2. 備註：請於方案總管視窗中，雙擊 Program.cs，將此行“Application.EnableVisualStyles();”之前加“//”成爲“//Application.EnableVisualStyles();”，如此方可看出 progressBar1 之前景顏色變化。

2.5 自我練習

1. 請於範例 2-1「ShowName」程式中，增加一個按鈕「resetBTN」，用以清除文字盒 textBox1 之內容，並將 lineTB 之內容設爲“10”。
2. 請於範例 2-1「ShowName」程式中，再增加一個按鈕「backBTN」，當按下此按鈕時，將行號以遞減之方式，連同姓名顯示於文字盒內。
3. 請於範例 2-2「ShowNameWithMultiButtons」程式中，再增加一個按鈕物件「schoolBTN」，當按下此按鈕時，將學校名稱顯示於文字盒內。
4. 請於範例 2-3「ShowNameWithTimer」程式中，再增加一個按鈕物件「pauseBTN」，並撰寫其回應函式。當按下此按鈕時，可將此按鈕之本文做“Pause”與“Continue”之切換，並將計時器做暫停 timer1.Enabled = false 與繼續 timer1.Enabled = true 之切換。
5. 請於範例 2-4「ShowNameByRichTextBox」程式中，再增加一個文字盒，用以顯示進度橫桿工作進度之百分比。

03 應用於數學

本章是以 C# 程式為例，將之應用於求解日常會遇到之數學問題，諸如：計算階乘、計算費伯納西數、尋找兩個矩陣的相乘積、尋找一個矩陣的反矩陣、利用克拉瑪法則求解一元三次線性方程式、與求解三元一次線性方程式等。

最後再利用圖像的方式，寫一個可計算兩車間距離之程式，此程式於執行時，可改變兩車之速度、車長、暫停、前進、後退、單步前進、單步後退等。希望藉此程式，能夠幫助小學生了解數學中之追趕問題。

3.1 FactorialUpTo100

範例 3-1 ─● FactorialUpTo100

說明 計算階乘，最多至 100!。計算階乘的方法如下：其中 a 陣列存的是本次計算階乘之結果，而 b 陣列存的是上次計算階乘之結果。

1. 計算 2!

	a[199]		…………	a[3]	a[2]	a[1]	a[0]
	b[199]		…………	b[3]	b[2]	b[1]	b[0]
	a	0	…………	0	0	0	1
+)	b	0	…………	0	0	0	1
	2!=	0	…………	0	0	0	2

2. 計算 3!

	a[199]		…………	a[3]	a[2]	a[1]	a[0]
	b[199]		…………	b[3]	b[2]	b[1]	b[0]
	a	0	…………	0	0	0	2
	b	0	…………	0	0	0	2
+)	b	0	…………	0	0	0	2
	3!=	0	…………	0	0	0	6

3. 計算 4!

	a[199]		…………	a[3]	a[2]	a[1]	a[0]
	b[199]		…………	b[3]	b[2]	b[1]	b[0]
	a	0	…………	0	0	0	6
	b	0	…………	0	0	0	6
	b	0	…………	0	0	0	6
+)	b	0	…………	0	0	0	6
	4!=	0	…………	0	0	2	4

4. 計算 5!

	a[199]	…………………………	a[3]	a[2]	a[1]	a[0]
	b[199]	…………………………	b[3]	b[2]	b[1]	b[0]
	a 0	…………………………	0	0	2	4
	b 0	…………………………	0	0	2	4
	b 0	…………………………	0	0	2	4
	b 0	…………………………	0	0	2	4
+)	b 0	…………………………	0	0	2	4
	5!= 0	…………………………	0	1	2	0

★ 使用元件

表單 *1、文字盒 *2、進度橫桿 *1、按鈕 *1、計時器 *1。

★ 專案配置

專案之配置如圖 3.1.1，專案中隱藏的元件如圖 3.1.2 所示。

圖 3.1.1 FactorialUpTo100 專案配置圖

timer1

圖 3.1.2 FactorialUpTo100 專案中隱藏的元件

★屬性彙整表

1. 各元件需修改之屬性，彙整如表 3.1.1。

表 3.1.1 FactorialUpTo100 屬性彙整表

項次	元件名稱	屬性	值
1	Form1	Text	FactorialUpTo100
2	textBox1	BorderStyle	Fixed3D
		Text	50
		TextAlign	Center
3	progressBar1	Value	0
4	button1	Text	Start
5	textBox2	BorderStyle	Fixed3D
		Multiline	True
		ScrollBars	Both
		Text	
		TextAlign	Left
6	timer1	Interval	100

2. 各元件需處理的事件，彙整如表 3.1.2。

表 3.1.2 FactorialUpTo100 事件彙整表

項次	元件名稱	事件名稱	對應程式
1	button1	Click	button1_Click
2	timer1	Tick	timer1_Tick

★ 程式碼

```
1  namespace FactorialUpTo100
2  {
3      public partial class Form1 : Form
4      {
5          const int size = 200; // 設定陣列的最大值
6          int i, j, k, value;
7          int[] a = new int[size];
8          int[] b = new int[size];
9          public Form1()
10         {
11             InitializeComponent();
12         }
13
14         private void button1_Click(object sender, EventArgs e)
15         {
16             value = int.Parse(textBox1.Text); // 設定階乘的終值
17             textBox2.Text = "";
18             progressBar1.Maximum = value;
19             progressBar1.Value = 0;
20             progressBar1.ForeColor = Color.Green;
21             progressBar1.Style = System.Windows.Forms.
   ProgressBarStyle.Continuous; // 將 progressBar1 的顯示方式設定爲連續型
22             for (i = 0; i < size; i++)
23                 a[i] = b[i] = 0; // 清空兩陣列的值
24             a[0] = b[0] = 1; // 設定兩陣列中權重最輕元素的值爲 1
25             textBox2.Text = "1!= 1\r\n"; // 列印 1! 的值
26             progressBar1.Value++;
27             i = 2; // 從 2! 開始計算
28             timer1.Enabled = true;
29         }
30
31         private void timer1_Tick(object sender, EventArgs e)
32         {
33             textBox2.Text += i + "!= ";
34             progressBar1.Value++;
35             for (j = 1; j < i; j++) // 當計算 n! 時，將 b 陣列的值加 n-1 次至 a 陣列
36                 for (k = 0; k < size; k++)
37                 {
```

```
38                  a[k] += b[k]; // 將 b 陣列的值加至 a 陣列
39                  if (a[k] >= 10) // 當陣列元素的值 >= 10 時，執行進位
40                  { a[k] -= 10; a[k + 1]++; }// 執行進位動作
41              }
42          for (k = 0; k < size; k++)
43              b[k] = a[k]; // 當計算 n! 完畢後，將 a 陣列的值儲存至 b 陣列，
以待計算 (n+1)! 時使用
44          k = size - 1; // 從陣列中權重最重的元素開始
45          while (a[k--] == 0) ; // 尋找不為 0 的元素
46          for (j = k + 1; j >= 0; j--) // 從該元素開始列印
47              textBox2.Text += a[j].ToString();
48          textBox2.Text += "\r\n";
49          i++;
50          if (i > value) // 若已是終值，則結束工作
51          {
52              timer1.Enabled = false;
53              progressBar1.ForeColor = Color.Pink;
54          }
55      }
56  }
57 }
```

★ 輸出結果

程式執行中如圖 3.1.3，輸出結果如圖 3.1.4 所示。

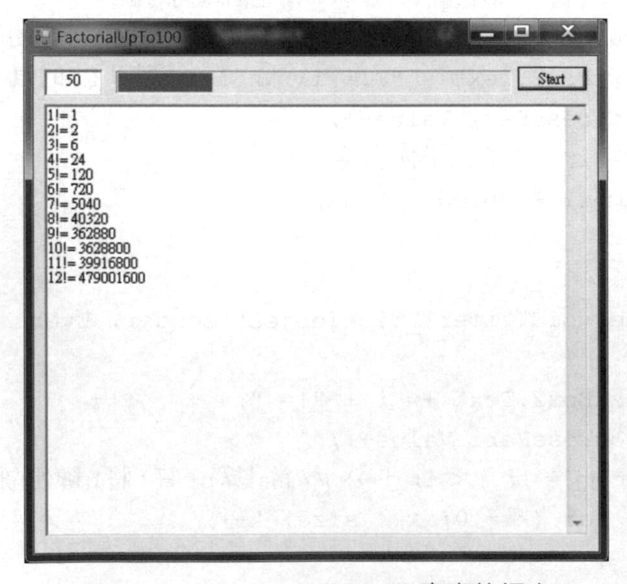

圖 3.1.3　FactorialUpTo100 專案執行中

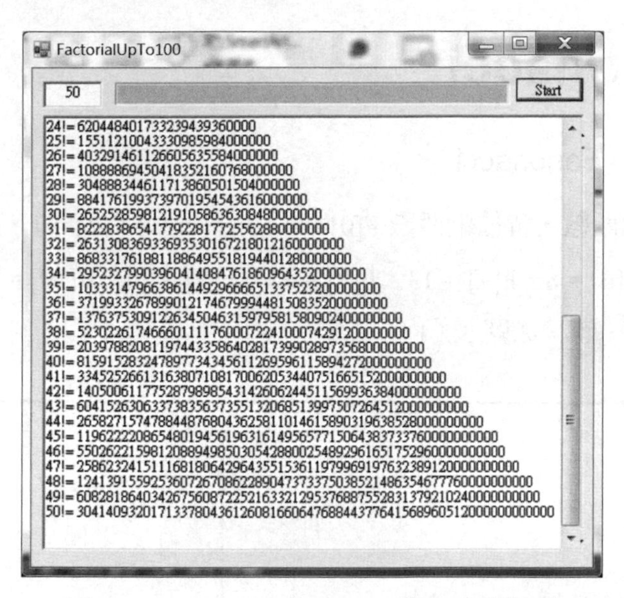

圖 3.1.4　FactorialUpTo100 專案執行結果

★ 程式說明

1. 第 7 行是於 C# 中宣告一維矩陣之方式。
2. 第 16 行是將文字盒中之字串變成整數，傳送至 value。
3.、第 45 行是從頭開始，尋找陣列中不爲 0 的元素，找到的元素其索引值爲 k+1。

3.2 Fabonacci

範例 3-2 Fabonacci

說明 計算費伯納西數，費伯納西數 F[0] = 0、F[1] = 1、F[2] = 1、F[3] = 2、F[4] = 3、F[5] = 5、F[6] = 8、F[7] = 13、F[8] = 21、F[9] = 34、F[10] = 55、F[11] = 89、F[12] = 144…等，如圖 3.2.1 所示。

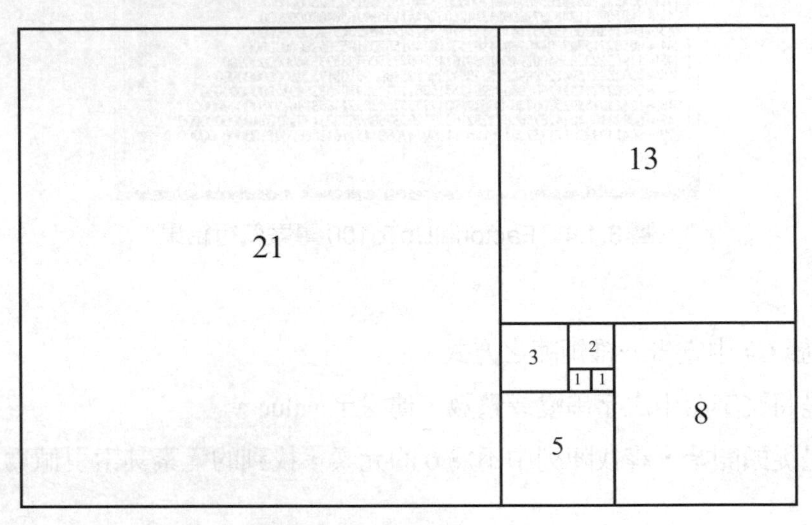

圖 3.2.1　Fabonacci 數圖

★ 使用元件

表單 *1、文字盒 *2、進度橫桿 *1、按鈕 *2、計時器 *1。

★ 專案配置

專案之配置如圖 3.2.2 所示，不再贅述專案中隱藏的元件。

圖 3.2.2　Fabonacci 專案配置圖

★ 屬性彙整表

1. 各元件需修改之屬性，彙整如表 3.2.1。

表 3.2.1 Fabonacci 屬性彙整表

項次	元件名稱	屬性	值
1	Form1	Text	Fabonacci
2	textBox1	(Name)	valueTB
		BorderStyle	Fixed3D
		Text	50
		TextAlign	Center
3	progressBar1	Value	0
4	button1	(Name)	startBTN
		Text	Start
5	button2	(Name)	resetBTN
		Text	Reset
6	textBox2	(Name)	msgTB
		BorderStyle	Fixed3D
		Multiline	True
		ScrollBars	Both
		Text	
		TextAlign	Left
7	timer1	Interval	100

2. 各元件需處理的事件，彙整如表 3.2.2。

表 3.2.2 Fabonacci 事件彙整表

項次	元件名稱	事件名稱	對應程式
1	startBTN	Click	startBTN_Click
2	resetBTN	Click	resetBTN_Click
3	timer1	Tick	timer1_Tick

★ 程式碼

```
1  namespace Fabonacci
2  {
3      public partial class Form1 : Form
4      {
5          const int size = 101; //宣告全域變數
6          int i;
7          long value;
8          static long[] memory = new long[size];
9          public Form1()
10         {
11             InitializeComponent();
12         }
13
14         private void startBTN_Click(object sender, EventArgs e)
15         {
16             reset(); //呼叫副程式
17             timer1.Enabled = true;//開啓計時器
18             startBTN.Enabled = false;//關閉startBTN
19             resetBTN.Enabled = false;//關閉resetBTN
20             i = 0;
21         }
22
23         private void reset()
24         {
25             value = int.Parse(valueTB.Text);
26             progressBar1.Maximum = (int)value + 1;//設定進度橫桿的
   最大值等於value+1
27             progressBar1.Value = 0;//使進度橫桿的值歸零
28             progressBar1.ForeColor = Color.Green; ;//設定進度橫桿的
   前景顏色爲綠色
29             msgTB.Text = "";
30             for (i = 0; i < size; i++)
31                 memory[i] = -1;//將尚未計算之費伯納西數設爲-1， 即
   F[n] = -1
32         }
33
34         private void resetBTN_Click(object sender, EventArgs e)
35         {
```

```
36                 reset();/ /呼叫副程式
37             }
38 
39             private static long Fast_fabonacci(int n)
40             {
41                 if (memory[n] != -1) return memory[n]; //如果陣列裡的值
   不為 -1，則代表其為計算過之費伯納西數，故回傳其值
42                 else
43                 {
44                     if (n == 0 || n == 1) memory[n] = n; //當 n = 0 或
   n = 1 時，其對應之費伯納西數 F[0]=0、F[1]=1
45                     else memory[n] = Fast_fabonacci(n - 1) + Fast_
   fabonacci(n - 2); //否則 F[n]=F[n - 1]+F[n - 2]
46                     return memory[n];
47                 }
48             }
49 
50             private void timer1_Tick(object sender, EventArgs e)
51             {
52                 msgTB.Text += "F(" + i.ToString() + ")=" +
                       Fast_fabonacci(i).ToString() + "\r\n";
53                 progressBar1.Value++;
54                 i++;
55                 if (i > value)
56                 {
57                     timer1.Enabled = false;
58                     progressBar1.ForeColor = Color.Pink;
59                     startBTN.Enabled = true;
60                     resetBTN.Enabled = true;
61                 }
62             }
63         }
64 }
```

★ 輸出結果

程式執行中如圖 3.2.3，輸出結果如圖 3.2.4，重置後如圖 3.2.5 所示。

圖 3.2.3 Fabonacci 專案執行中

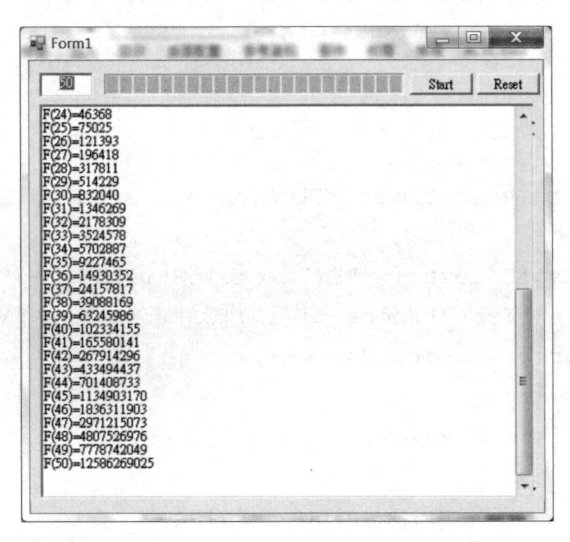

圖 3.2.4 Fabonacci 專案之輸出結果

圖 3.2.5 Fabonacci 專案重置後之畫面

★ 程式說明

1. 第 5 行所宣告之全域變數，是指所有處理事件之函式皆能看得見之變數，亦即所有函式中若無再次宣告新的、與此變數相同名稱之變數，則函式中所見之變數即爲此全域變數。
2. 爲節省計算所需時間，故於第 8 行宣告一個 memory 陣列，程式會將計算後之費伯納西數存於 memory 中。
3. 第 31 行將尚未計算之費伯納西數設爲 -1。
4. 第 41 行如果陣列裡的值不爲 -1，則代表其爲計算過之費伯納西數，故回傳其值。
5. 第 44 行當 $n = 0$ 或 $n = 1$ 時，其對應之費伯納西數 $F[0] = 0$、$F[1] = 1$。
6. 第 45 行否則 $F[n] = F[n-1] + F[n-2]$。

3.3 MatrixMultiplication

範例 3-3 — MatrixMultiplication

說明 兩個矩陣相乘，其方法如下：

$$A=\begin{bmatrix} a_{11} & a_{12} & a_{13} & a_{14} \\ a_{21} & a_{22} & a_{23} & a_{24} \\ a_{31} & a_{32} & a_{33} & a_{34} \\ a_{41} & a_{42} & a_{43} & a_{44} \end{bmatrix},\ B=\begin{bmatrix} b_{11} & b_{12} & b_{13} & b_{14} \\ b_{21} & b_{22} & b_{23} & b_{24} \\ b_{31} & b_{32} & b_{33} & b_{34} \\ b_{41} & b_{42} & b_{43} & b_{44} \end{bmatrix}\ C=A\times B=\begin{bmatrix} c_{11} & c_{12} & c_{13} & c_{14} \\ c_{21} & c_{22} & c_{23} & c_{24} \\ c_{31} & c_{32} & c_{33} & c_{34} \\ c_{41} & c_{42} & c_{43} & c_{44} \end{bmatrix}$$

$$c_{11}=a_{11}\times b_{11}+a_{12}\times b_{21}+a_{13}\times b_{31}+a_{14}\times b_{41}$$
$$c_{12}=a_{11}\times b_{12}+a_{12}\times b_{22}+a_{13}\times b_{32}+a_{14}\times b_{42}$$
$$c_{13}=a_{11}\times b_{13}+a_{12}\times b_{23}+a_{13}\times b_{33}+a_{14}\times b_{43}$$
$$c_{14}=a_{11}\times b_{14}+a_{12}\times b_{24}+a_{13}\times b_{34}+a_{14}\times b_{44}$$
$$....$$
$$c_{ij}=\sum_{k=1}^{4} a_{ik}\times b_{kj}$$

★ 使用元件

表單 *1、群組盒 *3、文字盒 *48、標籤盒 *2、按鈕 *1。

★ 專案配置

專案之配置如圖 3.3.1。

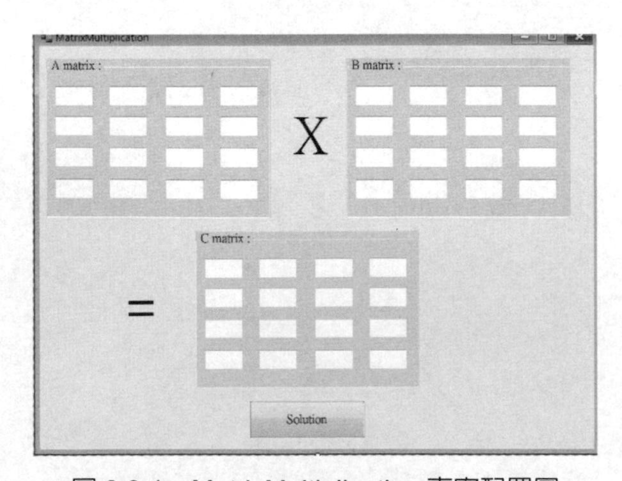

圖 3.3.1 MatrixMultiplication 專案配置圖

★ 屬性彙整表

1. 各元件需修改之屬性，彙整如表 3.3.1。

表 3.3.1 MatrixMultiplication 屬性彙整表

項次	元件名稱	屬性	值
1	Form1	Text	MatrixMultiplication
2,3,4	groupBox1,2,3	(Name)	aGB, bGB, cGB
		Text	A matrix :, B matrix :, C matrix :
5,6,7,8,910,11,12,1314, 15,16,17,18,1920,21,22, 23,24,25,26,27,28,29,30, 31,32,33,34,35,36,37,38, 39,40,41,42,43,44,45,46, 47,48,49,50,51,52	textBox1,2,3,4,5, 6,7,8,9,10,11,12, 13,14,15,16,17,18, 19,20,21,22,23,24, 25,26,27,28,29,30, 31,32,33,34,35,36, 37,38,39,40,41,42, 43,44,45,46,47,48	BorderStyle	Fixed3D
		Text	
		TextAlign	Center
53,54	label1,2	Font->Size	48
		Text	X, =
55	button1	(Name)	solutionBTN
		Text	Solution

2. 各元件需處理的事件，彙整如表 3.3.2。

表 3.3.2 MatrixMultiplication 事件彙整表

項次	元件名稱	事件名稱	對應程式
1	Form1	Load	Form1_Load
2	solutionBTN	Click	solutionBTN_Click

★ 程式碼

```
1   namespace MatrixMultiplication
2   {
3       public partial class Form1 : Form
4       {
5           TextBox[,] aTB, bTB,cTB;
6           int[,] aM, bM, cM;
7           const int size = 4;
8   
9           public Form1()
10          {
11              InitializeComponent();
12          }
13          private void Form1_Load(object sender, EventArgs e)
14          {
15              aTB = new TextBox[,]
                       { { textBox1,textBox2,textBox3,textBox4 }, //設定A矩陣
16                       { textBox5,textBox6,textBox7,textBox8 },
17                       { textBox9,textBox10,textBox11,textBox12 },
18                       { textBox13,textBox14,textBox15,textBox16 }};
19              bTB = new TextBox[,]
                       { { textBox17,textBox18,textBox19,textBox20 }, //設定B矩陣
20                        { textBox21,textBox22,textBox23,textBox24 },
21                        { textBox25,textBox26,textBox27,textBox28 },
22                        { textBox29,textBox30,textBox31,textBox32 }};
23              cTB = new TextBox[,]
                       { { textBox33,textBox34,textBox35,textBox36 },
                                                                //設定C矩陣
24                        { textBox37,textBox38,textBox39,textBox40 },
25                        { textBox41,textBox42,textBox43,textBox44 },
26                        { textBox45,textBox46,textBox47,textBox48 }};
27              aM = new int[,] { { 1, 2, 3, 4 }, { 2, 3, 4, 5 }, { 3,
    4, 5, 6 },  { 4, 5, 6, 7 } }; //初始化A矩陣之資料
28              bM = new int[,] { { 4, 5, 6, 7 }, { 3, 4, 5, 6 }, { 2,
    3, 4, 5 },  { 1, 2, 3, 4 } }; //初始化B矩陣之資料
29              cM = new int[,] { { 0, 0, 0, 0 }, { 0, 0, 0, 0 }, { 0,
    0, 0, 0 },  { 0, 0, 0, 0 } }; //初始化C矩陣之資料
30              updateTextBox();
31          }
32
```

```
33          private void loadMatrix() //將矩陣內容轉換爲資料
34          {
35              for (int i = 0; i < size; i++)
36                  for (int j = 0; j < size; j++)
37                  {
38                      aM[i, j] = int.Parse(aTB[i, j].Text);
39                      bM[i, j] = int.Parse(bTB[i, j].Text);
40                      cM[i, j] = 0;
41                  }
42          }
43
44          private void matrixMultiplication() //兩矩陣相乘
45          {
46              for (int i=0; i<size; i++)
47                  for (int j=0; j<size; j++)
48                      for (int k=0; k<size; k++)
49                          cM[i,j]+=aM[i,k]*bM[k,j];
50          }
51
52          private void updateTextBox() //更新文字盒
53          {
54              for (int i = 0; i < size; i++)
55                  for (int j = 0; j < size; j++)
56                  {
57                      aTB[i, j].Text = aM[i, j].ToString();
58                      bTB[i, j].Text = bM[i, j].ToString();
59                      cTB[i, j].Text = cM[i, j].ToString();
60                  }
61          }
62
63          private void solutionBTN_Click(object sender, EventArgs e)
64          {
65              loadMatrix();
66              matrixMultiplication();
67              updateTextBox();
68          }
69      }
70  }
```

★ 執行結果

專案執行之起始畫面如圖 3.3.2，專案執行結果如圖 3.3.3 所示。

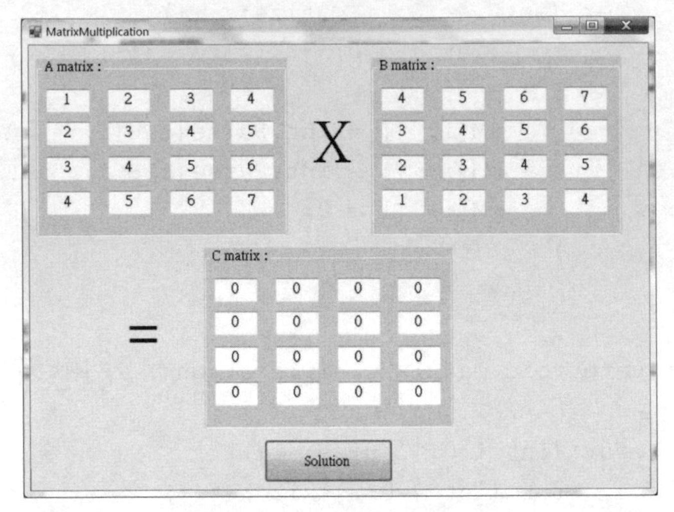

圖 3.3.2　MatrixMultiplication 專案執行之起始畫面

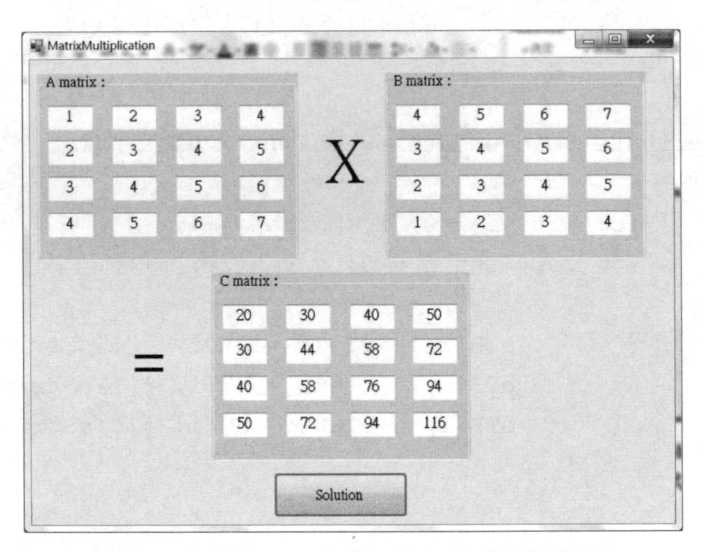

圖 3.3.3　MatrixMultiplication 專案執行結果

★ 程式說明

1. 第 5 行是於 C# 中宣告二維矩陣之方式。

3.4 InverseMatrix

範例 3-4 InverseMatrix

說明 尋找一個矩陣的反矩陣，其方法如下：

1. 計算行列式之值（Determinant）
2. 尋找子行列式（Minors）
3. 尋找餘因子（Cofactor）
4. 尋找轉置矩陣（Transpose）
5. 計算反矩陣
6. 驗證 A × A^{-1} = I（單位矩陣）。

$$A = \begin{bmatrix} a_{11} & a_{12} & a_{13} & a_{14} \\ a_{21} & a_{22} & a_{23} & a_{24} \\ a_{31} & a_{32} & a_{33} & a_{34} \\ a_{41} & a_{42} & a_{43} & a_{44} \end{bmatrix},$$

(1)

$$det(A) = \begin{vmatrix} a_{11} & a_{12} & a_{13} & a_{14} \\ a_{21} & a_{22} & a_{23} & a_{24} \\ a_{31} & a_{32} & a_{33} & a_{34} \\ a_{41} & a_{42} & a_{43} & a_{44} \end{vmatrix} = a_{11} \times \begin{vmatrix} a_{22} & a_{23} & a_{24} \\ a_{32} & a_{33} & a_{34} \\ a_{42} & a_{43} & a_{44} \end{vmatrix} - a_{12} \times \begin{vmatrix} a_{21} & a_{23} & a_{24} \\ a_{31} & a_{33} & a_{34} \\ a_{41} & a_{43} & a_{44} \end{vmatrix}$$

$$+ a_{13} \times \begin{vmatrix} a_{21} & a_{22} & a_{24} \\ a_{31} & a_{32} & a_{34} \\ a_{41} & a_{42} & a_{44} \end{vmatrix} - a_{14} \times \begin{vmatrix} a_{21} & a_{22} & a_{23} \\ a_{31} & a_{32} & a_{33} \\ a_{41} & a_{42} & a_{43} \end{vmatrix}$$

$$= a_{11} \times \left(a_{22} \times a_{33} \times a_{44} + a_{23} \times a_{34} \times a_{42} + a_{24} \times a_{43} \times a_{32} - a_{24} \times a_{33} \times a_{42} - a_{23} \times a_{32} \times a_{44} - a_{22} \times a_{43} \times a_{34} \right)$$

$$- a_{12} \times \left(a_{21} \times a_{33} \times a_{44} + a_{23} \times a_{34} \times a_{41} + a_{24} \times a_{43} \times a_{31} - a_{24} \times a_{33} \times a_{41} - a_{23} \times a_{31} \times a_{44} - a_{21} \times a_{43} \times a_{34} \right)$$

$$+ a_{13} \times (\ldots) - a_{14} \times (\ldots)$$

(2)

$$Minors(A) = B = \begin{bmatrix} b_{11} & b_{12} & b_{13} & b_{14} \\ b_{21} & b_{22} & b_{23} & b_{24} \\ b_{31} & b_{32} & b_{33} & b_{34} \\ b_{41} & b_{42} & b_{43} & b_{44} \end{bmatrix}$$ ，其中

$$b_{11} = \begin{vmatrix} . & . & . & . \\ . & a_{22} & a_{23} & a_{24} \\ . & a_{32} & a_{33} & a_{34} \\ . & a_{42} & a_{43} & a_{44} \end{vmatrix}$$

$$= a_{22} \times a_{33} \times a_{44} + a_{23} \times a_{34} \times a_{42} + a_{24} \times a_{43} \times a_{32}$$
$$- a_{24} \times a_{33} \times a_{42} - a_{23} \times a_{32} \times a_{44} - a_{22} \times a_{43} \times a_{34}$$

$$b_{12} = \begin{vmatrix} . & . & . & . \\ a_{21} & . & a_{23} & a_{24} \\ a_{31} & . & a_{33} & a_{34} \\ a_{41} & . & a_{43} & a_{44} \end{vmatrix}$$

$$= a_{21} \times a_{33} \times a_{44} + a_{23} \times a_{34} \times a_{41} + a_{24} \times a_{43} \times a_{31}$$
$$- a_{24} \times a_{33} \times a_{41} - a_{23} \times a_{31} \times a_{44} - a_{21} \times a_{43} \times a_{34}$$

...

(3)

$$Cofactor(B) = \begin{bmatrix} b_{11} & -b_{12} & b_{13} & -b_{14} \\ -b_{21} & b_{22} & -b_{23} & b_{24} \\ b_{31} & -b_{32} & b_{33} & -b_{34} \\ -b_{41} & b_{42} & -b_{43} & b_{44} \end{bmatrix}$$

(4)

$$Transpose(B) = B^T = \begin{bmatrix} b_{11} & -b_{21} & b_{31} & -b_{41} \\ -b_{12} & b_{22} & -b_{32} & b_{42} \\ b_{13} & -b_{23} & b_{33} & -b_{43} \\ -b_{14} & b_{24} & -b_{34} & b_{44} \end{bmatrix}$$

(5)

$$B = Inverse(A) = A^{-1} = \frac{1}{det(A)} \begin{bmatrix} b_{11} & -b_{21} & b_{31} & -b_{41} \\ -b_{12} & b_{22} & -b_{32} & b_{42} \\ b_{13} & -b_{23} & b_{33} & -b_{43} \\ -b_{14} & b_{24} & -b_{34} & b_{44} \end{bmatrix}$$

(6)

驗證： $A \times B = I = \begin{bmatrix} 1 & 0 & 0 & 0 \\ 0 & 1 & 0 & 0 \\ 0 & 0 & 1 & 0 \\ 0 & 0 & 0 & 1 \end{bmatrix}$

★ 使用元件

表單 *1、群組盒 *3、文字盒 *48、標籤盒 *2、按鈕 *1。

★ 專案配置

專案之配置如圖 3.4.1。

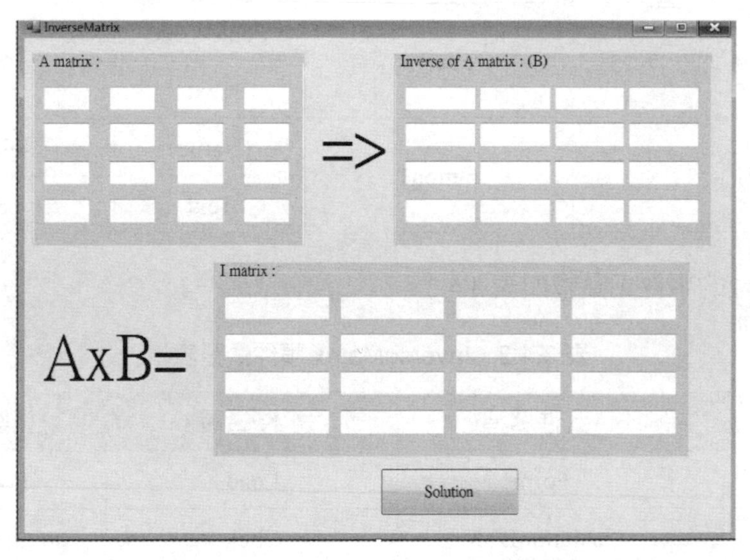

圖 3.4.1 InverseMatrix 專案配置圖

★屬性彙整表

1. 各元件需修改之屬性，彙整如表 3.4.1。

表 3.4.1 InverseMatrix 屬性彙整表

項次	元件名稱	屬性	值
1	Form1	Text	InverseMatrix
2,3,4	groupBox1,2,3	(Name)	aGB, bGB, cGB
		Text	A matrix :, Inverse of A matrix : (B), I matrix :
5,6,7,8,910,11,12,1314, 15,16,17,18,1920,21,22, 23,24,25,26,27,28,29,30, 31,32,33,34,35,36,37,38, 39,40,41,42,43,44,45,46, 47,48,49,50,51,52	textBox1,2,3,4,5, 6,7,8,9,10,11,12, 13,14,15,16,17,18, 19,20,21,22,23,24, 25,26,27,28,29,30, 31,32,33,34,35,36, 37,38,39,40,41,42, 43,44,45,46,47,48	BorderStyle	Fixed3D
		Text	
		TextAlign	Center
53,54	label1,2	Font->Size	48
		Text	=>, AxB=
55	button1	(Name)	solutionBTN
		Text	Solution

2. 各元件需處理的事件，彙整如表 3.4.2。

表 3.4.2 InverseMatrix 事件彙整表

項次	元件名稱	事件名稱	對應程式
1	Form1	Load	Form1_Load
2	solutionBTN	Click	solutionBTN_Click

★ 程式碼

```
1   namespace InverseMatrix
2   {
3       public partial class Form1 : Form
4       {
5           TextBox[,] aTB, bTB, cTB;
6           float[,] a, b, c;
7           float[,] aM, bM, cM;
8           float det;
9           const int size = 4;
10
11          public Form1()
12          {
13              InitializeComponent();
14          }
15          private void Form1_Load(object sender, EventArgs e)
16          {
17              aTB = new TextBox[,] { { textBox1,textBox2,textBox3,t
    extBox4 }, // 設定 A 矩陣
18                  { textBox5,textBox6,textBox7,textBox8 },
19                  { textBox9,textBox10,textBox11,textBox12 },
20                  { textBox13,textBox14,textBox15,textBox16 }};
21              bTB = new TextBox[,] { { textBox17,textBox18,textBox1
    9,textBox20 }, // 設定 B 矩陣
22                  { textBox21,textBox22,textBox23,textBox24 },
23                  { textBox25,textBox26,textBox27,textBox28 },
24                  { textBox29,textBox30,textBox31,textBox32 }};
25              cTB = new TextBox[,] { { textBox33,textBox34,textBox3
    5,textBox36 }, // 設定 C 矩陣
26                  { textBox37,textBox38,textBox39,textBox40 },
27                  { textBox41,textBox42,textBox43,textBox44 },
28                  { textBox45,textBox46,textBox47,textBox48 }};
29              a = new float[,] { { 1, 2, 3, 4 }, { 5, 6, 7, 8 }, { 8,
    3, 7, 2 }, { 6, 4, 5, 1 } }; // 初始化 A 矩陣之資料
30              b = new float[,] { { 0, 0, 0, 0 }, { 0, 0, 0, 0 }, { 0,
    0, 0, 0 }, { 0, 0, 0, 0 } }; // 初始化 B 矩陣之資料
31              c = new float[,] { { 0, 0, 0, 0 }, { 0, 0, 0, 0 }, { 0,
    0, 0, 0 }, { 0, 0, 0, 0 } }; // 初始化 C 矩陣之資料
32              updateTextBox();
```

```
33          }
34           private void updateTextBox() //更新文字盒
35           {
36               for (int i = 0; i < size; i++)
37                   for (int j = 0; j < size; j++)
38                   {
39                       aTB[i, j].Text = a[i, j].ToString();
40                       bTB[i, j].Text = b[i, j].ToString();
41                       cTB[i, j].Text = c[i, j].ToString();
42                   }
43          }
44
45          private void loadMatrix() //將矩陣內容轉換爲資料
46          {
47               for (int i = 0; i < size; i++)
48                   for (int j = 0; j < size; j++)
49                       a[i, j] = float.Parse(aTB[i, j].Text);
50          }
51
52           private void matrixMultiplication(float[,] aa, float[,] bb,
   float[,] cc) //兩矩陣相乘
53           {
54               for (int i = 0; i < size; i++)
55                   for (int j = 0; j < size; j++)
56                       for (int k = 0; k < size; k++)
57                           cc[i, j] += aa[i, k] * bb[k, j];
58           }
59
60           private void dupMatrix(float[,] aa, float[,] bb) //複製矩陣
61           {
62               for (int i = 0; i < size; i++)
63                   for (int j = 0; j < size; j++)
64                       bb[i, j] = aa[i, j];
65           }
66
67           private float determinant3(float[,] aa) //計算 3x3 行列式之值
68           {
69               int size = 3;
70               float result = 0
```

```
71              for (int i = 0; i < size; i++) //計算對角線各元素之值
72                  result += aa[0, i] * aa[1, (i + 1) % 3] * aa[2, (i
    + 2) % 3];
73              for (int i = 2; i >= 0; i--) //計算反對角線各元素之值
74                  result -= aa[0, i] * aa[1, (i + 2) % 3] * aa[2, (i
    +1) % 3];
75              return result;
76          }
77
78          private float determinant4(float[,] aa) //計算 4x4 行列式之值
79          {
80              float result = 0;
81              for (int i = 0; i < size; i++)
82                  if (i % 2 == 0) result += aa[0, i] * findMinor(aa, 0, i);
    //若行數爲偶數，其值取正
83                  else  result += -aa[0, i] * findMinor(aa, 0, i);
    //若行數爲奇數，其值取負
84              return result;
85          }
86
87          private float findMinor(float[,] aa, int ii, int jj) //尋找Minor之值
88          {
89              float[,] aaS = new float[size - 1, size - 1];
90              float result = 0;
91              int i = 0, m = 0;
92              while (i < size)
93              {
94                  if (i != ii) //去除i = ii列之值
95                  {
96                      int j = 0, n = 0;
97                      while (j < size)
98                      {
99                          if (j != jj) { aaS[m, n] = aa[i, j]; n++; }
    //去除j = jj行之值
100                         j++;
101                     }
102                     m++;
103                 }
104                 i++;
105             }
106             result = determinant3(aaS);
107             return result;
```

```
108         }
109 
110         private void Minors(float[,] aa, float[,] bb) //尋找所有的Minors
111         {
112             for (int i = 0; i < size; i++)
113                 for (int j = 0; j < size; j++)
114                     bb[i, j] = findMinor(aa, i, j);
115         }
116 
117         private void Cofactors(float[,] aa) //尋找餘因子
118         {
119             for (int i = 0; i < size; i++)
120                 for (int j = 0; j < size; j++)
121                     if ((i + j) % 2 == 1) aa[i, j] = -aa[i, j];
    //將行與列相加後之值爲奇數者，其值取負
122         }
123 
124         private void Transpose (float[,] aa) //尋找 Transpose
125         {
126             float[,] aaD = new float[size, size];
127             dupMatrix(aa, aaD); //複製矩陣
128             for (int i = 0; i < size; i++)
129                 for (int j = 0; j < size; j++)
130                     aa[i, j] = aaD[j, i];
131         }
132 
133         private void Inverse(float[,] aa) //求取反矩陣
134         {
135             for (int i = 0; i < size; i++)
136                 for (int j = 0; j < size; j++)
137                     aa[i, j] = aa[i, j]/det;
138         }
139 
140         private void solutionBTN_Click(object sender, EventArgs e)
141         {
142             loadMatrix();
143             det = determinant4(a);
144             if (det == 0) //若行列式之值爲零則無解
145             {
146                 for (int i = 0; i < size; i++)
```

```
147                     for (int j = 0; j < size; j++)
148                     {
149                         bTB[i, j].Text = "NA";
150                         cTB[i, j].Text = "NA";
151                     }
152                 }
153                 else
154                 {
155                     msgTB.Text += det.ToString() + "\r\n";
156                     Minors(a, b);
157                     showMatrix(b, size);
158                     Cofactors(b);
159                     showMatrix(b, size);
160                     Transpose(b);
161                     showMatrix(b, size);
162                     Inverse(b);
163                     showMatrix(b, size);
164                     matrixMultiplication(a, b, c);
165                     updateTextBox();
166                 }
167             }
168         }
169 }
```

★ 執行結果

專案執行之起始畫面如圖 3.4.2，專案執行結果如圖 3.4.3 所示，專案執行結果爲無反矩陣，則如圖 3.4.4 所示。

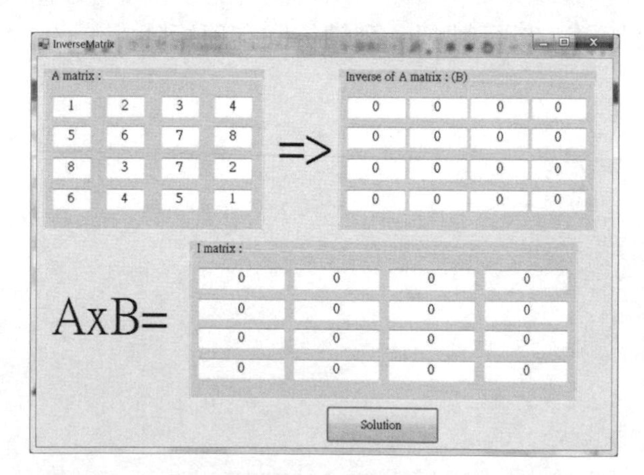

圖 3.4.2 InverseMatrix 專案執行之起始畫面

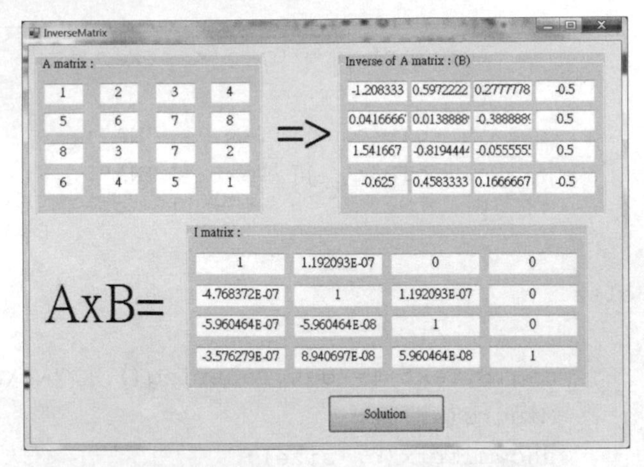

圖 3.4.3　InverseMatrix 專案執行結果

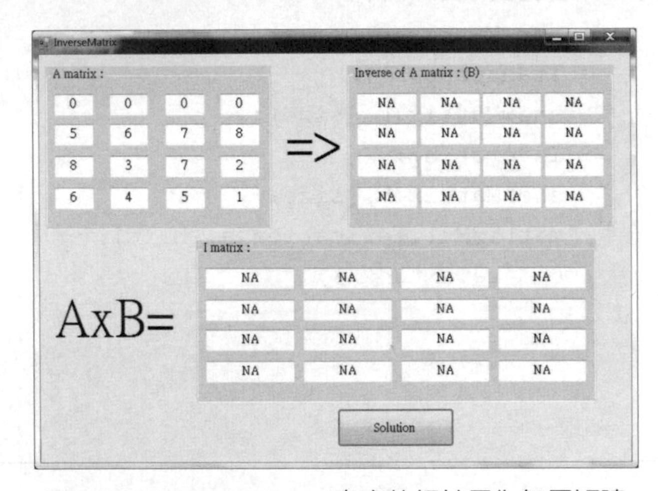

圖 3.4.4　InverseMatrix 專案執行結果為無反矩陣

★ 程式說明

1. 第 127 行先將矩陣複製。
2. 第 130 行再將複製矩陣，以行轉列、列轉行回存原矩陣。

3.5 LinearEquation

範例 3-5 LinearEquation

說明 求解三元一次線性方程式。本程式乃利用克拉瑪法則求解，即：

$$\Delta = \begin{vmatrix} m_{11} & m_{12} & m_{13} \\ m_{21} & m_{22} & m_{23} \\ m_{31} & m_{32} & m_{33} \end{vmatrix} = m_{11} \times m_{22} \times m_{33} + m_{21} \times m_{13} \times m_{32} + m_{31} \times m_{12} \times m_{23}$$

$$- m_{13} \times m_{31} \times m_{22} - m_{23} \times m_{32} \times m_{11} - m_{33} \times m_{12} \times m_{21}$$

$$\begin{cases} 1x + 3y + 1z = 2 \\ 2x + 5y + 1z = -5 \\ 1x + 2y + 3z = 6 \end{cases}，\Delta = \begin{vmatrix} 1 & 3 & 1 \\ 2 & 5 & 1 \\ 1 & 2 & 3 \end{vmatrix} = -3，\Delta X = \begin{vmatrix} 2 & 3 & 1 \\ -5 & 5 & 1 \\ 6 & 2 & 3 \end{vmatrix} = -3$$

$$\Delta Y = \begin{vmatrix} 1 & 2 & 1 \\ 2 & -5 & 1 \\ 1 & 6 & 3 \end{vmatrix} = 6，\Delta Z = \begin{vmatrix} 1 & 3 & 2 \\ 2 & 5 & -5 \\ 1 & 2 & 6 \end{vmatrix} = -9，\therefore \begin{bmatrix} x \\ y \\ z \end{bmatrix} = \begin{bmatrix} \frac{\Delta X}{\Delta} \\ \frac{\Delta Y}{\Delta} \\ \frac{\Delta Z}{\Delta} \end{bmatrix} = \begin{bmatrix} 1 \\ -2 \\ 3 \end{bmatrix}$$

★ 使用元件

表單 *1、文字盒 *15、標籤 *12、按鈕 *1。

★ 專案配置

專案之配置如圖 3.5.1。

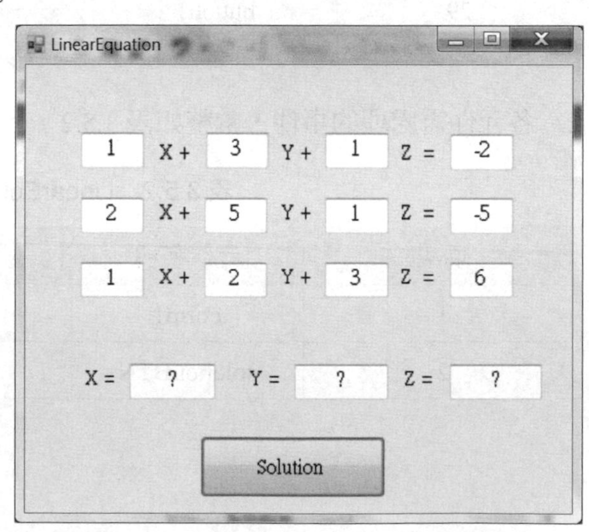

圖 3.5.1 LinearEquation 專案配置圖

★ 屬性彙整表

1. 各元件需修改之屬性，彙整如表 3.5.1。

表 3.5.1 LinearEquation 屬性彙整表

項次	元件名稱	屬性	值
1	Form1	Text	LinearEquation
2,3,4,5 6,7,8,9 10,11,12,13	textBox1,2,3,4 5,6,7,8 9,10,11,12	(Name)	x0,y0,z0,c0 x1,y1,z1,c1 x2,y2,z2,c2
		BorderStyle	Fixed3D
		Text	1
		TextAlign	Center
14,15,16	textBox13,14,15	(Name)	x,y,z
		BorderStyle	Fixed3D
		Text	?
		TextAlign	Center
17,18,19 20,21,22 23,24,25	label1,2,3 4,5,6 7,8,9	Text	X+,Y+,Z=
26,27,28	label10,11,12	Text	X=,Y=,Z=
29	button1	(Name)	solutionBTN
		Text	Solution

2. 各元件需處理的事件，彙整如表 3.5.2。

表 3.5.2 LinearEquation 事件彙整表

項次	元件名稱	事件名稱	對應程式
1	Form1	Load	Form1_Load
2	solutionBTN	Click	solutionBTN _Click

★ 程式碼

```
1   namespace LinearEquation
2   {
3       public partial class Form1 : Form
4       {
5           TextBox[,] tb;
6           float[,] tbMatrix;
7           float[,] det, detX, detY, detZ;
8   
9           public Form1()
10          {
11              InitializeComponent();
12          }
13  
14          private void Form1_Load(object sender, EventArgs e)
15          {
16              tb = new TextBox[,] { { x0, y0, z0, c0 }, { x1, y1,
z1, c1 }, { x2, y2, z2, c2 } };// 文字盒初始化
17              tbMatrix = new float[3, 4];
18              det = new float[3, 3];
19              detX = new float[3, 3];
20              detY = new float[3, 3];
21              detZ = new float[3, 3];
22          }
23  
24          private void loadMatrix()
25          {
26              for (int i = 0; i < 3; i++)// 載入矩陣
27                  for (int j = 0; j < 4; j++)
28                      tbMatrix[i, j] = float.Parse(tb[i, j].Text);
29              for (int i = 0; i < 3; i++)
30                  for (int j = 0; j < 3; j++)
31                  {
32                      det[i, j] = tbMatrix[i, j]; // 載入 Δ 矩陣
33                      if (j == 0) detX[i, j] = tbMatrix[i, 3]; else
detX[i, j] = tbMatrix[i, j]; // 載入 ΔX 矩陣
34                      if (j == 1) detY[i, j] = tbMatrix[i, 3]; else
detY[i, j] = tbMatrix[i, j]; // 載入 ΔY 矩陣
```

```
35                    if (j == 2) detZ[i, j] = tbMatrix[i, 3]; else
   detZ[i, j] = tbMatrix[i, j]; //載入ΔZ 矩陣
36                }
37        }
38
39        private void solutionBTN_Click(object sender, EventArgs e)
40        {
41            float detA;
42            loadMatrix();
43            detA = determinant(det);
44            if (detA == 0) x.Text = y.Text = z.Text = "NA";//Δ為
   0，方程式無解或多組解
45            else//Δ不為 0，方程式有唯一解
46            {
47                x.Text = (determinant(detX) / detA).ToString();//
   x=ΔX/Δ
48                y.Text = (determinant(detY) / detA).ToString();//
   y=ΔY/Δ
49                z.Text = (determinant(detZ) / detA).ToString();//
   z=ΔZ/Δ
50            }
51        }
52
53        private float determinant(float[,] b) //求行列式之值
54        {
55            float result = 0;
56            for (int i = 0; i < 3; i++)
57                result += b[0, i] * b[1, (i + 1) % 3] * b[2, (i +
   2) % 3];
58            for (int i = 2; i >= 0; i--)
59                result -= b[0, i] * b[1, (i + 3 - 1) % 3] * b[2,
   (i + 3 - 2) % 3];
60            return result;
61        }
62    }
63 }
```

★ 輸出結果

若方程式有唯一解，其輸出結果如圖 3.5.2，否則如圖 3.5.3 所示。

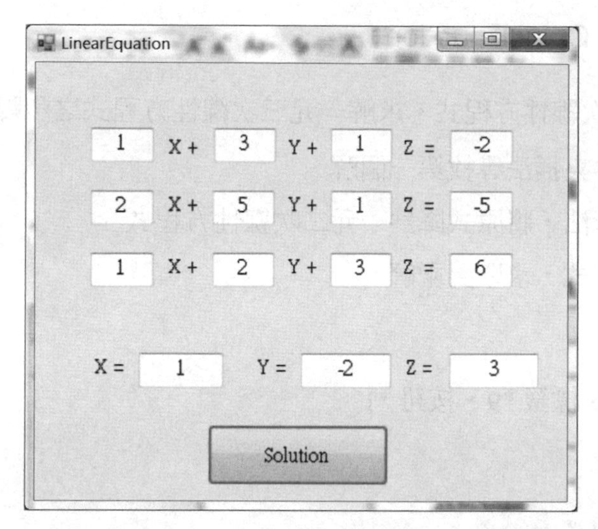

圖 3.5.2 LinearEquation 專案執行結果（唯一解）

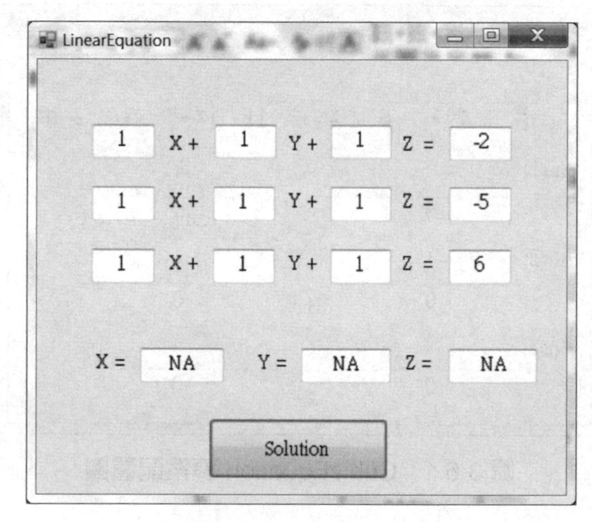

圖 3.5.3 LinearEquation 專案執行結果（無解）

3.6 CubicEquation

範例 3-6 ——• CubicEquation

說明 求解一元三次線性方程式。求解一元三次線性方程式之步驟：

1. 使用折半夾插法尋找第一個解、
2. 使用降階法，將原式降為一元二次線性方程式、
3. 再用判別式，求取另兩解。

★ 使用元件

表單 *1、文字盒 *9、標籤 *9、按鈕 *1。

★ 專案配置

專案之配置如圖 3.6.1。

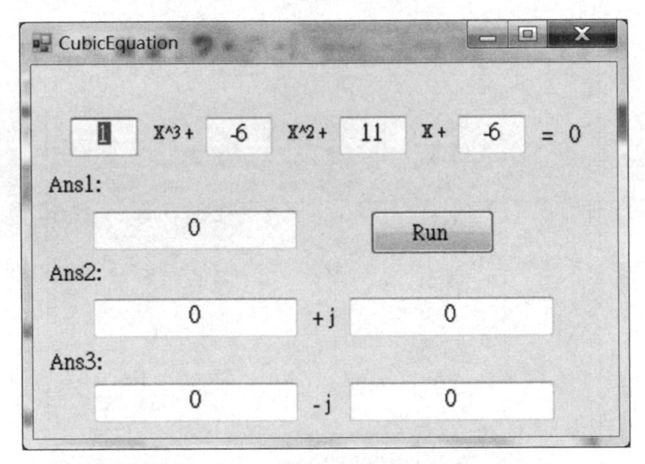

圖 3.6.1 CubicEquation 專案配置圖

★ 屬性彙整表

1. 各元件需修改之屬性，彙整如表 3.6.1。

表 3.6.1 CubicEquation 屬性彙整表

項次	元件名稱	屬性	值
1	Form1	Text	CubicEquation
2,3,4,5	textBox1,2,3,4	(Name)	aTB,bTB,cTB,dTB
		BorderStyle	Fixed3D
		Font->Size	12
		Text	1,-6,11,-6
		TextAlign	Center
6,7,8,9	label1,2,3,4	Text	X^3,X^2,X+,=
		Font->Size	12
10,11,12,13,14	textBox5,6,7,8,9	(Name)	a1TB,a2TB,a3TB,a2iTB,a3iTB
		BorderStyle	Fixed3D
		Font->Size	12
		Text	0
		TextAlign	Center
15,16,17,18,19	label5,6,7,8,9	Text	Ans1:,Ans2:,Ans3:,+j,-j
20	button1	(Name)	runBTN
		Font->Size	12
		Text	Run

2. 各元件需處理的事件，彙整如表 3.6.2。

表 3.6.2 CubicEquation 事件彙整表

項次	元件名稱	事件名稱	對應程式
1	runBTN	Click	runBTN_Click

★程式碼

```
1  namespace CubicEquation
2  {
3      public partial class Form1 : Form
4      {
5          double a, b, c, d;
6          double ans1, ans2, ans3;
7          double precision = 0.001; // 載入精確度（即容許誤差）
8          double increment = 0.00001; // 載入增量
9          int limit = 100; // 載入極限次數
10
11         public Form1()
12         {
13             InitializeComponent();
14         }
15
16         private void initialization()
17         {
18             a = (double)float.Parse(aTB.Text); // 載入參數
19             b = (double)float.Parse(bTB.Text);
20             c = (double)float.Parse(cTB.Text);
21             d = (double)float.Parse(dTB.Text);
22         }
23
24         private void runBTN_Click(object sender, EventArgs e)
25         {
26             initialization(); // 載入參數
27             ans1 = findFirstRoot(); // 尋找第一個解
28             a1TB.Text = ans1.ToString();
29             reduceEquationOrder(); // 將方程式降階
30             solveQuadraticEquation(); // 以判別式求取一元二次方程式之解
31         }
32
33         private void reduceEquationOrder() // 方程式降階法
34         {
35             double tmp1 = b + a * ans1;
36             b = a;
37             double tmp2 = c + tmp1 * ans1;
38             c = tmp1;
```

```
39              d = tmp2;
40          }
41
42          private void solveQuadraticEquation()
43          {
44              double judge = c * c - 4 * b * d; //判別式
45              if (judge >= 0) //當判別式 >= 0，爲兩相異實數解
46              {
47                  ans2 = (-c + Math.Sqrt(judge)) / (2 * b); //使用數
    學函式庫求解平方根
48                  a2TB.Text = ans2.ToString();
49                  a2iTB.Text = "0";
50                  ans3 = (-c - Math.Sqrt(judge)) / (2 * b);
51                  a3TB.Text = ans3.ToString();
52                  a3iTB.Text = "0";
53              }
54              else //否則，爲兩共軛虛數解
55              {
56                  a2TB.Text = ((-c) / (2 * b)).ToString();
57                  a3TB.Text = ((-c) / (2 * b)).ToString();
58                  a2iTB.Text = (Math.Sqrt((-judge)) / (2 * b)).
    ToString();
59                  a3iTB.Text = (Math.Sqrt((-judge)) / (2 * b)).
    ToString();
60              }
61          }
62
63          private double callFuntion(double z)
64          {   //使用數學函式庫求取三次方程式的值
65              return a * Math.Pow(z,3) + b * Math.Pow(z, 2) + c * z + d;
66          }
67
68          private double findFirstRoot()
69          {
70              int i = 1;
71              double x, y;
72              while (i<=limit) //測試次數或答案值超過 limit，則無解
73              {
74                  x = callFuntion(i);
```

```
75                  y = callFuntion(-i);
76                  if ((x > 0 && y < 0) || (x < 0 && y > 0)) break;
// 若將 i 與 -i 代入，其方程式之值由正轉負或由負轉正，代表其中一解介於 i 與 -i 之間
77                  i++;
78              }
79              if (i>=limit)
80              {
81                  a1TB.Text = a2TB.Text = a3TB.Text = a2iTB.Text =
a3iTB.Text = "NA";
82                  return 0;
83              }
84              else
85              {
86                  double j = -i; // 由 -i 開始
87                  while (j < i)
88                  {
89                      double q = callFuntion(j); // 代入函式
90                      if (Math.Abs(q) <= Math.Abs(d*precision) )
break; // 測試方程式值是否小於所設定之精確度
91                      j += increment; // 每隔一個增量
92                  }
93              return j;
94          }
95      }
96  }
```

★ 輸出結果

其輸出結果如圖 3.6.2 與圖 3.6.3 所示。

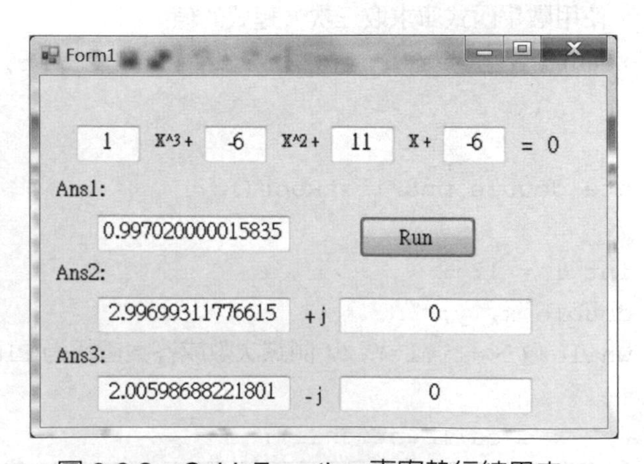

圖 3.6.2　CubicEquation 專案執行結果之一

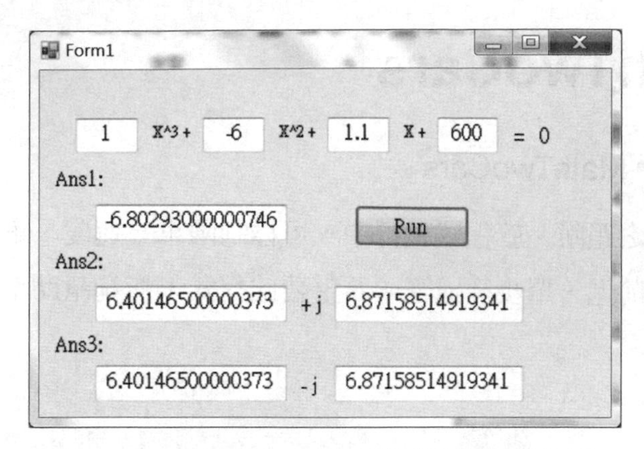

圖 3.6.3 CubicEquation 專案執行結果之二

★ 程式說明

1. 第 58 行 Math.Sqrt(z) 為使用數學函式庫求取 z 的平方根值。
2. 第 65 行 Math.Pow(z,3) 為使用數學函式庫求取 z 的 3 次方。
3. 第 76 行由 i = 1 開始，將 i = 1 與 -i = -1 代入到原方程式，其方程式值由正轉負或由負轉正，代表其中一解介於 i 與 -i 之間。
4. 第 86 行，由 -i 開始至 limit 截止，每隔一個增量，測試方程式值是否小於所設定之精確度 (精確度與 d 值有關)。
5. 第 90 行 Math.Abs(z) 為使用數學函式庫求取 z 的絕對值。

3.7 MathTwoCars

範例 3-7 ─● MathTwoCars

說明 計算兩車間之距離。於程式執行中，可控制兩車之速度、車長、暫停、前進、後退、單步前進、單步後退等。希望藉此程式，能夠幫助小學生了解數學中之追趕問題。

★ 使用元件

表單 *1、文字盒 *10、標籤 *11、按鈕 *10、水平捲軸桿 *4、組合框 *1、圖像盒 *1、計時器 *2。

★ 專案配置

專案之配置如圖 3.7.1。

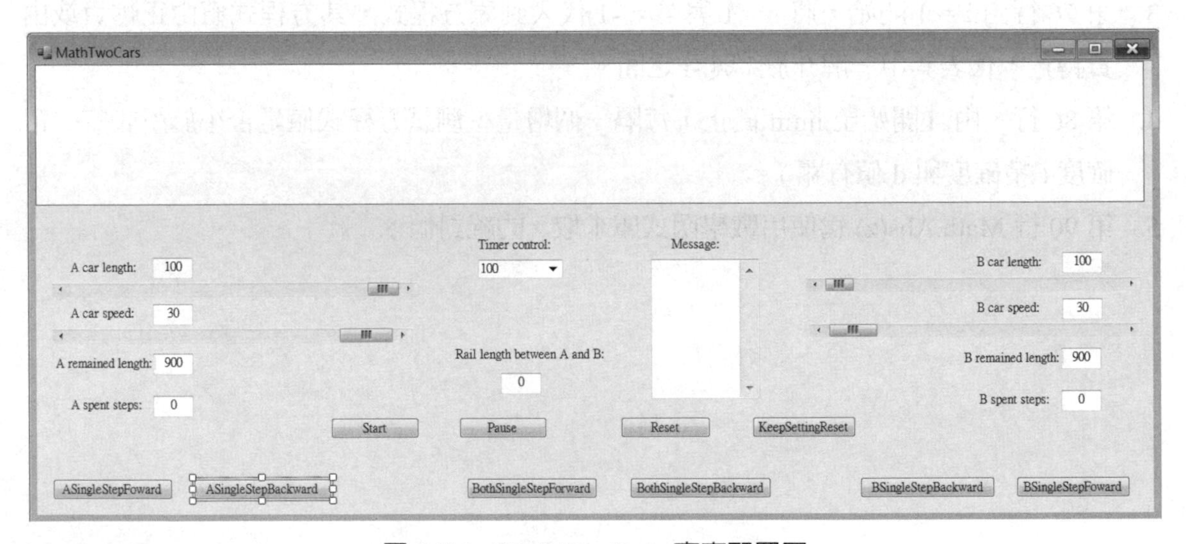

圖 3.7.1　MathTwoCars 專案配置圖

★ 屬性彙整表

1. 各元件需修改之屬性，彙整如表 3.7.1。

表 3.7.1 MathTwoCars 屬性彙整表

項次	元件名稱	屬性	值
1	Form1	Text	MathTwoCars
2	pictureBox1	BorderStyle	FixedSingle
3,4,5,6	textBox1,2,3,4	(Name)	aCarLenthTB,aSpeed, aRailTB,aStepTB
		BorderStyle	Fixed3D
		Text	100,30,900,0
		TextAlign	Center
7,8,9,10	label1,2,3,4	Text	A car length:, A car speed: A remained length, A spent steps
11,12,13,14	textBox5,6,7,8	(Name)	bCarLenthTB,bSpeed, bRailTB,bStepTB
		BorderStyle	Fixed3D
		Text	100,30,900,0
		TextAlign	Center
15,16,17,18	label5,6,7,8	Text	B car length:, B car speed: B remained length, B spent steps
19	HScrollBar1	(Name)	aCarLengthScroll
		Maximum	99
		RightToLeft	Yes
20	HScrollBar2	(Name)	aSpeedScroll
		Maximum	29
		RightToLeft	Yes
21	HScrollBar3	(Name)	bCarLengthScroll
		Maximum	99
		RightToLeft	No
22	HScrollBar4	(Name)	bSpeedScroll
		Maximum	29
		RightToLeft	No

項次	元件名稱	屬性	值
23,24,25	label9,10,11	Text	Timer control:, Message:, Rail length between A and B:
26	comBox1	Items	1 5 10 50 100 500
		Text	100
27	textBox9	(Name)	msgTB
		Multiline	True
		Text	
		TextAlign	Center
28	textBox10	(Name)	betweenTB
		Text	0
		TextAlign	Center
29,30,31,32,33 34,35,36,37,38	button1,2,3,4, 5,6,7,8,9,10	(Name)	startBTN, pauseBTN, resetBTN, keepBTN, aSingleStepFBTN aSingleStepBBTN bothSingleStepFBTN bothSingleStepBBTN bSingleStepFBTN bSingleStepBBTN
		Text	Start, Pause, Reset, KeepSettingReset, ASingleStepForward, ASingleStepBackWard, BothSingleStepForward, BothSingleStepBackWard, BSingleStepForward, BSingleStepBackWard,
39,40	timer1,2	(Name)	aTimer, bTimer
		Interval	100

註解：於 comBox1 之 Items，每行僅能放一個數字。

2. 各元件需處理的事件，彙整如表 3.7.2。

表 3.7.2　MathTwoCars 事件彙整表

項次	元件名稱	事件名稱	對應程式
1	Form1	Load	Form1_Load
2	pictureBox1	Paint	pictureBox1_Paint
3	comboBox1	SelectedIndexChanged	comboBox1_SelectedIndexChanged
4	HScrollBar1,2,3,4	Scroll	HScrollBar_Scroll
5	button1,2,3,4,5,6,7,8,9,10	Click	button_Click
6	timer1,2	Tick	aTimer_Tick, bTimer_Tick

註解：

(1) 此處之 HScrollBar1,2,3,4、button1,2,3,4,5,6,7,8,9,10、與 timer1,2 皆已更名，爲求簡單化，未將其一一列舉。

(2) 其所對應之事件處理程式，亦未一一列舉。

★ 程式碼

```
1   namespace MathTwoCars
2   {
3       public partial class Form1 : Form
4       {
5           Graphics g; // 宣告全域變數
6           Point aCurrPoint, bCurrPoint, aOrigPoint, bOrigPoint,
    bStartPoint; // 各物件之繪圖點（以左上角爲基準）
7           int railLength = 1000; // 鐵路總長度
8           int aCarLength, bCarLength, iniCarLength = 100, width = 30;
9           int aRailRemain, bRailRemain, iniRailRemain; // 各車之鐵路剩餘長度
10          int aSpeed, bSpeed, iniSpeed = 30; // 各車之車速
11          int aStep, bStep;
12          int aFraction = 0, bFraction = 0; // 各車不到一步之剩餘長度
13
14          public Form1()
15          {
16              InitializeComponent();
17          }
18
```

```
19          private void Form1_Load(object sender, EventArgs e)
20          {
21              iniRailRemain = railLength - iniCarLength;
22              aOrigPoint = new Point(10, 23); //各車之初始繪圖點
23              bOrigPoint = new Point(910, 78);
24              reset();
25          }
26
27          private void pictureBox1_Paint(object sender, PaintEventArgs e)
28          {
29              g = e.Graphics; //繪圖物件
30              g.DrawLine(new Pen(Color.Black, 4), 10, 55, 1010, 55);
    //畫線(筆(顏色,尺寸)座標x,座標y,長度,寬度)
31              g.DrawLine(new Pen(Color.Black, 4), 10, 110, 1010, 110);
32              g.FillRectangle(new SolidBrush(Color.Red), aCurrPoint.
    X, aCurrPoint.Y, aCarLength, width); //畫填充的長方形(刷子(顏色)座
    標x,座標y,長度,寬度)
33              g.FillRectangle(new SolidBrush(Color.Blue),
    bCurrPoint.X, bCurrPoint.Y, bCarLength, width);
34          }
35
36          private void startBTN_Click(object sender, EventArgs e)
37          {
38              aTimer.Enabled = bTimer.Enabled = true;
39              aCarLengthScroll.Enabled = aSpeedScroll.Enabled = false;
40              bCarLengthScroll.Enabled = bSpeedScroll.Enabled = false;
41              aSingleStepBBTN.Enabled = bSingleStepBBTN.Enabled = true;
42          }
43
44          private void pauseBTN_Click(object sender, EventArgs e)
45          {
46              aTimer.Enabled = bTimer.Enabled = false;
47          }
48
49          private void resetBTN_Click(object sender, EventArgs e)
50          {
51              reset();
52              this.Refresh(); //重新繪製
53          }
```

```
54
55          private void bothSingleStepFBTN_Click(object sender, EventArgs e)
56          {
57              aSingleStepForwand(); //a 車單步向前
58              bSingleStepForwand(); //b 車單步向前
59          }
60
61          private void bothSingleStepBBTN_Click(object sender, EventArgs e)
62          {
63              aSingleStepBackward(); //a 車單步向後
64              bSingleStepBackward(); //b 車單步向後
65          }
66
67          private void aSingleStepForwardBTN_Click(object sender, EventArgs e)
68          {
69              aSingleStepForwand();
70          }
71
72          private void aSingleStepForwand()
73          {
74              aCarLengthScroll.Enabled = aSpeedScroll.Enabled =
    false; //行進中，不可更改各參數
75              if ((aCurrPoint.X + aCarLength) <= (railLength + 10 -
    aSpeed)) //確認尚有空間可供前進
76              {
77                  aCurrPoint.X += aSpeed;
78                  aRailRemain -= aSpeed;
79                  aRailTB.Text = aRailRemain.ToString();
80                  aStep++;
81                  aStepTB.Text = aStep.ToString();
82                  updateBetweenTB();
83                  aSingleStepBBTN.Enabled = true;
84              }
85              else //否則關閉前進功能
86              {
87                  aSingleStepFBTN.Enabled = false;
88              }
89              this.Refresh();
90          }
```

```
91
92          private void bSingleStepForwardBTN_Click(object sender, EventArgs e)
93          {
94              bSingleStepForwand();
95          }
96
97          private void bSingleStepForwand()
98          {
99              bCarLengthScroll.Enabled = bSpeedScroll.Enabled = false;
100             if (bCurrPoint.X >= (10 + bSpeed))
101             {
102                 bCurrPoint.X -= bSpeed;
103                 bRailRemain -= bSpeed;
104                 bRailTB.Text = bRailRemain.ToString();
105                 bStep++;
106                 bStepTB.Text = bStep.ToString();
107                 updateBetweenTB();
108                 bSingleStepBBTN.Enabled = true;
109             }
110             else
111             {
112                 bSingleStepFBTN.Enabled = false;
113             }
114             this.Refresh();
115         }
116
117         private void aSingleStepBackwardBTN_Click(object sender, EventArgs e)
118         {
119             aSingleStepBackward();
120         }
121
122         private void aSingleStepBackward()
123         {
124             if (aStep > 0) //若步數大於0，即確認尚有空間可供後退
125             {
126                 aCurrPoint.X -= aSpeed;
127                 aRailRemain += aSpeed;
128                 aRailTB.Text = aRailRemain.ToString();
129                 aStep--;
```

```
130                 aStepTB.Text = aStep.ToString();
131                 updateBetweenTB();
132                 aSingleStepFBTN.Enabled = true;
133             }
134             else //否則關閉後退功能
135             {
136                 aSingleStepBBTN.Enabled = false;
137             }
138             this.Refresh();
139         }
140 
141         private void bSingleStepBackwardBTN_Click(object sender, EventArgs e)
142         {
143             bSingleStepBackward();
144         }
145 
146         private void bSingleStepBackward()
147         {
148             if (bStep > 0)
149             {
150                 bCurrPoint.X += bSpeed;
151                 bRailRemain += bSpeed;
152                 bRailTB.Text = bRailRemain.ToString();
153                 bStep--;
154                 bStepTB.Text = bStep.ToString();
155                 updateBetweenTB();
156                 bSingleStepFBTN.Enabled = true;
157             }
158             else
159             {
160                 bSingleStepBBTN.Enabled = false;
161             }
162             this.Refresh();
163         }
164 
165         private void aCarLengthScroll_Scroll(object sender,
    ScrollEventArgs e) //修改車輛長度
166         {
167             aCarLength = iniCarLength - aCarLengthScroll.Value;
```

```
168             aCarLengthTB.Text = aCarLength.ToString();
169             aRailRemain = railLength - aCarLength;
170             aRailTB.Text = aRailRemain.ToString();
171             updateBetweenTB();
172             this.Refresh();
173         }
174 
175         private void bCarLengthScroll_Scroll(object sender, ScrollEventArgs e)
176         {
177             bCarLength = iniCarLength - bCarLengthScroll.Value;
178             bCarLengthTB.Text = bCarLength.ToString();
179             bRailRemain = railLength - bCarLength;
180             bRailTB.Text = bRailRemain.ToString();
181             bCurrPoint.X = 1010 - bCarLength;
182             bStartPoint = bCurrPoint;
183             aSingleStepFBTN.Enabled = bSingleStepFBTN.Enabled = true;
184             updateBetweenTB();
185             this.Refresh();
186         }
187 
188         private void aSpeedScroll_Scroll(object sender,
    ScrollEventArgs e) //修改車行速度
189         {
190             aSpeed = iniSpeed - aSpeedScroll.Value;
191             aSpeedTB.Text = aSpeed.ToString();
192         }
193 
194         private void bSpeedScroll_Scroll(object sender, ScrollEventArgs e)
195         {
196             bSpeed = iniSpeed - bSpeedScroll.Value;
197             bSpeedTB.Text = bSpeed.ToString();
198         }
199 
200         private void aTimer_Tick(object sender, EventArgs e)
201         {
202             if ((aCurrPoint.X + aCarLength) <= (railLength + 10 - aSpeed))
203             {
204                 aCurrPoint.X += aSpeed;
205                 aRailRemain -= aSpeed;
```

```
206                     aRailTB.Text = aRailRemain.ToString();
207                     aStep++;
208                     aStepTB.Text = aStep.ToString();
209                     updateBetweenTB();
210                 }
211                 else
212                 {
213                     aTimer.Enabled = false;
214                     aFraction = (railLength + 10) - (aCurrPoint.X +
    aCarLength); // 修正單步餘數
215                     aCurrPoint.X += aFraction;
216                     msgTB.Text += aFraction.ToString() + "A\r\n"; //
    將單步餘數顯示於訊息文字盒
217                 }
218                 this.Refresh();
219             }
220 
221             private void bTimer_Tick(object sender, EventArgs e)
222             {
223                 if (bCurrPoint.X >= (10 + bSpeed))
224                 {
225                     bCurrPoint.X -= bSpeed;
226                     bRailRemain -= bSpeed;
227                     bRailTB.Text = bRailRemain.ToString();
228                     bStep++;
229                     bStepTB.Text = bStep.ToString();
230                     updateBetweenTB();
231                 }
232                 else
233                 {
234                     bTimer.Enabled = false;
235                     bFraction = bCurrPoint.X - 10;
236                     bCurrPoint.X = 10;
237                     msgTB.Text += bFraction.ToString() + "B\r\n";
238                 }
239                 this.Refresh();
240             }
241 
242             private void reset()
```

```
243          { //此按鈕恢復原始畫面
244              aCarLengthScroll.Value = bCarLengthScroll.Value = 0;
245              aCarLength = bCarLength = iniCarLength;
246              aCarLengthTB.Text = bCarLengthTB.Text = iniCarLength.
     ToString();
247              aSpeedScroll.Value = bSpeedScroll.Value = 0;
248              aSpeed = bSpeed = iniSpeed;
249              aSpeedTB.Text = bSpeedTB.Text = iniSpeed.ToString();
250              aRailRemain = bRailRemain = iniRailRemain;
251              aRailTB.Text = bRailTB.Text = iniRailRemain.ToString();
252              aStep = bStep = 0;
253              aStepTB.Text = bStepTB.Text = aStep.ToString();
254              updateBetweenTB();
255              aCurrPoint = aOrigPoint;
256              bStartPoint = bCurrPoint = bOrigPoint;
257              aSingleStepFBTN.Enabled = bSingleStepFBTN.Enabled = true;
258              aCarLengthScroll.Enabled = aSpeedScroll.Enabled = true;
259              bCarLengthScroll.Enabled = bSpeedScroll.Enabled = true;
260              aSingleStepBBTN.Enabled = bSingleStepBBTN.Enabled = false;
261              this.Refresh();
262          }
263
264          private void keepBTN_Click(object sender, EventArgs e)
265          { //此按鈕恢復原始畫面，但保留各參數設定值
266              aRailRemain = railLength - aCarLength;
267              aRailTB.Text = aRailRemain.ToString();
268              bRailRemain = railLength - bCarLength;
269              bRailTB.Text = bRailRemain.ToString();
270              aStep = bStep = 0;
271              aStepTB.Text = bStepTB.Text = aStep.ToString();
272              updateBetweenTB();
273              aCurrPoint = aOrigPoint;
274              bCurrPoint = bStartPoint;
275              aSingleStepFBTN.Enabled = bSingleStepFBTN.Enabled = true;
276              aCarLengthScroll.Enabled = aSpeedScroll.Enabled = true;
277              bCarLengthScroll.Enabled = bSpeedScroll.Enabled = true;
278              aSingleStepBBTN.Enabled = bSingleStepBBTN.Enabled = false;
279              this.Refresh();
280          }
```

```
281
282         private void comboBox1_SelectedIndexChanged(object sender,
    EventArgs e) // 修改計時器之顯示間隔時間
283         {
284             int i = int.Parse(comboBox1.Text);
285             aTimer.Interval = bTimer.Interval = i;
286         }
287
288         private void updateBetweenTB()
289         { // 更新顯示兩車間距之文字盒
290             int beteen = railLength - aCarLength - bCarLength -
    aStep * aSpeed - bStep * bSpeed;
291             betweenTB.Text = beteen.ToString();
292         }
293     }
294 }
```

★ 輸出結果

其輸出結果之起始畫面如圖 3.7.2、執行中畫面如圖 3.7.3、終止畫面如圖 3.7.4 所示。當更改車輛長度後之起始畫面如圖 3.7.5、終止畫面如圖 3.7.6 所示。

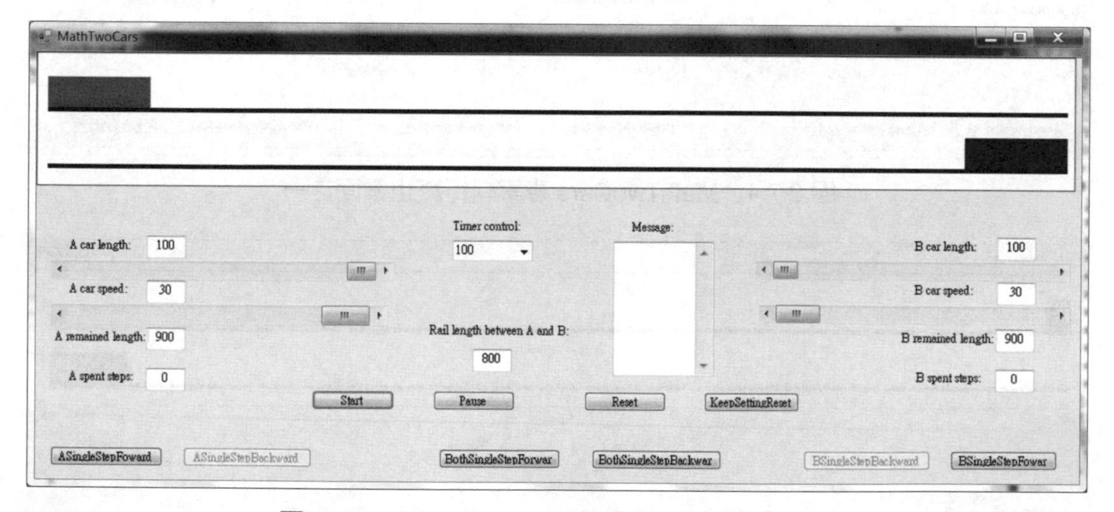

圖 3.7.2 MathTwoCars 專案執行起始畫面之一

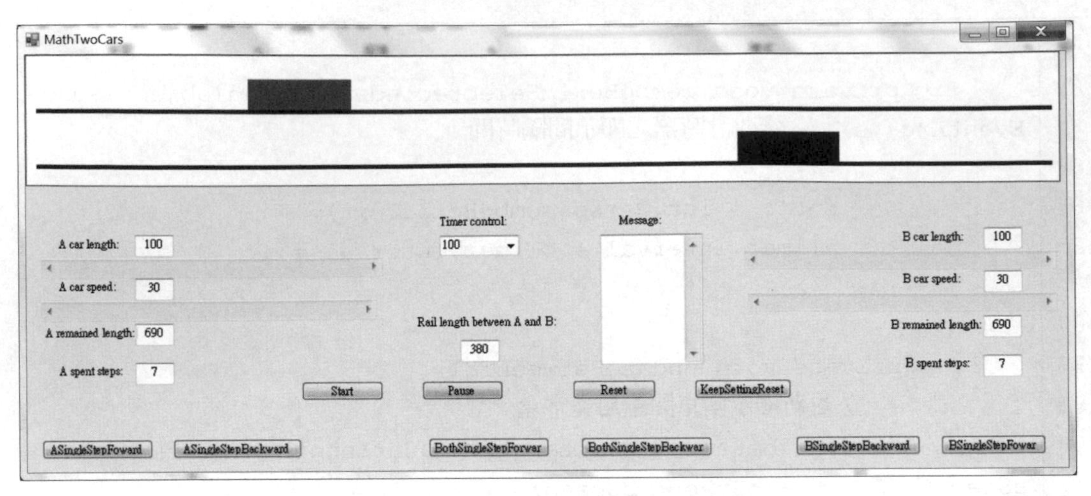

圖 3.7.3　MathTwoCars 專案執行中

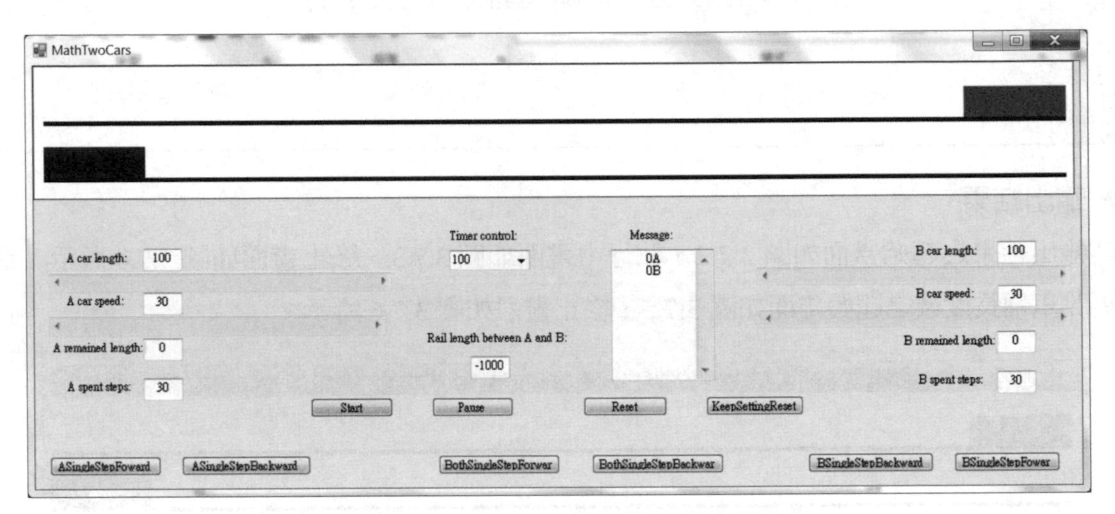

圖 3.7.4　MathTwoCars 專案執行終止畫面之一

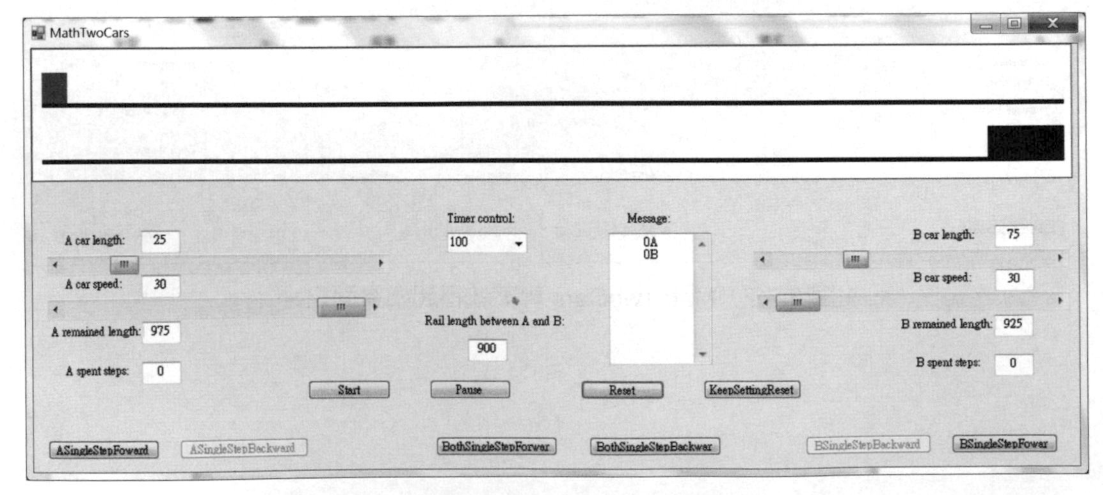

圖 3.7.5　MathTwoCars 專案執行起始畫面之二

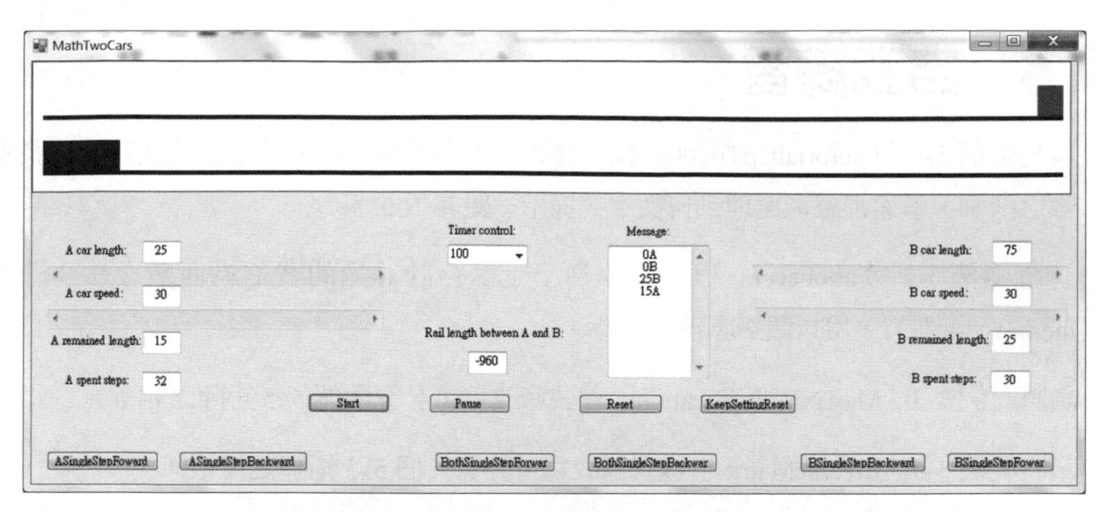

圖 3.7.6 MathTwoCars 專案執行終止畫面之二

★ 程式說明

1. 第 30 行：畫線 (筆 (顏色，尺寸) 座標 x，座標 y，長度，寬度)。
2. 第 32 行：畫填充的長方形 (刷子 (顏色) 座標 x，座標 y，長度，寬度)。
3. 第 214 行：爲求畫面美觀，於終止時，會將車輛停止於軌道盡頭，然亦會計算尚餘不足一步之距離，將之顯示於訊息文字盒內，例如："14A0B" 表示 A 車距軌道盡頭尚餘 14 單位長度。

3.8 自我練習

1. 請將範例 3-1「FactorialUpTo100」程式修改爲不用陣列，而直接以乘法運算處理長整數之階乘，看看最終能處理到何數字（提示：絕非 100!）。
2. 請將範例 3-2「Fabonacci」程式修改爲不予儲存計算過的費伯納西數之法（即無 memory 陣列），用以觀察處理之費時。
3. 請將範例 3-3「MatrixMultiplication」程式修改爲可計算兩個 5x5 矩陣之相乘。
4. 請將範例 3-4「InverseMatrix」程式修改爲可計算一個 5x5 矩陣之反矩陣。
5. 請將範例 3-5「LinearEquation」程式修改爲利用克拉瑪法則求解四元一次線性方程式。

排序

本章以圖解之方法，依序探討四種排序之演繹法，分別為：選擇排序法、插入排序法、氣泡排序法、與奇偶排序法。

4.1 SelectionSort

範例 4-1 SelectionSort

說明 選擇排序法，將數字由小到大排列，其排序步驟如圖 4.1.1：

1. 其中外迴圈之索引由 i = 0 至 i = 陣列長度 – 2；而內迴圈之索引由 j = i + 1 至 j = 陣列長度 - 1。
2. 兩相比較陣列元素之索引為 i 與 j。
3. 兩相比較之陣列元素以淺灰色格子標記之，而兩互換之陣列元素以深灰色格子標記之。

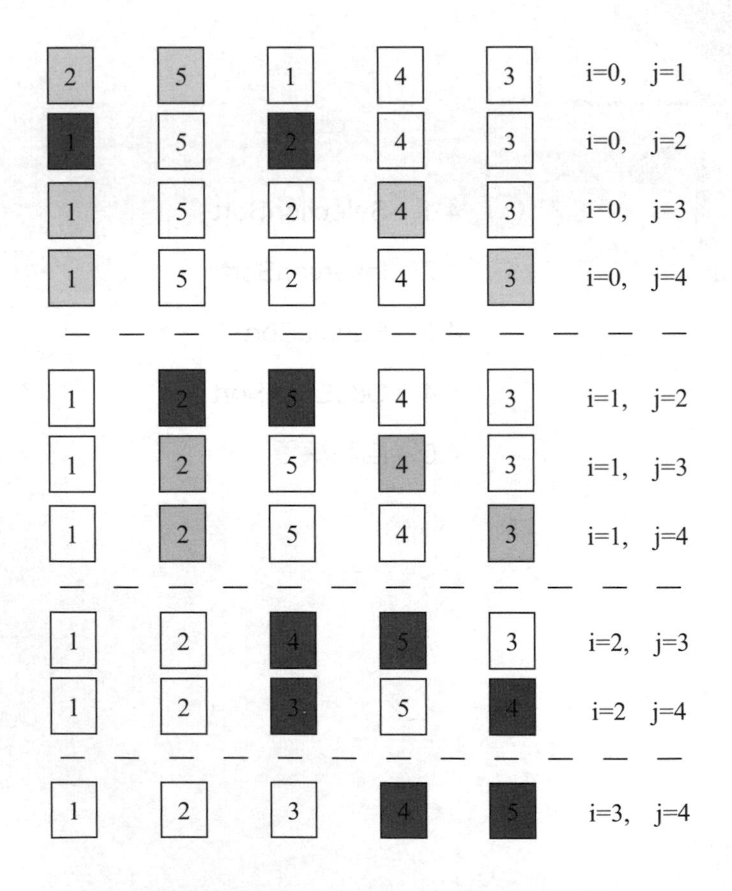

圖 4.1.1 SelectionSort 排序步驟範例

★ 使用元件

表單 *1、文字盒 *12、標籤 *2、按鈕 *2、進度橫桿 *1、計時器 *1。

★ 專案配置

專案之配置如圖 4.1.2。

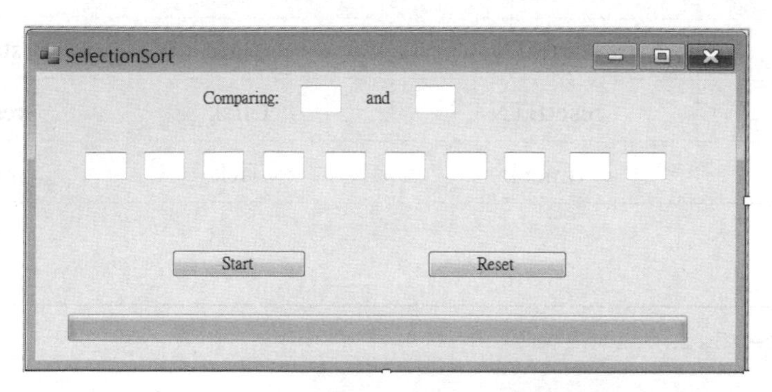

圖 4.1.2　SelectionSort 專案配置圖

★ 屬性彙整表

1. 各元件需修改之屬性，彙整如表 4.1.1。

表 4.1.1　SelectionSort 屬性彙整表

項次	元件名稱	屬性	值
1	Form1	Text	SelectionSort
2,3	textBox1,2	(Name)	iTB, jTB
		BorderStyle	Fixed3D
		Text	
		TextAlign	Center
4,5	label1,2	Text	Comparing:, and
6,7,8,9,10,11 12,13,14,15	textBox3, 4,5,6,7,8,9, 10,11,12	BorderStyle	Fixed3D
		Text	
		TextAlign	Center
16,17	button1,2	(Name)	startBTN, resetBTN
		Text	Start, Reset
18	progressBar1	Value	0
19	timer1	Interval	500

2. 各元件需處理的事件，彙整如表 4.1.2。

表 4.1.2 SelectionSort 事件彙整表

項次	元件名稱	事件名稱	對應程式
1	Form1	Load	Form1_ Load
2	startBTN	Click	startBTN_Click
3	resetBTN	Click	resetBTN_Click
4	timer1	Tick	timer1_Tick

★ 程式碼

```
1   namespace SelectionSort
2   {
3       public partial class Form1 : Form
4       {
5           TextBox[] tbArray;
6           int[] data = new int[] { 3,6,7,4,5,8,1,9,10,2 }; //設定資料陣列
7           int i, j, k;
8
9           public Form1()
10          {
11              InitializeComponent();
12          }
13
14          private void Form1_Load(object sender, EventArgs e)
15          {
16              tbArray = new TextBox[] { textBox1, textBox2, textBox3,
    textBox4, textBox5, textBox6, textBox7, textBox8, textBox9, textBox10 };
17              initialization(); //初始化
18          }
19
20          private void initialization()
21          {
22              iTB.Text = jTB.Text = "0";
23              for (i = 0; i < tbArray.Length; i++)
24                  tbArray[i].Text = data[i].ToString(); //將資料傳送至文字盒
25              progressBar1.Maximum = tbArray.Length * (tbArray.
    Length - 1) / 2; //將比較之總次數[(首位數+末位數)*個數
    /2=(9+1)*9/2]，設定為進度橫桿之最大值
```

```
26              progressBar1.Value = 0;
27              progressBar1.ForeColor = Color.Green;
28              startBTN.Enabled = true;
29              resetBTN.Enabled = false;
30              iTB.Text = jTB.Text ="0";
31              i = j = 0;
32          }
33
34          private void startBTN_Click(object sender, EventArgs e)
35          {
36              Initialization();
37              timer1.Enabled = true;
38              startBTN.Enabled = false;
39              resetBTN.Enabled = false;
40          }
41
42          private void timer1_Tick(object sender, EventArgs e)
43          {
44              for (k = 0; k < tbArray.Length; k++)
45                  tbArray[k].BackColor = SystemColors.Window; //所有
    文字盒還原爲原有顏色
46              j++;
47              if (j >= tbArray.Length) // 當 j 之索引是最後一位時
48              {
49                  i++;  //i 索引進位
50                  j = i + 1; //j 索引爲 i 索引之下一位
51              }
52              if (i < tbArray.Length - 1) // 當 i 之索引不是最後一位時
53              {
54                  progressBar1.Value++;
55                  iTB.Text = (i+1).ToString();
56                  jTB.Text = (j+1).ToString();
57                  tbArray[i].BackColor = tbArray[j].BackColor =
    Color.LightCyan; // 將兩相比較之陣列元素以綠色網底標記之
58                  if (int.Parse(tbArray[i].Text) > int.
    Parse(tbArray[j].Text)) // 若索引 i 之陣列元素大於索引 j 之陣列元素，執行互換動作
59                  {
60                      tbArray[i].BackColor = tbArray[j].BackColor =
    Color.LightPink; // 將兩互換之陣列元素以粉紅色網底標記之
```

```
61                          string tmp; //將兩陣列元素互換之動作
62                          tmp = tbArray[i].Text; //tmp = i 陣列元素
63                          tbArray[i].Text = tbArray[j].Text; //i 陣列元素
   = j 陣列元素
64                          tbArray[j].Text = tmp; // j 陣列元素 = tmp
65                      }
66                  }
67                  else
68                  {
69                      progressBar1.ForeColor = Color.Pink;
70                      timer1.Enabled = false;
71                      resetBTN.Enabled = true;
72                  }
73              }
74
75              private void resetBTN_Click(object sender, EventArgs e)
76              {
77                  initialization();
78                  startBTN.Enabled = true;
79              }
80          }
81      }
```

★ 輸出結果

專案執行之初始畫面如圖 4.1.3，專案執行中之比較動作如圖 4.1.4，專案執行中之互換動作如圖 4.1.5，專案執行結束畫面如圖 4.1.6，重置後畫面如圖 4.1.7 所示。

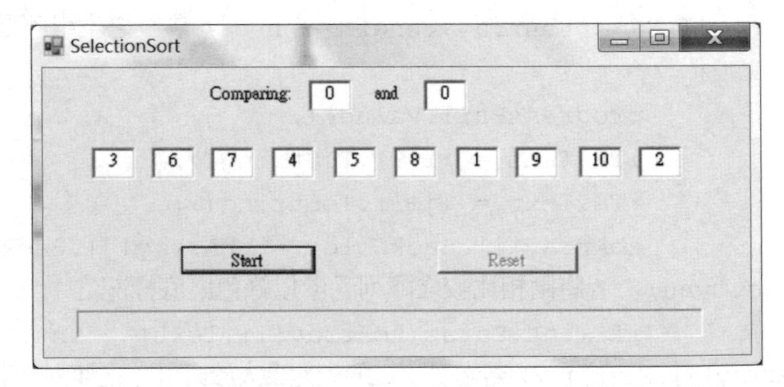

圖 4.1.3　SelectionSort 專案執行之初始畫面

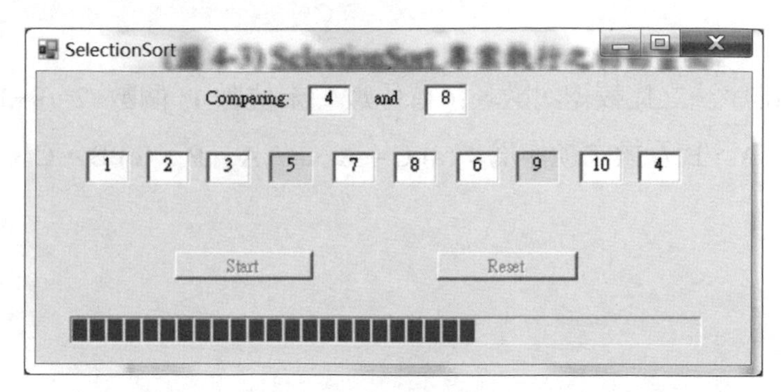

圖 4.1.4 SelectionSort 專案執行中之比較動作

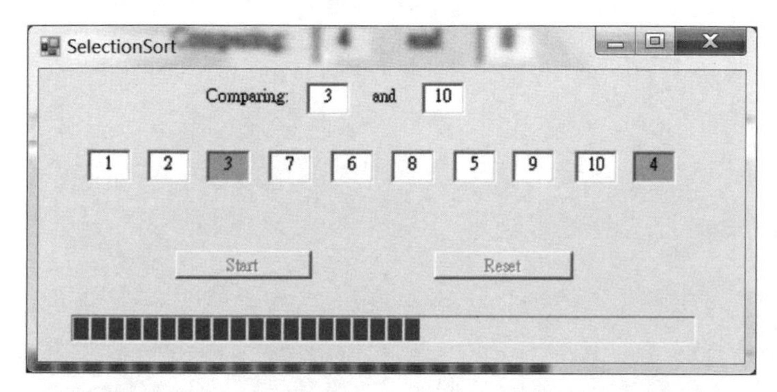

圖 4.1.5 SelectionSort 專案執行中之互換動作

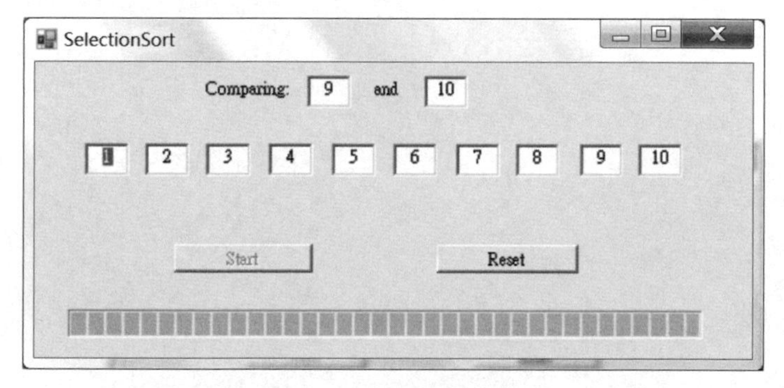

圖 4.1.6 SelectionSort 專案執行結束畫面

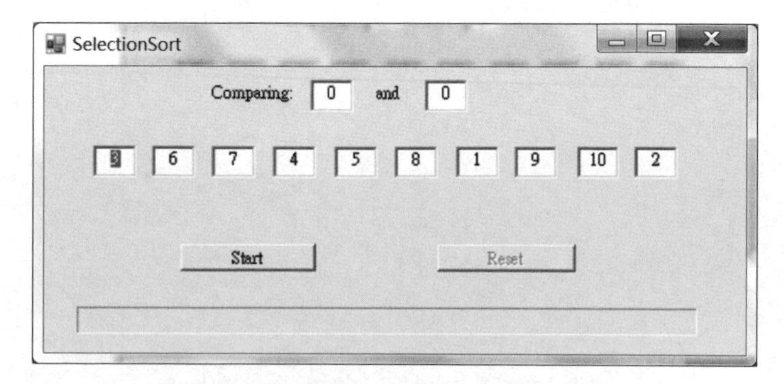

圖 4.1.7 SelectionSort 重置後畫面

★ 程式說明

1. 第 25 行爲此排序法之比較總次數 = [(首位數 + 末位數)* 個數 /2=(9+1)*9/2]。
2. 將兩陣列元素 A、B 互換之動作爲：(a) C = A、(b) A = B、(c) B = C。

4.2 InsertionSort

範例 4-2 — InsertionSort

說明 插入排序法，將數字由小到大排列，其排序步驟如圖 4.2.1：

1. 其中外迴圈之索引由 i = 1 至 i = 陣列長度 -1；而內迴圈之索引由 j = i 至 j = 1 或兩陣列元素無需互換。
2. 兩相比較陣列元素之索引為 j 與 j - 1。
3. 兩相比較之陣列元素以淺灰色格子標記之，而兩互換之陣列元素以深灰色格子標記之。

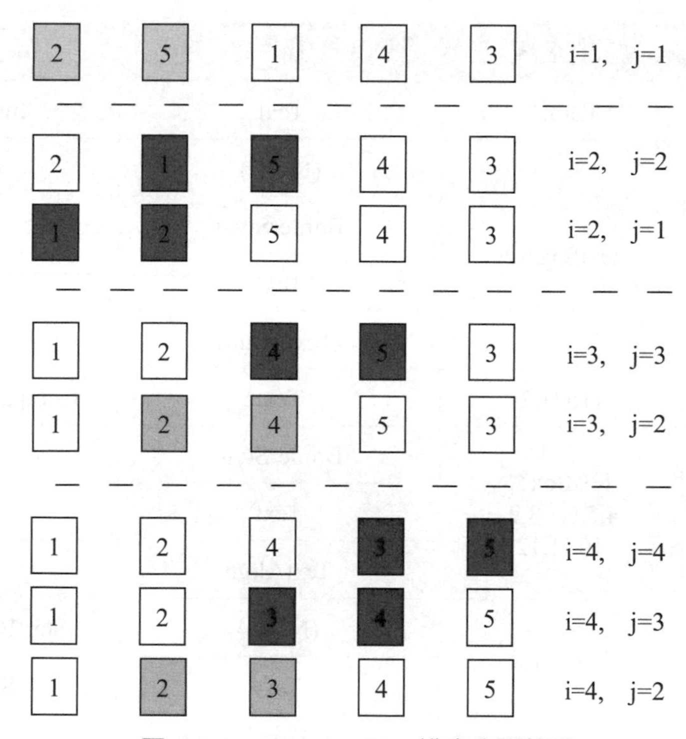

圖 4.2.1 InsertionSort 排序步驟範例

★ 使用元件

表單 *1、文字盒 *12、標籤 *2、按鈕 *2、進度橫桿 *1、計時器 *1。

★ 專案配置

專案之配置如圖 4.2.1。

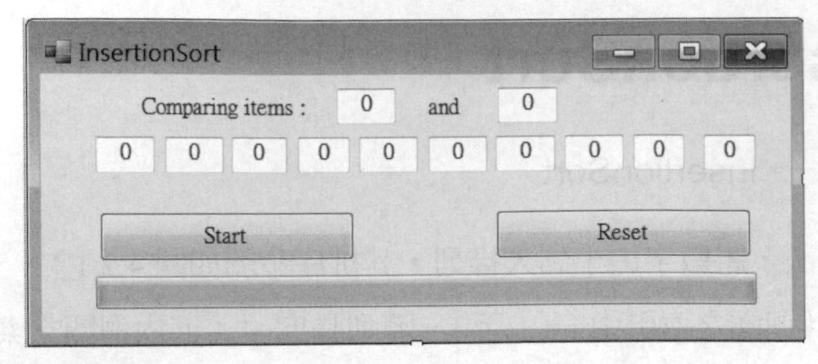

圖 4.2.1 InsertionSort 專案配置圖

★ 屬性彙整表

1. 各元件需修改之屬性，彙整如表 4.2.1。

表 4.2.1 InsertionSort 屬性彙整表

項次	元件名稱	屬性	值
1	Form1	Text	InsertionSort
2,3	textBox1,2	(Name)	iTB, jTB
		BorderStyle	Fixed3D
		Text	
		TextAlign	Center
4,5	label1,2	Text	Comparing items:, and
6,7,8,9,10,11 12,13,14,15	textBox3, 4,5,6,7,8,9, 10,11,12	BorderStyle	Fixed3D
		Text	
		TextAlign	Center
16,17	button1,2	(Name)	startBTN, resetBTN
		Text	Start, Reset
18	progressBar1	Value	0
19	timer1	Interval	2000

2. 各元件需處理的事件，彙整如表 4.2.2。

表 4.2.2 InsertionSort 事件彙整表

項次	元件名稱	事件名稱	對應程式
1	Form1	Load	Form1_ Load
2	startBTN	Click	startBTN_Click
3	resetBTN	Click	resetBTN_Click
4	timer1	Tick	timer1_Tick

★ 程式碼

```
1   namespace InsertionSort
2   {
3       public partial class Form1 : Form
4       {
5           TextBox[] tbArray;
6           int[] data = new int[] { 3, 6, 7, 4, 5, 8, 1, 9, 10, 2 }; //設定資料陣列
7           int i, j, k;
8
9           public Form1()
10          {
11              InitializeComponent();
12          }
13
14          private void Form1_Load(object sender, EventArgs e)
15          {
16              tbArray = new TextBox[] { textBox1, textBox2, textBox3,
    textBox4, textBox5, textBox6, textBox7, textBox8, textBox9, textBox10 };
17              initialization(); //初始化
18          }
19
20          private void initialization()
21          {
22              for (i = 0; i < data.Length; i++)
23                  tbArray[i].Text = data[i].ToString();//將資料傳送至文字盒
24              progressBar1.Maximum = (tbArray.Length * (tbArray.
    Length - 1)) / 2; //將比較之總次數暫訂為[(首位數+末位數)*個數
    /2=(9+1)*9/2]，設定為進度橫桿之最大值
```

```
25                progressBar1.Value = 0;
26                progressBar1.ForeColor = Color.Green;
27                startBTN.Enabled = true;
28                resetBTN.Enabled = false;
29                iTB.Text = jTB.Text =” 0”;
30                i = j = 0;
31            }
32
33            private void startBTN_Click(object sender, EventArgs e)
34            {
35                initialization();
36                timer1.Enabled = true;
37                startBTN.Enabled = false;
38                resetBTN.Enabled = false;
39            }
40
41            private void resetBTN_Click(object sender, EventArgs e)
42            {
43                initialization();
44            }
45
46            private void timer1_Tick(object sender, EventArgs e)
47            {
48                for (k = 0; k < tbArray.Length; k++)
49                    tbArray[k].BackColor = SystemColors.Window; //所有
   文字盒還原爲原有顏色
50                j--; //強行將j索引設爲負値
51                if (j <= 0) //當j索引爲負値時，i索引進位
52                {
53                    i++;
54                    j = i;
55                }
56                if (i < tbArray.Length) //當i索引不是最後一位時
57                {
58                    progressBar1.Value ++;
59                    iTB.Text = (j + 1).ToString();
60                    jTB.Text = (j).ToString();
61                    tbArray[j].BackColor = tbArray[j-1].BackColor =
   Color.LightCyan; //將兩相比較之陣列元素以綠色網底標記之
```

```
62                  if (int.Parse(tbArray[j].Text) < int.
    Parse(tbArray[j-1].Text)) // 注意：兩相比較之陣列元素之索引為 j 與 j-1
63                  {
64                      tbArray[j].BackColor = tbArray[j-1].BackColor
    = Color.LightPink;
65                      String tmp = tbArray[j].Text;
66                      tbArray[j].Text = tbArray[j-1].Text;
67                      tbArray[j-1].Text = tmp;
68                  }
69                  else
70                  {
71                      progressBar1.Value += (j - 1); // 加速將進度橫桿
    前進，以修正被跳過之比較
72                      j = -1; // 強行將 j 索引設為負值，以使得 i 索引進位
73                  }
74              }
75              else
76              {
77                  timer1.Enabled = false;
78                  progressBar1.ForeColor = Color.Pink;
79                  resetBTN.Enabled = true;
80              }
81          }
82      }
83  }
```

★ 輸出結果

專案執行之初始畫面如圖 4.2.3，專案執行中之比較動作如圖 4.2.4，專案執行中之互換動作如圖 4.2.5，專案執行結束畫面如圖 4.2.6，重置後畫面如圖 4.2.7 所示。

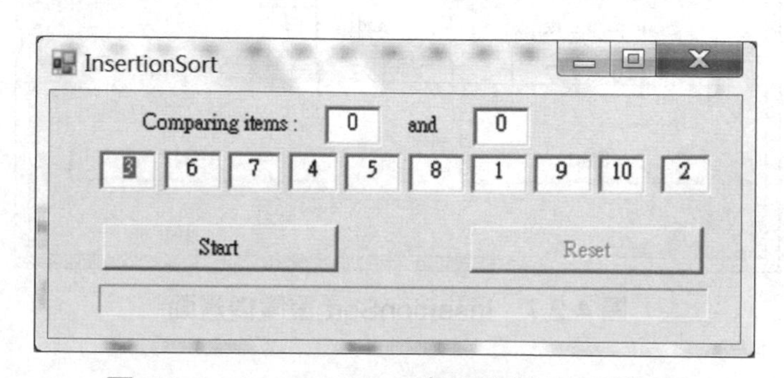

圖 4.2.3 InsertionSort 專案執行之初始畫面

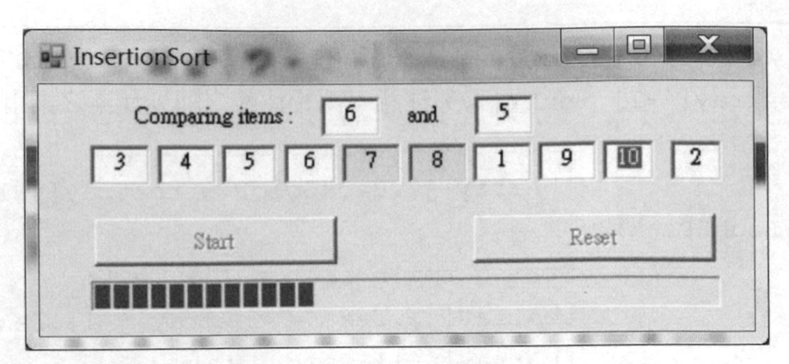

圖 4.2.4 InsertionSort 專案執行中之比較動作

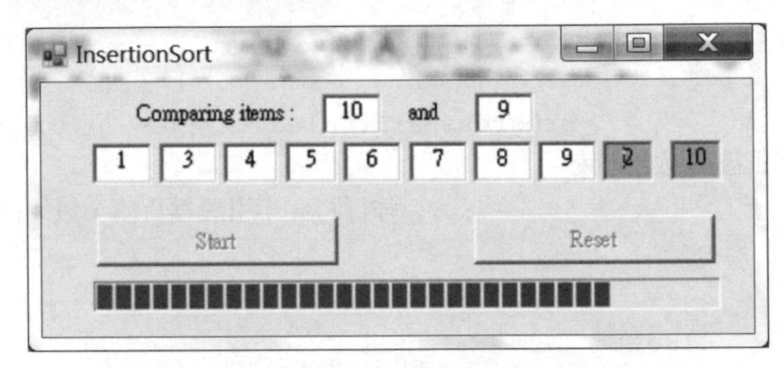

圖 4.2.5 InsertionSort 專案執行中之互換動作

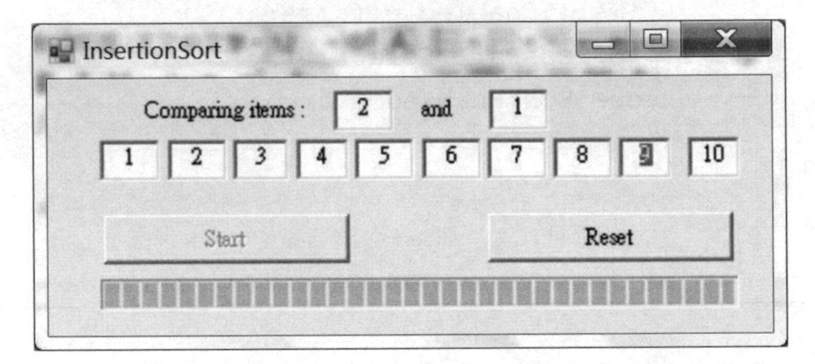

圖 4.2.6 InsertionSort 專案執行結束畫面

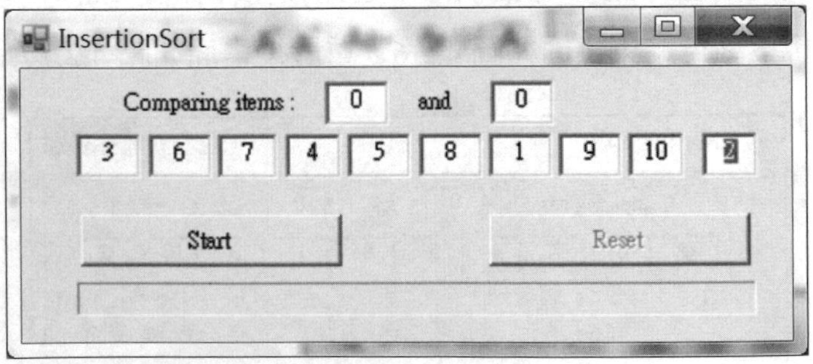

圖 4.2.7 InsertionSort 重置後畫面

★ 程式說明

1. 第 24 行爲此排序法暫訂之比較總次數 = [(首位數 + 末位數)* 個數 /2=(9+1)*9/2]。因爲此方法是向左比較，當左邊之陣列元素較小時，則停止比較，故未必會比較到最左一位陣列元素。
2. 故於第 71 行加速將進度橫桿前進，以修正被跳過之比較。
3. 注意第 62 行：兩相比較之陣列元素之索引爲 j 與 j – 1。
4. 將兩陣列元素 A、B 互換之動作爲：(a) C = A、(b) A = B、(c) B = C。

4.3 BubbleSort

範例 4-3 BubbleSort

說明 氣泡排序法，將數字由小到大排列，其排序步驟如圖 4.3.1：

1. 其中外迴圈之索引由 i = 0 至 i = 陣列長度 -2；而內迴圈之索引由 j = 1 至 j = 陣列長度 -1 - i。
2. 兩相比較陣列元素之索引爲 j 與 j - 1。
3. 兩相比較之陣列元素以淺灰色格子標記之，而兩互換之陣列元素以深灰色格子標記之。

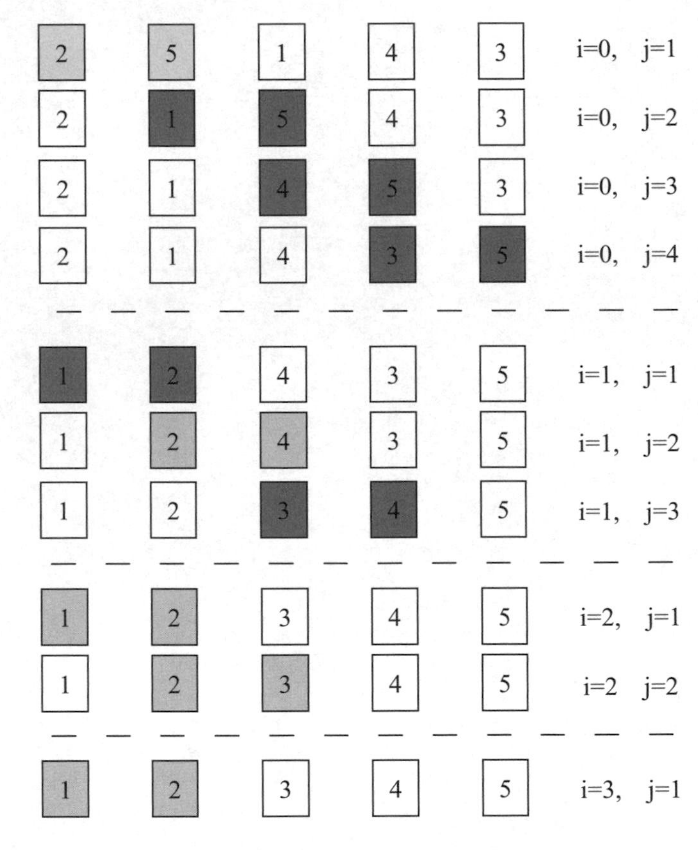

圖 4-3.1 BubbleSort 排序步驟範例

★ 使用元件

表單 *1、文字盒 *12、標籤 *2、按鈕 *2、進度橫桿 *1、計時器 *1。

★ 專案配置

專案之配置如圖 4.3.2。

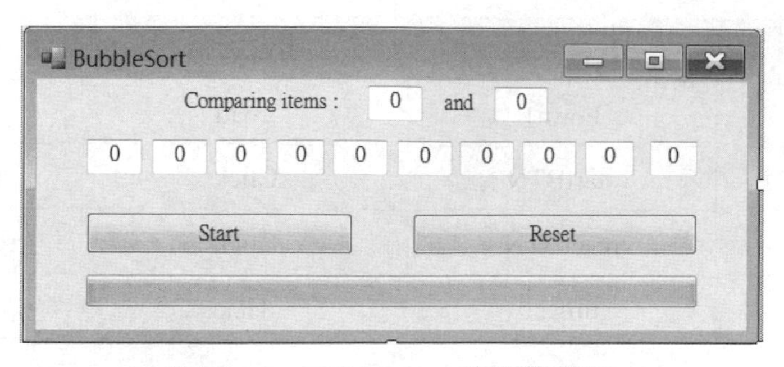

圖 4.3.2 BubbleSort 專案配置圖

★ 屬性彙整表

1. 各元件需修改之屬性，彙整如表 4.3.1。

表 4.3.1 BubbleSort 屬性彙整表

<table>
<tr><th>項次</th><th>元件名稱</th><th>屬性</th><th>值</th></tr>
<tr><td>1</td><td>Form1</td><td>Text</td><td>BubbleSort</td></tr>
<tr><td rowspan="4">2,3</td><td rowspan="4">textBox1,2</td><td>(Name)</td><td>iTB, jTB</td></tr>
<tr><td>BorderStyle</td><td>Fixed3D</td></tr>
<tr><td>Text</td><td></td></tr>
<tr><td>TextAlign</td><td>Center</td></tr>
<tr><td>4,5</td><td>label1,2</td><td>Text</td><td>Comparing items:, and</td></tr>
<tr><td rowspan="3">6,7,8,9,10,11
12,13,14,15</td><td rowspan="3">textBox3,
4,5,6,7,8,9,
10,11,12</td><td>BorderStyle</td><td>Fixed3D</td></tr>
<tr><td>Text</td><td></td></tr>
<tr><td>TextAlign</td><td>Center</td></tr>
<tr><td rowspan="2">16,17</td><td rowspan="2">button1,2</td><td>(Name)</td><td>startBTN, resetBTN</td></tr>
<tr><td>Text</td><td>Start, Reset</td></tr>
<tr><td>18</td><td>progressBar1</td><td>Value</td><td>0</td></tr>
<tr><td>19</td><td>timer1</td><td>Interval</td><td>2000</td></tr>
</table>

2. 各元件需處理的事件，彙整如表 4.3.2。

表 4.3.2 BubbleSort 事件彙整表

項次	元件名稱	事件名稱	對應程式
1	Form1	Load	Form1_ Load
2	startBTN	Click	startBTN_Click
3	resetBTN	Click	resetBTN_Click
4	timer1	Tick	timer1_Tick

★ 程式碼

```
1   namespace BubbleSort
2   {
3       public partial class Form1 : Form
4       {
5           TextBox[] tbArray;
6           int[] data = new int[] { 3, 6, 7, 4, 5, 8, 1, 9, 10, 2 }; //設定資料陣列
7           int i, j, k;
8   
9           public Form1()
10          {
11              InitializeComponent();
12          }
13  
14          private void Form1_Load(object sender, EventArgs e)
15          {
16              tbArray = new TextBox[] { textBox1, textBox2, textBox3,
    textBox4, textBox5, textBox6, textBox7, textBox8, textBox9, textBox10 };
17              initialization(); //初始化
18          }
19  
20          private void initialization()
21          {
22              for (i = 0; i < data.Length; i++)
23                  tbArray[i].Text = data[i].ToString();//將資料傳送至文字盒
24              progressBar1.Maximum = (tbArray.Length * (tbArray.
    Length - 1)) / 2; //將比較之總次數為 [(首位數 + 末位數) * 個數
    /2=(9+1)*9/2]，設定為進度橫桿之最大值
```

```
25              progressBar1.Value = 0;
26              progressBar1.ForeColor = Color.Green;
27              startBTN.Enabled = true;
28              resetBTN.Enabled = false;
29              iTB.Text = jTB.Text ="0";
30              i = j = 0;
31          }
32
33          private void startBTN_Click(object sender, EventArgs e)
34          {
35              initialization();
36              timer1.Enabled = true;
37              startBTN.Enabled = false;
38              resetBTN.Enabled = false;
39          }
40
41          private void resetBTN_Click(object sender, EventArgs e)
42          {
43              initialization();
44          }
45
46          private void timer1_Tick(object sender, EventArgs e)
47          {
48              for (k = 0; k < tbArray.Length; k++)
49                  tbArray[k].BackColor = SystemColors.Window; //所有
    文字盒還原爲原有顏色
50              j++;
51              if (j >= tbArray.Length-i) //當j索引大於或等於陣列長度減i索引值時
52              {
53                  i++;
54                  j = 1;
55              }
56              if (i < tbArray.Length - 1) //當i索引不是最後一位時
57              {
58                  progressBar1.Value ++;
59                  iTB.Text = (j).ToString();
60                  jTB.Text = (j + 1).ToString();
61                  tbArray[j].BackColor = tbArray[j-1].BackColor =
    Color.LightCyan; //將兩相比較之陣列元素以綠色網底標記之
```

```
62                  if (int.Parse(tbArray[j].Text) < int.
   Parse(tbArray[j-1].Text)) //注意：兩相比較之陣列元素之索引爲 j 與 j-1
63                  {
64                      tbArray[j].BackColor = tbArray[j-1].BackColor
   = Color.LightPink;
65                      String tmp = tbArray[j].Text;
66                      tbArray[j].Text = tbArray[j-1].Text;
67                      tbArray[j-1].Text = tmp;
68                  }
69              }
70              else
71              {
72                  timer1.Enabled = false;
73                  progressBar1.ForeColor = Color.Pink;
74                  resetBTN.Enabled = true;
75              }
76          }
77      }
78  }
```

★ 執行結果

專案執行之初始畫面如圖 4.3.3，專案執行中之比較動作如圖 4.3.4，專案執行中之互換動作如圖 4.3.5，專案執行結束畫面如圖 4.3.6，重置後畫面如圖 4.3.7 所示。

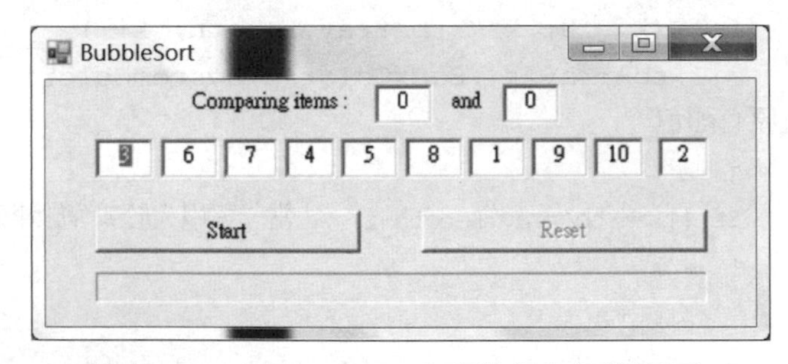

圖 4.3.3 BubbleSort 專案執行之初始畫面

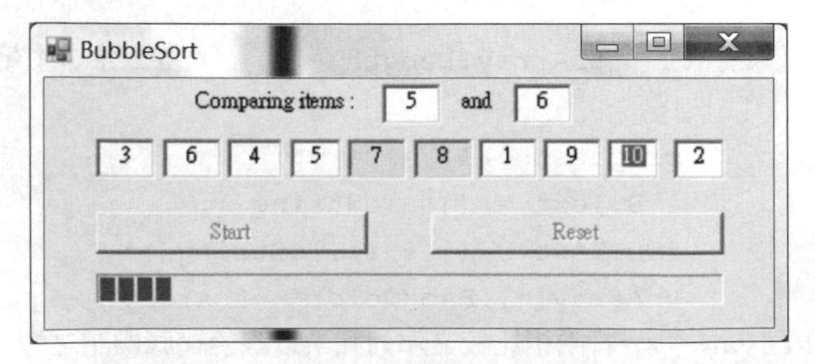

圖 4.3.4 BubbleSort 專案執行中之比較動作

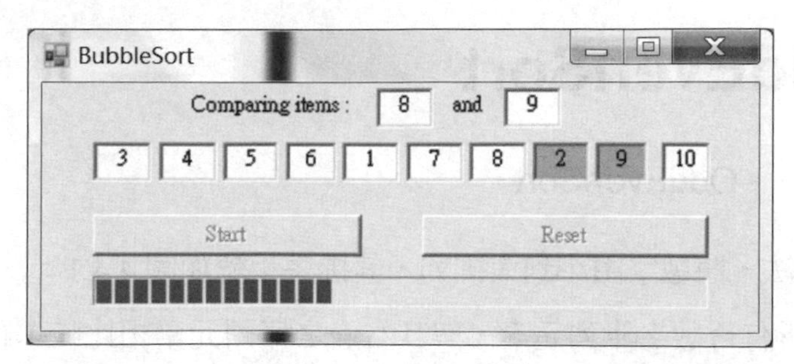

圖 4.3.5　BubbleSort 專案執行中之互換動作

圖 4.3.6　BubbleSort 專案執行結束畫面

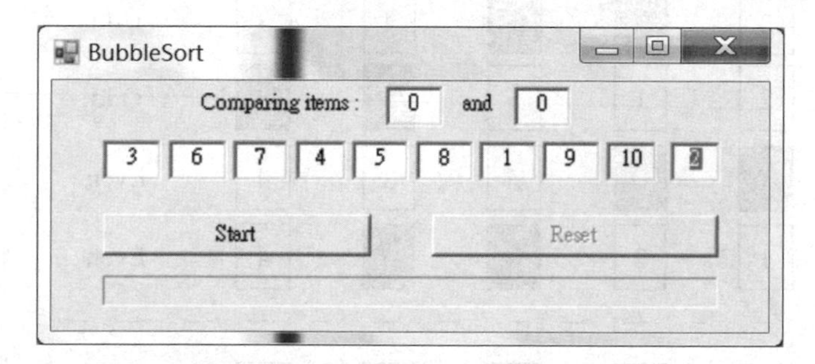

圖 4.3.7　BubbleSort 重置後畫面

★ 程式說明

1. 第 24 行爲此排序法之比較總次數 = [(首位數 + 末位數)* 個數 /2=(9+1)*9/2]。
2. 注意第 62 行：兩相比較之陣列元素之索引爲 j 與 j – 1。
3. 將兩陣列元素 A、B 互換之動作爲：(a) C = A、(b) A = B、(c) B = C。

4.4 OddEvenSort

範例 4-4 OddEvenSort

說明 奇偶排序法，將數字由小到大排列，其排序步驟如圖 4.4.1：

1. 先將所有奇數之陣列元素，與其右邊之陣列元素相比較，再將所有偶數之陣列元素，與其右邊之陣列元素相比較。
2. 直至所有奇偶數陣列元素之比較，皆無互換陣列元素之情形發生，故總比較之次數無法預知。
3. 兩相比較陣列元素之索引爲 j 與 j - 1。
4. 兩相比較之陣列元素以淺灰色格子標記之，而兩互換之陣列元素以深灰色格子標記之。

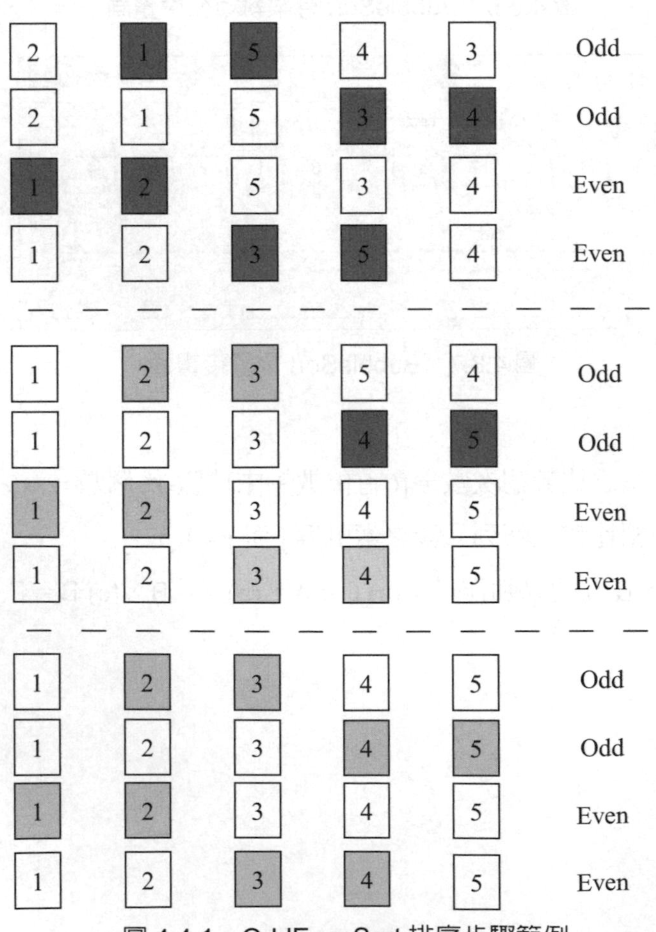

圖 4.4.1 OddEvenSort 排序步驟範例

★ 使用元件

表單 *1、文字盒 *12、標籤 *2、按鈕 *2、計時器 *1。

★ 專案配置

專案之配置如圖 4.4.2。

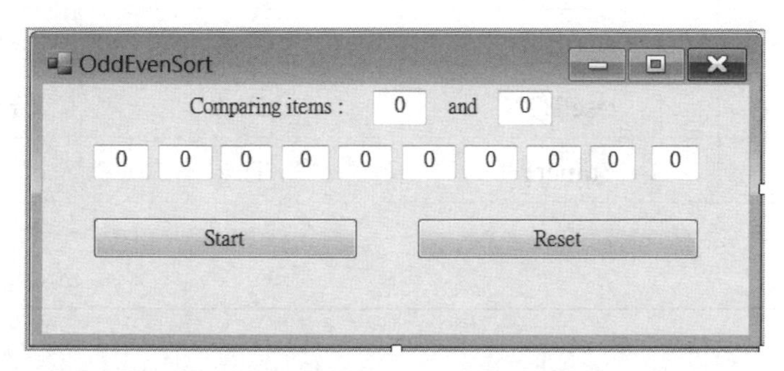

圖 4.4.2 OddEvenSort 專案配置圖

★ 屬性彙整表

1. 各元件需修改之屬性，彙整如表 4.4.1。

表 4.4.1 OddEvenSort 屬性彙整表

項次	元件名稱	屬性	值
1	Form1	Text	OddEvenSort
2,3	textBox1,2	(Name)	iTB, jTB
		BorderStyle	Fixed3D
		Text	0
		TextAlign	Center
4,5	label1,2	Text	Comparing items:, and
6,7,8,9,10,11 12,13,14,15	textBox3, 4,5,6,7,8,9, 10,11,12	BorderStyle	Fixed3D
		Text	0
		TextAlign	Center
16,17	button1,2	(Name)	startBTN, resetBTN
		Text	Start, Reset
18	timer1	Interval	2000

2. 各元件需處理的事件，彙整如表 4.4.2。

表 4.4.2 OddEvenSort 事件彙整表

項次	元件名稱	事件名稱	對應程式
1	Form1	Load	Form1_ Load
2	startBTN	Click	startBTN_Click
3	resetBTN	Click	resetBTN_Click
4	timer1	Tick	timer1_Tick

★ 程式碼

```
1   namespace OddEvenSort
2   {
3       public partial class Form1 : Form
4       {
5           TextBox[] tbArray;
6           int[] data = new int[] { 3, 6, 7, 4, 5, 8, 1, 9, 10, 2 };
    //設定資料陣列
7           int evenCounter,oddCounter, k;
8           int finishSort = 0;
9           bool even = false;
10
11          public Form1()
12          {
13              InitializeComponent();
14          }
15
16          private void initialization()
17          {
18              for ( int i = 0; i < data.Length; i++)
19                  tbArray[i].Text = data[i].ToString(); //將資料傳送至文字盒
20              for (k = 0; k < tbArray.Length; k++) //所有文字盒還原爲原有顏色
21                  tbArray[k].BackColor = SystemColors.Window;
22              startBTN.Enabled = true;
23              resetBTN.Enabled = false;
24              iTB.Text = jTB.Text ="0";
25              oddCounter = -1; //因爲計數器一次進 2，故奇數計數器重置
    爲 -1，-1+2=1(奇數起點)
```

```
26              evenCounter = -2; // 因爲計數器一次進 2，故偶數計數器重置
    爲 -2，-2+2=0 ( 偶數起點 )
27              finishSort = 0; // 當 finishSort 計數器之值爲 0，則結束排序
28              even = false;
29          }
30
31          private void Form1_Load(object sender, EventArgs e)
32          {
33              tbArray = new TextBox[] { textBox1, textBox2, textBox3,
    textBox4, textBox5, textBox6, textBox7, textBox8, textBox9, textBox10 };
34              initialization(); // 初始化
35          }
36
37          private void startBTN_Click(object sender, EventArgs e)
38          {
39              initialization();
40              timer1.Enabled = true;
41              startBTN.Enabled = false;
42              resetBTN.Enabled = false;
43          }
44
45          private void resetBTN_Click(object sender, EventArgs e)
46          {
47              initialization();
48          }
49
50          private void timer1_Tick(object sender, EventArgs e)
51          {
52              for ( k = 0; k < tbArray.Length; k++)
53                  tbArray[k].BackColor = SystemColors.Window;
54              if (!even) //開始奇數排序
55              {
56                  oddCounter += 2; // 每次進 2
57                  if (oddCounter < tbArray.Length - 1)
58                  {
59                      iTB.Text = (oddCounter + 1).ToString();
60                      jTB.Text = (oddCounter + 2).ToString();
61                      tbArray[oddCounter].BackColor =
    tbArray[oddCounter + 1].BackColor = Color.LightCyan
```

```
62                    if (int.Parse(tbArray[oddCounter].Text) >
   int.Parse(tbArray[oddCounter + 1].Text))
63                    {
64                        tbArray[oddCounter].BackColor =
   tbArray[oddCounter + 1].BackColor = Color.LightPink;
65                        String tmp = tbArray[oddCounter].Text;
66                        tbArray[oddCounter].Text =
   tbArray[oddCounter + 1].Text;
67                        tbArray[oddCounter + 1].Text = tmp;
68                        finishSort++; //計算互換次數
69                    }
70                }
71                else //結束奇數排序
72                {
73                    oddCounter = -1; //重置奇數計數器
74                    even = true; //準備偶數排序
75                    return;
76                }
77            }
78            else //開始偶數排序
79            {
80                evenCounter += 2;
81                if (evenCounter < tbArray.Length - 1)
82                {
83                    iTB.Text = (evenCounter + 1).ToString();
84                    jTB.Text = (evenCounter + 2).ToString();
85                    tbArray[evenCounter].BackColor =
   tbArray[evenCounter + 1].BackColor = Color.LightCyan;
86                    if (int.Parse(tbArray[evenCounter].Text) >
   int.Parse(tbArray[evenCounter + 1].Text))
87                    {
88                        tbArray[evenCounter].BackColor =
   tbArray[evenCounter + 1].BackColor = Color.LightPink;
89                        String tmp = tbArray[evenCounter].Text;
90                        tbArray[evenCounter].Text =
   tbArray[evenCounter + 1].Text;
91                        tbArray[evenCounter + 1].Text = tmp;
92                        finishSort++; //計算互換次數
93                    }
```

```
94                  }
95                  else //結束偶數排序
96                  {
97                      evenCounter = -2; //重置偶數計數器
98                      even = false; //準備奇數排序
99                      if (finishSort == 0) //若無互換動作，則結束排序
100                     {
101                         timer1.Enabled = false;
102                         resetBTN.Enabled = true;
103                     }
104                     else finishSort = 0; //否則重新計算互換動作
105                 }
106             }
107         }
108     }
109 }
```

★執行結果

專案執行之初始畫面如圖 4.4.3，專案執行中之比較動作如圖 4.4.4，專案執行中之互換動作如圖 4.4.5，專案執行結束畫面如圖 4.4.6，重置後畫面如圖 4.4.7 所示。

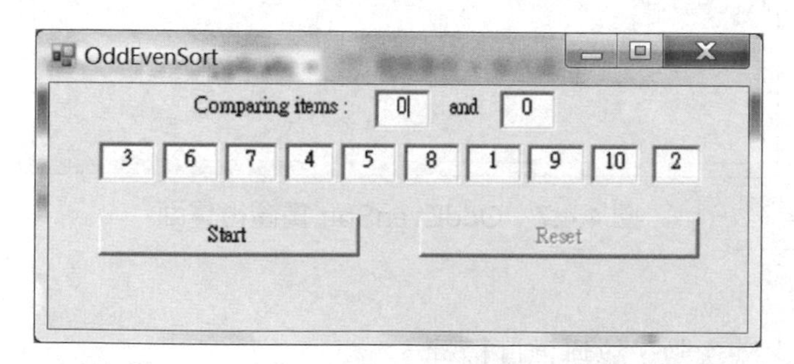

圖 4.4.3　OddEvenSort 專案執行之初始畫面

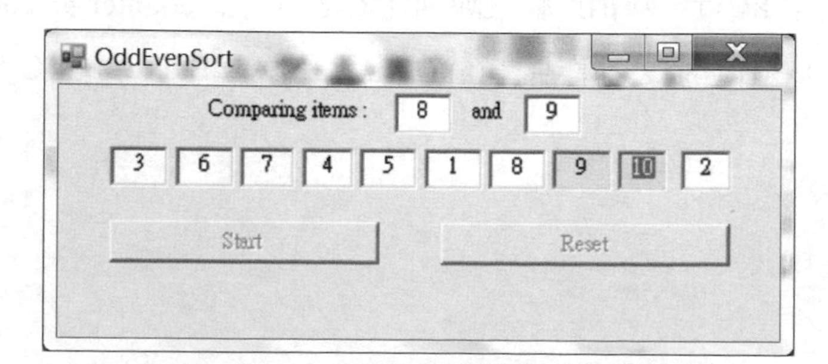

圖 4.4.4　OddEvenSort 專案執行中之比較動作

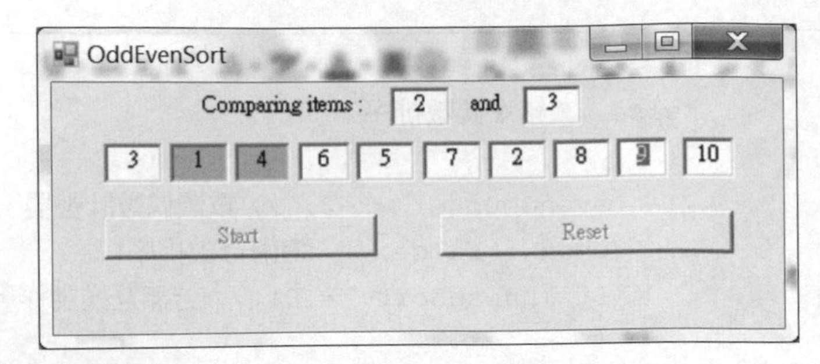

圖 4.4.5 OddEvenSort 專案執行中之互換動作

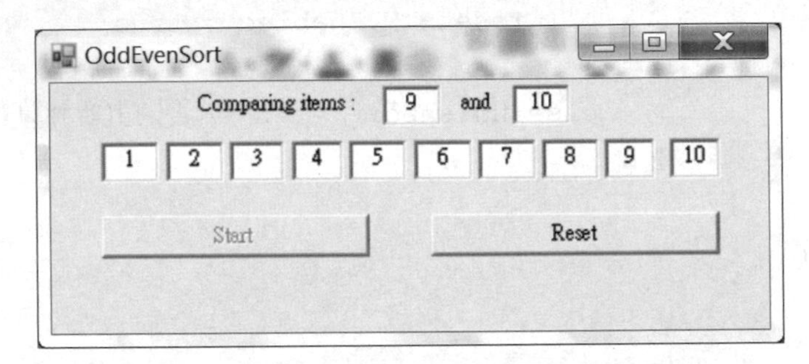

圖 4.4.6 OddEvenSort 專案執行結束畫面

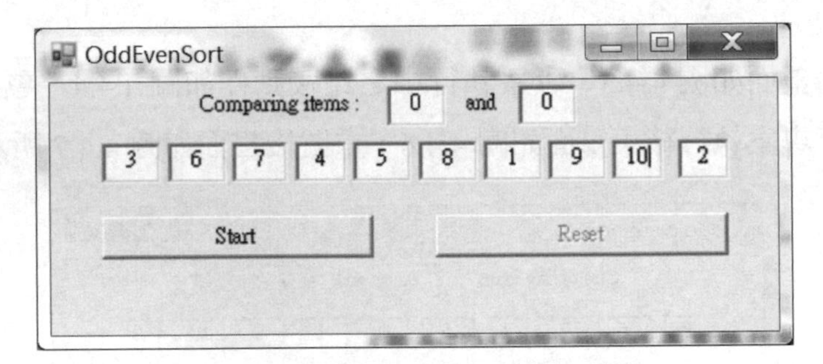

圖 4.4.7 OddEvenSort 重置後畫面

★ 程式說明

1. 無法預知比較之總次數，故無進度橫桿。
2. 注意第 62 行與第 86 行：兩相比較之陣列元素之索引為 counter 與 counter + 1。
3. 將兩陣列元素 A、B 互換之動作為：(a) C = A、(b) A = B、(c) B = C。

4.5 自我練習

1. 請於範例 4-1 的程式中增加兩個文字盒，用以記錄本程式共執行了多少次比較動作，與多少次互換動作。

2. 請於範例 4-2 的程式中增加兩個文字盒，用以記錄本程式共執行了多少次比較動作，與多少次互換動作。

3. 請於範例4-3的程式中亦增加兩個文字盒，用以記錄本程式共執行了多少次比較動作，與多少次互換動作，用以研究此排序法與其他排序法效能之比較。

4. 請於範例4-4的程式中亦增加兩個文字盒，用以記錄本程式共執行了多少次比較動作，與多少次互換動作，用以研究此排序法與其他排序法效能之比較。

筆記頁

05 其他應用

本章將其他常會遇到之應用程式，彙整如下：登入系統、餐廳之點餐程式、大樂透之開對獎程式、小算盤、小作家、與小畫家。其中，於小作家程式中，講解 MenuStrip、ToolStrip、與 ToolTip 之用法，以及匯入圖像之流程。而於小畫家程式中，說明繪製四個象限圖之方法。

5.1 Password

範例 5-1 Password

說明 系統登入時，檢查密碼之程式。

★ 使用元件

表單 *1、標籤 *5、文字盒 *3、按鈕 *2。

★ 專案配置

專案之配置如圖 5.1.1。

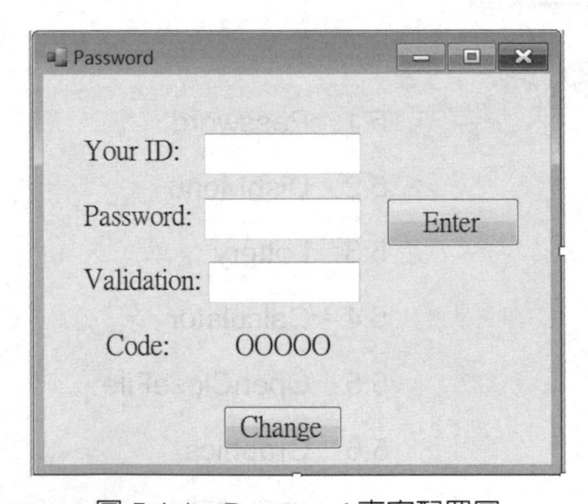

圖 5.1.1 Password 專案配置圖

★ 屬性彙整表

1. 各元件需修改之屬性，彙整如表 5.1.1。

表 5.1.1 Password 屬性彙整表

項次	元件名稱	屬性	值
1	Form1	Text	Password
2,3,4,5	label1,2,3,4	Font->Size	14
6	label5	(Name)	codeLB
		Font->Size	14
7,8	textBox1,2	(Name)	idTB, validTB
		Font->Size	14
		Text	
		TextAlign	Center
9	textBox3	(Name)	passwdTB
		Font->Size	14
		PasswordChar	O
		Text	
		TextAlign	Center
10,11	button1,2	(Name)	enterBTN, changeBTN
		Font->Size	14
		Text	Enter, Change

備註：文字盒 passwdTB 需設定密碼之代表字元，此處設為“O”。

2. 各元件需處理的事件，彙整如表 5.1.2。

表 5.1.2 Password 事件彙整表

項次	元件名稱	事件名稱	對應程式
1	Form1	Load	Form1_Load
2	enterBTN	Click	enterBTN_Click
3	changeBTN	Click	changeBTN_Click

★程式碼

```
1   namespace Password
2   {
3       public partial class Form1 : Form
4       {
5           const int size = 5; // 設定驗證碼為 5 碼
6           string[] ID;
7           string[] passwd;
8           int index;
9           Random r = new Random();
10          string code = "";
11
12          public Form1()
13          {
14              InitializeComponent();
15          }
16
17          private void Form1_Load(object sender, EventArgs e)
18          {
19              ID = new string[] { "albert", "bill", "charlie", "david",
    "evan", "frank", "george", "henry", "ivon", "jack" }; // 設定使用者帳號
20              passwd = new string[] { "00000", "11111", "22222", "33333",
    "44444", "55555", "66666", "77777", "88888", "99999" }; // 設定使用者密碼
21                  generateCode(); // 產生驗證碼
22          }
23
24          private void enterBTN_Click(object sender, EventArgs e)
25          {
26              bool foundID = false;
27              for (index = 0; index < ID.Length; index ++)
28                  if (ID[index].Equals(idTB.Text))
29                  {
30                      foundID = true; // 若發現帳號，則設定使用者為真
31                      break;
32                  }
33              if (!foundID) MessageBox.Show("Illegal user ID!!!");
34              else if (!passwd[index].Equals(passwdTB.Text))
    MessageBox.Show("Wrong password!!!"); // 若該帳號之密碼不正確時之處置
35              else if (!validTB.Text.Equals(code)) MessageBox.
    Show("Wrong volidation code!!!"); // 若驗證碼不正確時之處置
```

```
36            else MessageBox.Show("Welcome in!!!");
37        }
38
39        private void changeBTN_Click(object sender, EventArgs e)
40        {
41            generateCode ();
42        }
43
44        private void generateCode ()
45        {
46            code = "";
47            for (int i = 0; i < size; i++)
48                switch(r.Next(3)) //產生亂數，以決定驗證碼爲數字、大寫字
   元、或小寫字元
49                {
50                    case 0: //產生數字驗證碼
51                            code += Convert.ToChar(48 + r.Next(10));
52                            break;
53                    case 1: //產生小寫字元驗證碼
54                            code += Convert.ToChar(97 + r.Next(26));
55                            break;
56                    case 2: //產生大寫字元驗證碼
57                            code += Convert.ToChar(65 + r.Next(26));
58                            break;
59                }
60            codeLB.Text = code;
61        }
62    }
63 }
```

★ 執行結果

程式執行之起始畫面如圖 5.1.2，帳號不正確之畫面如圖 5.1.3，密碼不正確之畫面如圖 5.1.4，驗證碼不正確之畫面如圖 5.1.5，帳號正確之登入畫面如圖 5.1.6，改驗證碼之畫面如圖 5.1.7 所示。

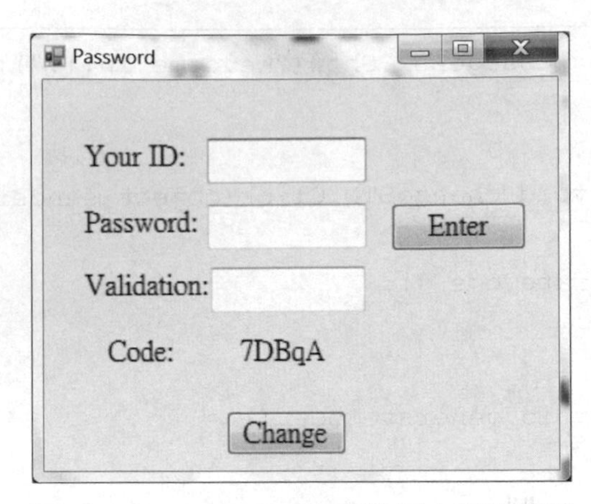

圖 5.1.2 Password 專案執行之起始畫面

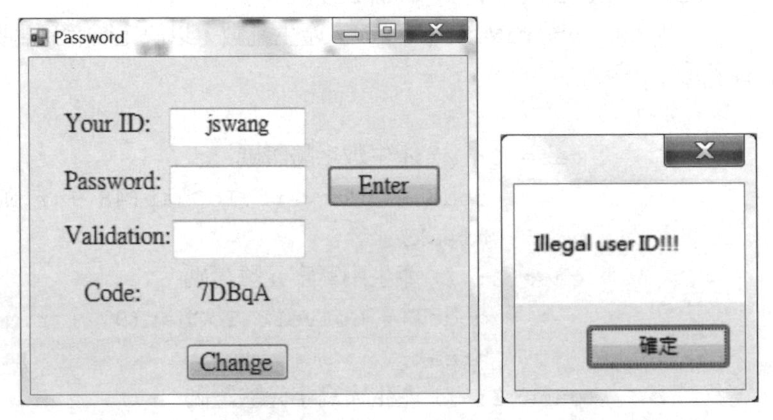

圖 5.1.3 Password 專案執行時帳號不正確之畫面

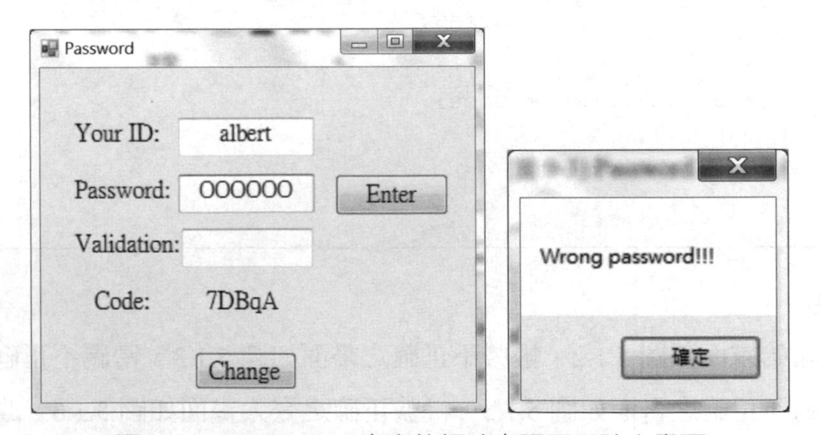

圖 5.1.4 Password 專案執行時密碼不正確之畫面

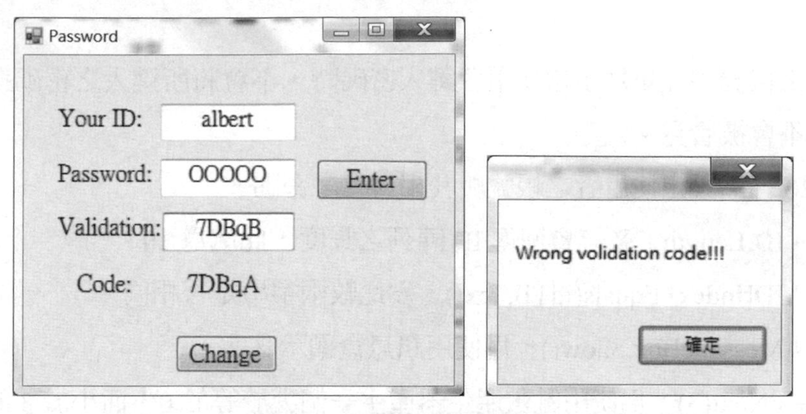

圖 5.1.5　Password 專案執行時驗證碼不正確之畫面

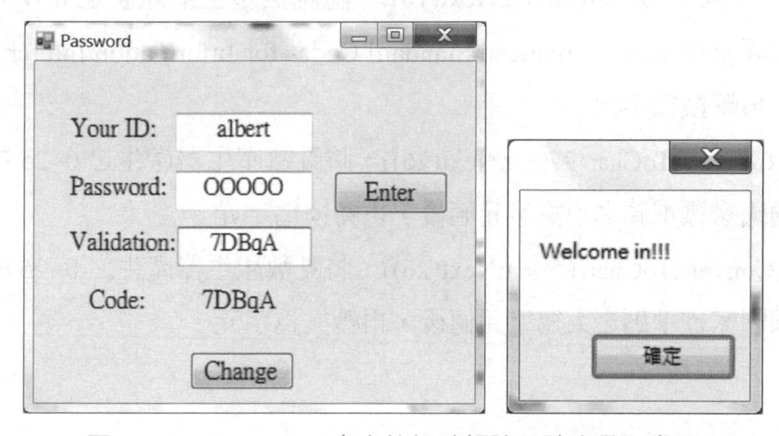

圖 5.1.6　Password 專案執行時帳號正確之登入畫面

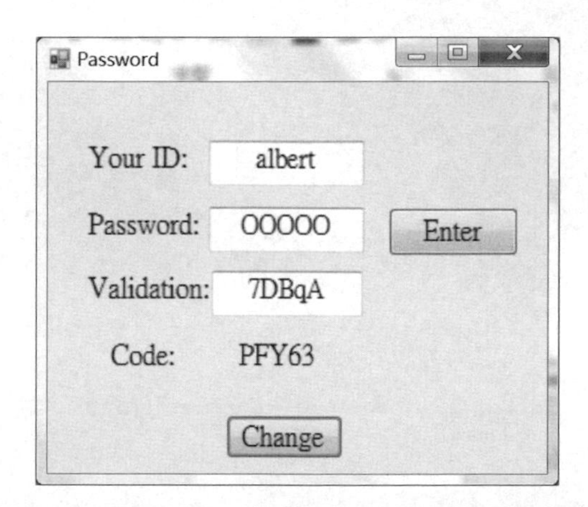

圖 5.1.7　Password 專案執行時更改驗證碼之畫面

★ 程式說明

1. 設定密碼之代表字元是爲了當使用者鍵入密碼時，不會將所鍵入之密碼顯示出來，以確保密碼不會被看見。
2. 第 19 及 20 行爲設定使用者之帳號與其相對應之密碼。
3. 第 27 行中 ID.Length，系統會回傳 ID 陣列之長度，此處爲 10。
4. 第 28 行中 ID[index].Equals(idTB.Text)，爲比較兩字串是否相同。
5. 第 33 行中 MessageBox.Show()，爲使用訊息盒顯示文字。
6. 第 48 行中 r.Next(3)，爲使用亂數產生器產生一個大於等於 0，而小於 3 的整數。
7. 第 51 行中 Convert.ToChar(48 + r.Next(10))，將亂數產生器產生之 0~9 的數字，加 48 以成爲美國國家標準碼（American Standard Codes for Information Interchange, ASCII）之數字後，再轉換爲字元。
8. 第 54 行中 Convert.ToChar(97 + r.Next(26))，將亂數產生器產生之 0~25 的數字，加 97 以成爲美國國家標準碼之小寫字元值後，再轉換爲字元。
9. 第 57 行中 Convert.ToChar(65 + r.Next(26))，將亂數產生器產生之 0~25 的數字，加 65 以成爲美國國家標準碼之大寫字元值後，再轉換爲字元。

5.2 DishMenu

範例 5-2 DishMenu

說明 餐廳之點餐程式。

★ 使用元件

表單 *1、組合盒 *1、列表盒 *1、標籤 *3、文字盒 *3、按鈕 *1。

★ 專案配置

專案之配置如圖 5.2.1。

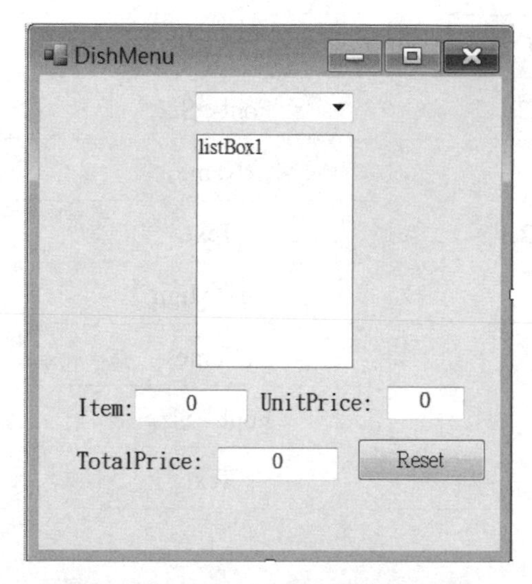

圖 5.2.1 DishMenu 專案配置圖

★ 屬性彙整表

1. 各元件需修改之屬性，彙整如表 5.2.1。

表 5.2.1　DishMenu 屬性彙整表

<table>
<tr><th>項次</th><th>元件名稱</th><th>屬性</th><th>值</th></tr>
<tr><td>1</td><td>Form1</td><td>Text</td><td>DishMenu</td></tr>
<tr><td>2</td><td>comboBox1</td><td>Items</td><td>翠玉白菜
宮保雞丁
五筋腸旺
梅花扣肉
清蒸紅鱸
鳳梨蝦球
紅燒蹄膀
鐵板牛柳
梅蘭扣肉
滑蛋牛腩</td></tr>
<tr><td>3</td><td>listBox1</td><td></td><td></td></tr>
<tr><td>4,5,6</td><td>label1,2,3</td><td>Font->Size</td><td>10</td></tr>
<tr><td rowspan="3">7,8,9</td><td rowspan="3">textBox1,2,3</td><td>(Name)</td><td>itemTB, priceTB, totalTB</td></tr>
<tr><td>Text</td><td>0</td></tr>
<tr><td>TextAlign</td><td>Center</td></tr>
<tr><td rowspan="3">10</td><td rowspan="3">button1</td><td>(Name)</td><td>resetBTN</td></tr>
<tr><td>Font->Size</td><td>10</td></tr>
<tr><td>Text</td><td>Reset</td></tr>
</table>

備註：

(1) 組合盒 comboBox1 的每一項目皆自成一行，其最終不可為空行。

(2) 列表盒 listBox1 的屬性皆為原來之內定值。

2. 各元件需處理的事件，彙整如表 5.2.2。

表 5.2.2　DishMenu 事件彙整表

項次	元件名稱	事件名稱	對應程式
1	Form1	Load	Form1_Load
2	comboBox1	SelectedIndexChanged	comboBox1_SelectedIndexChanged
3	listBox1	SelectedIndexChanged	listBox1_SelectedIndexChanged
4	resetBTN	Click	resetBTN_Click

★ 程式碼

```
1   namespace DishMenu
2   {
3       public partial class Form1 : Form
4       {
5           string[] itemName;
6           int[] itemPrice;
7
8           public Form1()
9           {
10            InitializeComponent();
11        }
12
13        private void Form1_Load(object sender, EventArgs e)
14        {
15            itemName = new string[]
                 { "翠玉白菜","宮保雞丁","五筋腸旺","梅花扣肉","
    清蒸紅鱸","鳳梨蝦球","紅燒蹄膀","鐵板牛柳","梅蘭扣肉","滑蛋牛腩" }; //設定菜名
16            itemPrice = new int[]
17               {100,150,200,250,300,350,400,450,500,550}; //設定每一
    樣菜對應的單價
18            //for (int i = 0; i < itemName.Length; i++) //動態的設定菜名
19                //comboBox1.Items.Add(itemName[i]);
20            reset();
21        }
22
23        private void listBox1_SelectedIndexChanged(object sender, EventArgs e)
24        {
25            if (listBox1.SelectedIndex >= 0) //若所選擇的項目在列表盒內
26            {
27                int count = 0;
28                string st = listBox1.SelectedItem.ToString(); //將所
    選擇的選擇項目存爲 st 字串
29                listBox1.Items.Remove(st); //移除所選擇的項目
30                while (!st.Equals(itemName[count])) count++; //尋找
    所選擇項目對應的索引
31                itemTB.Text = itemName[count]; //顯示該項目
32                priceTB.Text = itemPrice[count].ToString(); //顯示該
    項目所對應的價錢
```

```
33                 totalTB.Text = (int.Parse(totalTB.Text) -
   itemPrice[count]).ToString(); //將該金額由總價中扣除
34             }
35         }
36 
37         private void comboBox1_SelectedIndexChanged(object sender,
   EventArgs e)
38         {
39             listBox1.Items.Add(comboBox1.SelectedItem);//將組合盒所選
   擇的項目加入列表盒的清單中
40             itemTB.Text = comboBox1.SelectedItem.ToString();// 並顯示
   該項目
41             priceTB.Text = itemPrice[comboBox1.SelectedIndex].
   ToString(); //顯示該項目所對應的價錢
42             totalTB.Text = (int.Parse(totalTB.Text) +
   itemPrice[comboBox1.SelectedIndex]).ToString();//將該金額加至總價中
43         }
44 
45         private void resetBTN_Click(object sender, EventArgs e)
46         {
47             reset();//呼叫重置副程式
48         }
49 
50         private void reset() //重置所有物件
51         {
52             comboBox1.SelectedIndex = 0;
53             listBox1.Items.Clear();
54             itemTB.Text = "0";
55             priceTB.Text = "0";
56             totalTB.Text = "0";
57         }
58     }
59 }
```

★執行結果

程式執行之起始畫面如圖 5.2.2，加入一筆資料後之畫面如圖 5.2.3，加入數筆資料後之畫面如圖 5.2.4，清除數筆資料後之畫面如圖 5.2.5，重置後之畫面如圖 5.2.6 所示。

圖 5.2.2　DishMenu 專案執行之起始畫面

圖 5.2.3　DishMenu 專案執行時加入一筆資料後之畫面

圖 5.2.4　DishMenu 專案執行時加入數筆資料後之畫面

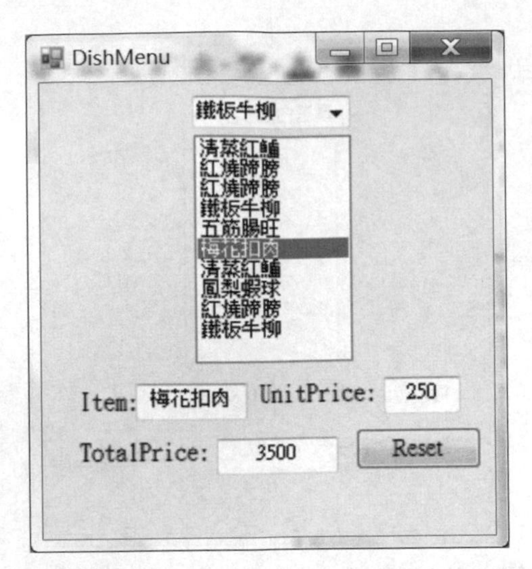

圖 5.2.5 DishMenu 專案執行時清除數筆資料後之畫面

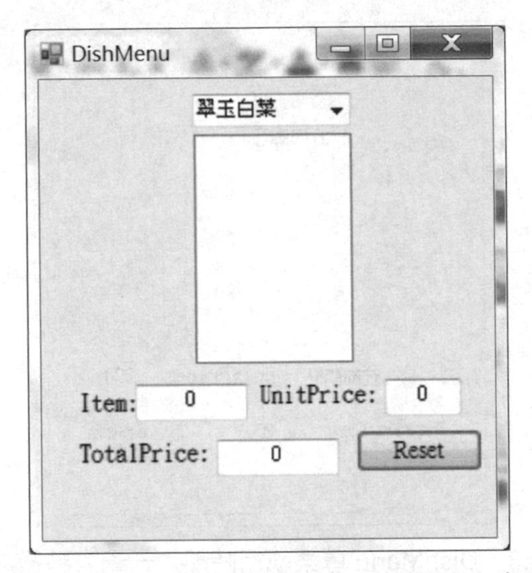

圖 5.2.6 DishMenu 專案執行時重置後之畫面

★ 程式說明

1. 第 18 及 19 行為動態的（即程式執行中）設定組合盒中菜名的方法，如此可避免於設定組合盒之項目（Items）屬性值時，重複的繕打菜名。
2. 第 25 行為確認所選擇的項目在列表盒內，否則程式執行時會出現錯誤。
3. 第 28 及 29 行為於列表盒中，移除所選擇項目的方法。
4. 第 33 行先將字串變為整數，再做減法運算，最後再將數值轉換為字串回存。

5.3 Lottery

範例 5-3 Lottery

說明 大樂透開、對獎之程式。

★ 使用元件

表單 *1、標籤 *1、文字盒 *15、按鈕 *5、進度橫桿 *1、計時器 *2。

★ 專案配置

專案之配置如圖 5.3.1。

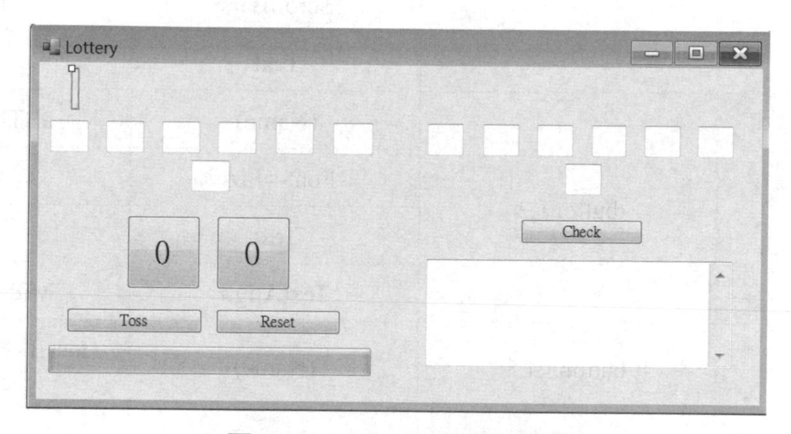

圖 5.3.1 Lottery 專案配置圖

★ 屬性彙整表

1. 各元件需修改之屬性，彙整如表 5.3.1。

表 5.3.1 Lottery 屬性彙整表

項次	元件名稱	屬性	值
1	Form1	Text	Lottery
2	label1	(Name)	titleLB
		Font->Name	Georgia
		Font->Size	16
		Text	
		TextAlign	MiddleCenter

項次	元件名稱	屬性	值
3,4,5,6,7,8,9,10,11,12,13,14,15,16,	textBox1,2,3,4,5,6,7,8,9,10,11,12,13,14	BorderStyle	Fixed3D
		Font->Size	12
		Text	
		TextAlign	Center
17	textBox15	(Name)	msgTB
		Font->Size	12
		Multiline	True
		ScrollBars	Both
		Text	
18,19	button1,2	(Name)	aBTN, bBTN
		Font->Size	18
		Text	0
		TextAlign	MiddleCenter
20,21,22	button3,4,5	(Name)	tossBTN, resetBTN, checkBTN
23	progressBar1	Value	0
24,25	timer1,2	(Name)	timerA, timerB
		Interval	10

2. 各元件需處理的事件，彙整如表 5.3.2。

表 5.3.2　Lottery 事件彙整表

項次	元件名稱	事件名稱	對應程式
1	Form1	Load	Form1_Load
2	tossBTN	Click	tossBTN_Click
3	resetBTN	Click	resetBTN_Click
4	checkBTN	Click	checkBTN_Click
5,6	timerA, timerB	Tick	Timer_Tick

★ 程式碼

```
1   namespace Lottery
2   {
3       public partial class Form1 : Form
4       {
5           const int poolsize = 49; // 大樂透共有 49 個號碼
6           const int size = 7; // 抽取其中的 7 個號碼
7           Random r = new Random();
8           int generatorA, generatorB; //A 爲十位數轉動的次數，B 爲個位數
    轉動的次數
9           int answerA, answerB, answer; // A 爲號碼之十位數，B 爲號碼之個位數
10          int counterA, counterB, counterN; //A 與 B 的計數器，以及 7 個
    號碼之計數器
11          int draw, tmp;
12          int[] pool = new int[poolsize]; // 大樂透球池共有 49 個號碼
13          float delayA, delayB; // 計時器 A 與 B 的延遲時間
14
15          SoundPlayer player = new // 轉動時之音樂 SoundPlayer(@"C:\
    Windows\Media\Windows Ding.wav");
16          TextBox[] tbArray, guessArray;
17
18          public Form1()
19          {
20              InitializeComponent();
21          }
22
23          private void Form1_Load(object sender, EventArgs e)
24          {
25              tbArray = new TextBox[] { textBox1, textBox2, textBox3,
    textBox4, textBox5, textBox6, textBox7 };
26              guessArray = new TextBox[] { textBox8, textBox9,
    textBox10, textBox11, textBox12, textBox13, textBox14 };
27              reset()
28          }
29
30          private void drawNumbers()
31          {
32              counterA = 0; // 將十位數計數器歸零
33              counterB = 0; // 將個位數計數器歸零
34              draw = r.Next(poolsize - counterN); // 抽第 1 個號碼時，球池
    有 49 個數字，抽第 2 個號碼時，球池有 48 個數字…依此類推
```

```
35          answer = pool[draw]; // 抽中的號碼
36          tmp = draw;
37          while (tmp < (poolsize - counterN - 1)) // 將被抽走的號碼，
由球池中去除，以免抽中相同之號碼
38          {
39              pool[tmp] = pool[tmp + 1]; //由球池中去除號碼的方法爲：
後面一位號碼向前推進，以遞補被抽走的號碼
40              tmp++;
41          }
42          counterN++;
43          answerA = answer / 10; //將抽中的號碼劃分爲十位數
44          answerB = answer % 10; //與個位數
45          generatorA = 40 + answerA;
46          generatorB = 40 + answerB;
47          timerA.Enabled = true;
48          timerB.Enabled = true;
49          if (r.Next(2) == 0) //隨機產生一個數字，若爲偶數
50          {
51              delayA = 2.9f; //則A計時器的延遲時間較短
52              delayB = 3.1f; //B計時器的延遲時間較長
53          }
54          else //若爲奇數
55          {
56               delayA = 3.1f; //則A計時器的延遲時間較長
57               delayB = 2.9f; //B計時器的延遲時間較短
58          }
59          if (counterN == 1) titleLB.Text = (r.Next(1000, 2000)).
ToString() + " Lottery numbers"; //當抽取第1個號碼時，亦同時顯示大樂透
爲第幾期之期別
60      }
61      private void tossBTN_Click(object sender, EventArgs e)
62      {
63          reset ();
64          tossBTN.Enabled = false;
65          progressBar1.Value = 0;
66          progressBar1.Maximum = size;
67          drawNumbers();
68      }
69
70      private void timer_Tick(object sender, EventArgs e)
```

```
71          {
72              if (sender == timerA) // 若是由計時器 A 所觸發
73              {
74                  if (counterA <= generatorA) //A 計數器是否到達應轉動的次數
75                  {
76                      timerA.Interval = 30 + (int)((float)counterA *
delayA); // 計時器的延遲時間，會隨著計數器的增加而越拉越長，即越轉越慢
77                      aBTN.Text = (counterA % 5).ToString(); // 十位數
所顯示的數字為 0~4
78                      player.Play();// 奏樂
79                      counterA++;
80                  }
81                  else
82                  {
83                      timerA.Enabled = false;
84                      if (!timerB.Enabled) checkFinish(); // 若計時器 B
已經結束，則由此處所檢查是否抽取號碼完畢
85                  }
86              }
87              else if (counterB <= generatorB) // 若是由計時器 B 所觸發
88              {
89                  timerB.Interval = 30 + (int)((float)counterB * delayB);
90                  bBTN.Text = (counterB % 10).ToString(); // 個位數所顯
示的數字為 0~9
91                  player.Play();
92                  counterB++;
93              }
94              else timerB.Enabled = false;
95              if (!timerA.Enabled) checkFinish(); // 若計時器 A 已經結束，
則由此處所檢查是否抽取號碼完畢
96          }
97
98          private void checkFinish() // 檢查是否抽取號碼完畢
99          {
100             if (answer < 10) // 在小於 10 的號碼前加一個 0 顯示
101                 tbArray[counterN - 1].Text = "0";
102             tbArray[counterN - 1].Text += answer.ToString();
103             tbArray[counterN - 1].BackColor = Color.Pink;
104             progressBar1.Value = counterN;
105             if (counterN < 7) // 抽取 7 個大樂透號碼
106                 drawNumbers();
```

```
107             else // 抽取大樂透號碼完畢
108                 checkBTN.Enabled = true;
109         }
110 
111         private void reset() // 重置
112         {
113             for (int i = 0; i < tbArray.Length; i++)
114             {
115                 tbArray[i].Text = "";
116                 tbArray[i].BackColor = Color.Gray;
117                 guessArray[i].Text = "0";
118             }
119             for (int i = 0; i < poolsize; i++)  // 還原球池內的 49 個號碼
120                pool[i] = i + 1;
121             aBTN.Text = "0";
122             bBTN.Text = "0";
123             msgTB.Text = "";
124             counterN = 0;
125             progressBar1.Value = 0;
126             resetBTN.Enabled = false;
127             checkBTN.Enabled = false;
128             tossBTN.Enabled = true;
129         }
130 
131         private void resetBTN_Click(object sender, EventArgs e)
132         {
133             reset();
134         }
135 
136         private void checkBTN_Click(object sender, EventArgs e)
137         {
138             int checkCount=0;
139             int[] guess = new int[size];
140             int[] target = new int[size];
141             for(int i=0;i<guess.Length;i++) // 抓取您所選擇的 7 個號碼
142                 guess[i]=int.Parse(guessArray[i].Text);
143             for(int i=0;i<target.Length;i++) // 抓取所開出的 7 個號碼
144                 target[i]=int.Parse(tbArray[i].Text);
145             for(int i=0;i< guess.Length - 1; i++) // 比對前面 6 個號碼
```

```
146                 for(int j=0;j< target.Length - 1; j++)
147                     if (target[i] == guess[j])
148                     {
149                         checkCount++; //若相同，則計數器加 1
150                         break;
151                     }
152             if (checkCount == size-1 && target[size-1] ==
    guess[size-1]) //若前面 6 個號碼相同，且第 7 個號碼亦相同，則中頭彩
153                     msgTB.Text = "Win the first prize!!!\r\n";
154             else msgTB.Text = checkCount.ToString() + "\r\n";
155             resetBTN.Enabled = true;
156         }
157     }
158 }
```

★ 執行結果

程式執行之起始畫面如圖 5.3.2，專案執行中之畫面如圖 5.3.3，開獎結束之畫面如圖 5.3.4，執行對獎而對中二個號碼之畫面如圖 5.3.5，對中六個號碼之畫面如圖 5.3.6，對中頭獎之畫面如圖 5.3.7，重置後之畫面如圖 5.3.8 所示。

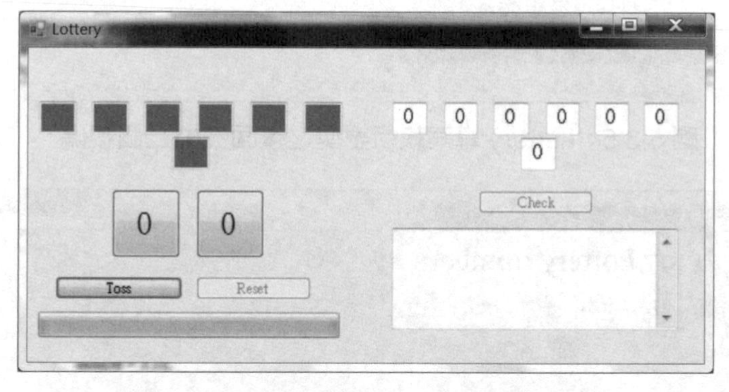

圖 5.3.2 Lottery 專案執行之起始畫面

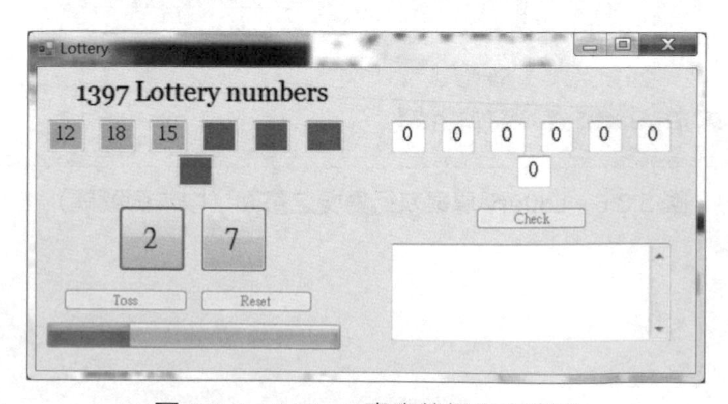

圖 5.3.3 Lottery 專案執行中之畫面

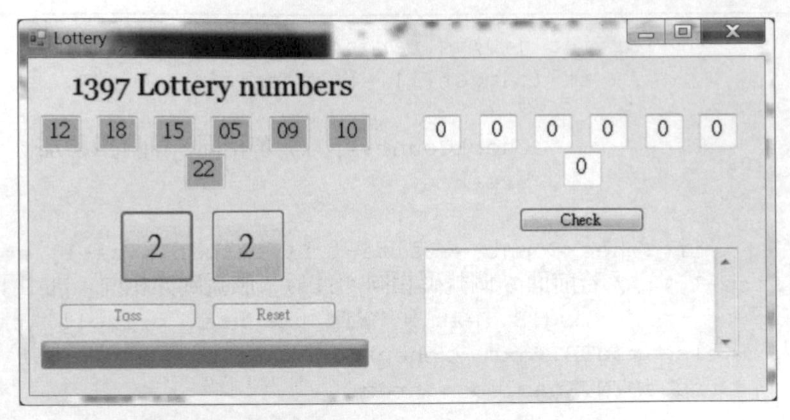

圖 5.3.4　Lottery 專案開獎結束之畫面

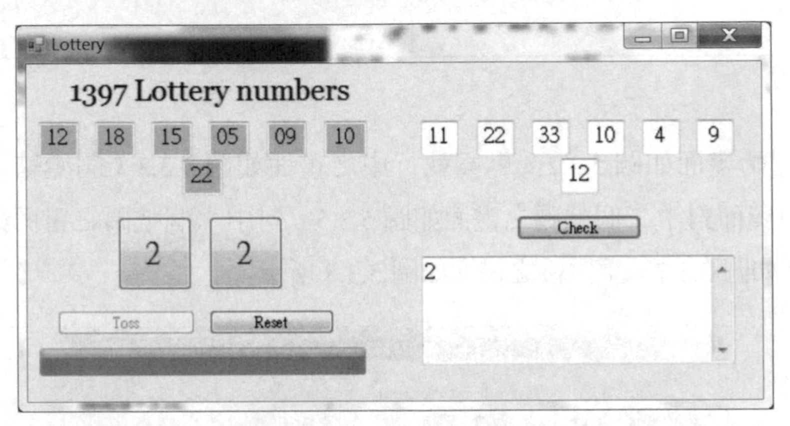

圖 5.3.5　Lottery 專案執行對獎之畫面（中二個號碼）

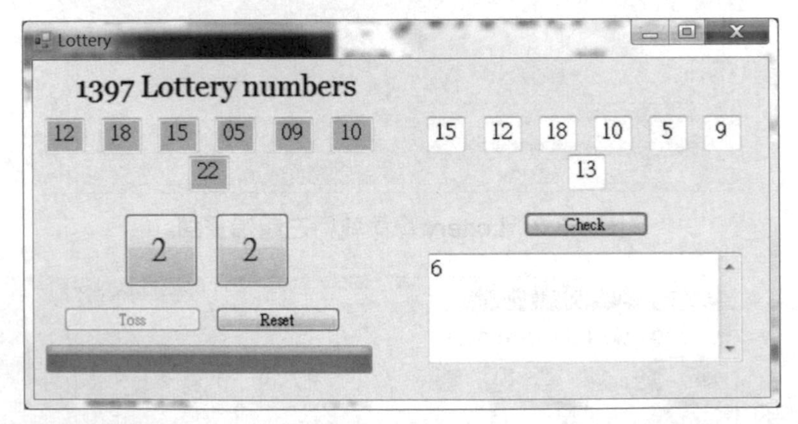

圖 5.3.6　Lottery 專案執行對獎之畫面（中六個號碼）

圖 5.3.7　Lottery 專案執行對獎之畫面（中頭獎）

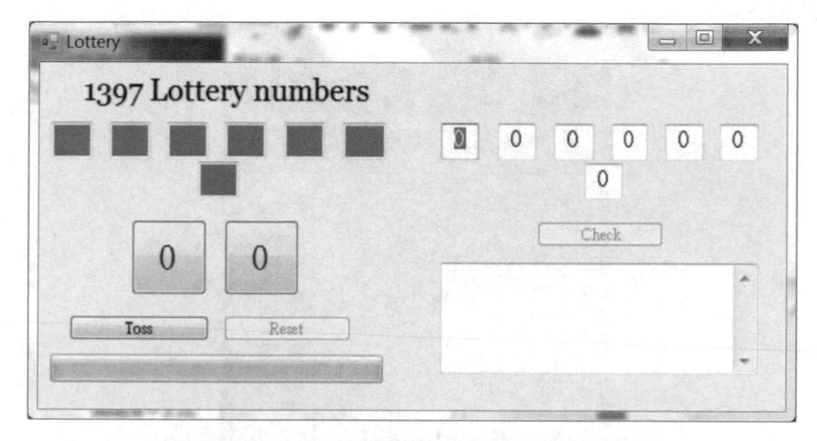

圖 5.3.8　Lottery 專案執行時重置後之畫面

★ 程式說明

1. 第 45 及 46 行中之 40 為十位數（0~4）與個位數（0~9）之倍數，用以增加轉動的次數。
2. 第 51、52、56、57 行為隨機調整兩計時器的延遲時間，始其達到非同步的轉動。
3. 第 59 行中之 r.Next(1000, 2000) 為隨機產生一個介於 1000~1999 的亂數。
4. 第 76 及 89 行中之 30 為計時器基本的延遲時間。

5.4 Calculator

範例 5-4 ── Calculator

說明 計算器程式（小算盤）。

★ 使用元件

表單 *1、文字盒 *1、嵌板 *2、按鈕 *19。

★ 專案配置

專案之配置如圖 5.4.1。

圖 5.4.1　Calaulator 專案配置圖

★ 屬性彙整表

1. 各元件需修改之屬性，彙整如表 5.4.1。

表 5.4.1　Calculator 屬性彙整表

項次	元件名稱	屬性	值
1	Form1	Text	Calculator
2	textBox1	(Name)	TB
		BackColor	ScrollBar
		Font->Size	14
		Text	
		TextAlign	Right

項次	元件名稱	屬性	值
3,4	Panel1,2	(Name)	nPanel, oPanel
5,6,7,8,9,10,11, 12,13,14,15,16, 17,18,19,20,21	button1,2,3,4,5, 6,7,8,9,10,11,12, 13,14,15,16,17	Font->Size	14
		Text	1,2,3,4,5,6,7,8,9, 0,+,-,*,/,CE,C,=
22,23	button18,19	(Name)	dotBTN, changeSignBTN
		Font->Size	14
		Image	System.Drawing.Bitmap

備註：第 22 與 23 項次之圖像匯入方法，將於下一節說明之。

2. 各元件需處理的事件，彙整如表 5.4.2。

表 5.4.2　Calculator 事件彙整表

項次	元件名稱	事件名稱	對應程式
1	Form1	Load	Form1_Load
2	button1,2,3,4,5,6,7,8,9,10	Click	nButton_ Click
3	button11,12,13,14,15,16,17	Click	oButton _ Click
4	dotBTN	Click	dotBTN_ Click
5	changeSignBTN	Click	changeSignBTN _Click

★ 程式碼

```
1   namespace Calculator
2   {
3       Button[] nBTN, oBTN; //設定數字按鈕與運算按鈕
4       float a, b, result;
5       String currOperation = "+"; //設定目前的運算
6
7       public Form1()
8       {
9           InitializeComponent();
10      }
11
12      private void Form1_Load(object sender, EventArgs e)
13        {
```

```
14          nBTN = new Button[] { button10, button1, button2,
   button3, button4, button5, button6, button7, button8, button9 };
   // 注意：button10 之索引為 0
15          oBTN = new Button[] { button11, button12, button13,
   button14, button15, button16, button17 };
16          a = b = result = 0;
17      }
18
19      private void nButton_Click(object sender, EventArgs e)
20      {
21          for (int i = 0; i < nBTN.Length; i++)
22              if (sender.Equals(nBTN[i]))
23              {
24                  TB.Text += nBTN[i].Text; // 顯示鍵入之數字
25                  break;
26              }
27      }
28
29      private void dotBTN_Click(object sender, EventArgs e)
30      {
31          if (TB.Text.Equals("")) TB.Text = "0."; // 若鍵入小數點之前為
   空字串，則於小數點之前加一個 0 顯示
32          else TB.Text += "."; // 否則加一個小數點即可
33      }
34
35      private void changeSignBTN_Click(object sender, EventArgs e)
36      {
37          if (float.Parse(TB.Text) < 0) TB.Text = (-(float.Parse(TB.
   Text))).ToString(); // 若先前鍵入數值為負數，則利用負負為正之法，將其變為
   正數顯示
38          else TB.Text = "-" + TB.Text; // 否則加一個負號即可
39      }
40
41      private void oButton_Click(object sender, EventArgs e)
42      {
43          Button tmp = (Button)sender;
44          switch (tmp.Text)
45          { // 當鍵入運算按鈕時
46              case "+":
```

```
47              case "-":
48              case "*":
49              case "/":
50                  if (TB.Text.Equals("")) a = 0; // 若先前並無鍵入任何
數值，則設定第一個數字為 0
51                  else
52                  {
53                      a = float.Parse(TB.Text); // 否則將先前鍵入的數值，
設定為第一個數字
54                      TB.Text = "";
55                  }
56                  currOperation = tmp.Text; // 將鍵入之運算按鈕設為將執
行之運算
57                  break;
58              case "CE":
59                  if (TB.Text.Equals("")) TB.Text = ""; // 若先前並無
鍵入任何字串，則維持原狀
60                  else TB.Text = TB.Text.Substring(0, TB.Text.
Length - 1); // 否則去除字串中最後的數字
61                  break;
62              case "C":
63                  TB.Text = ""; // 刪除字串
64                  break;
65              case "=":
66                      if (TB.Text.Equals("")) b = 0; // 若無鍵入第二個
數字，則設定第二個數字為 0
67                      else b = float.Parse(TB.Text);
68                  switch (currOperation) // 執行運算
69                  {
70                      case "+":
71                          result = a + b;
72                          break;
73                      case "-":
74                          result = a - b;
75                          break;
76                      case "*":
77                          result = a * b;
78                          break;
79                      case "/":
80                          result = a / b;
81                          break;
82                  }
```

```
83                         TB.Text = result.ToString();// 並顯示結果
84                         break;
85                 }
86         }
87 }
```

★ 執行結果

程式執行之起始畫面如圖 5.4.2，鍵入第一個數字後之畫面如圖 5.4.3，按除法鍵後之畫面如圖 5.4.4，鍵入第二個數字後之畫面如圖 5.4.5，執行除法鍵後之畫面如圖 5.4.6，清除一個字元後之畫面如圖 5.4.7，執行變號後之畫面如圖 5.4.8，執行完全清除後之畫面如圖 5.4.9，執行除 0 後之錯誤畫面如圖 5.4.10 所示。

圖 5.4.2　Calculator 專案執行之起始畫面

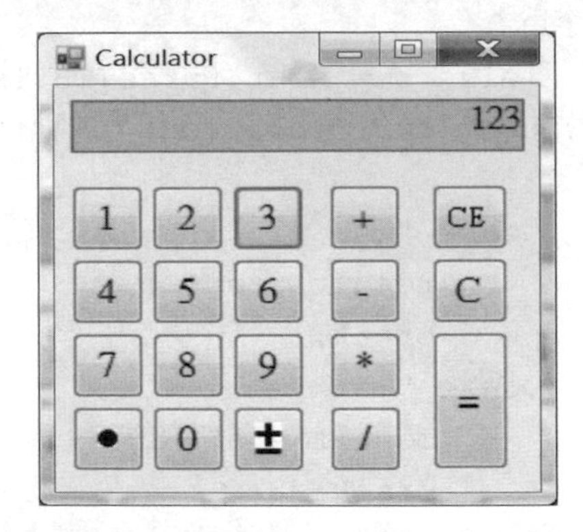

圖 5.4.3　Calculator 專案執行時鍵入第一個數字後之畫面

圖 5.4.4　Calculator 專案執行時按除法鍵後之畫面

圖 5.4.5　Calculator 專案執行時鍵入第二個數字後之畫面

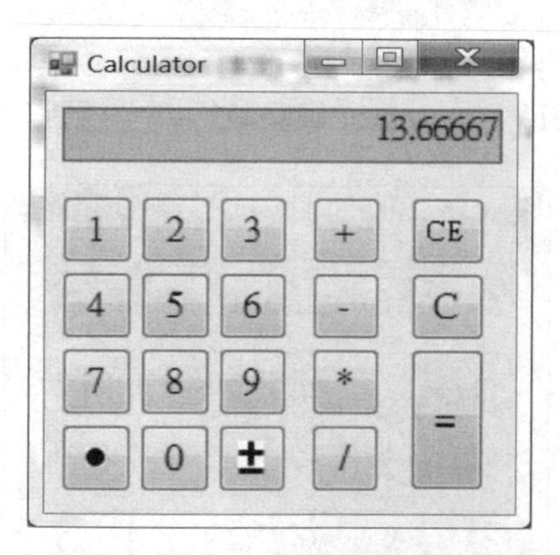

圖 5.4.6　Calculator 專案執行除法鍵後之畫面

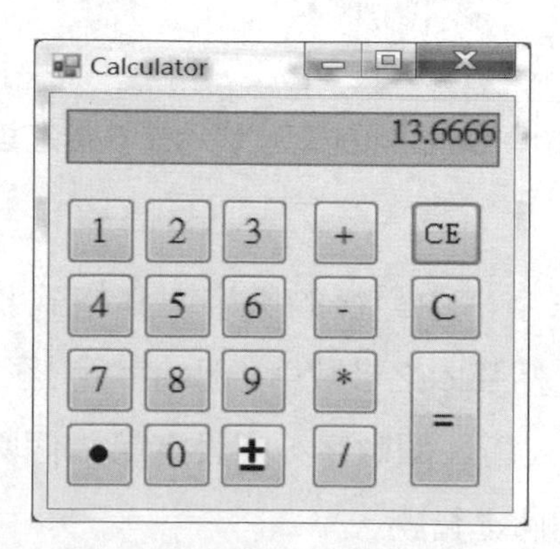

圖 5.4.7　Calculator 專案執行清除一個字元後之畫面

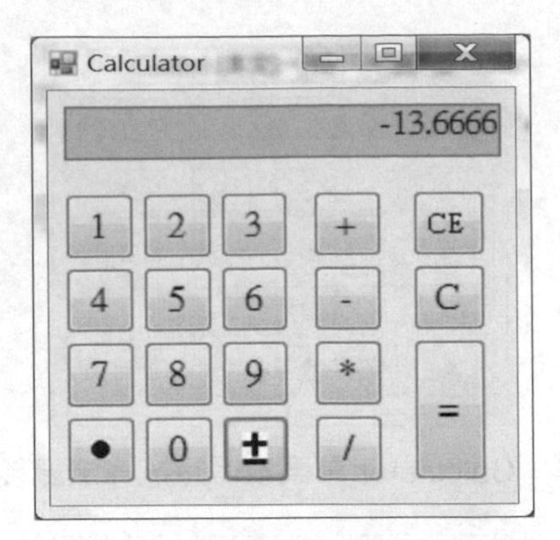

圖 5.4.8　Calculator 專案執行變號後之畫面

圖 5.4.9　Calculator 專案執行完全清除後之畫面

圖 5.4.10　Calculator 專案執行除 0 後之錯誤畫面

★ 程式說明

1. 第 60 行子字串方法去除字串中最後的數字，其格式爲 string1 = string1.substring(0, string1.Length - 1); 其中，括弧內之參數爲 (起始字元 , 子字串長度)。
2. 注意：第 66 行爲若無鍵入第二個數字，則設定第二個數字爲 0，如此若執行除法運算時，將造成答案爲無窮值之錯誤。

5.5 OpenCloseFile

範例 5-5 OpenCloseFile

說明 開、關檔案，與變更字體大小之程式（小作家）。

★ 使用元件

表單 *1、功能表橫條 *1、工具橫條 *1、多彩文字盒 *1、工具提示 *1、開啓檔案對話框 *1、儲存檔案對話框 *1。

★ 專案配置

專案之配置如圖 5.5.1，隱藏的各種對話框如圖 5.5.2 所示。

圖 5.5.1　OpenCloseFile 專案配置圖

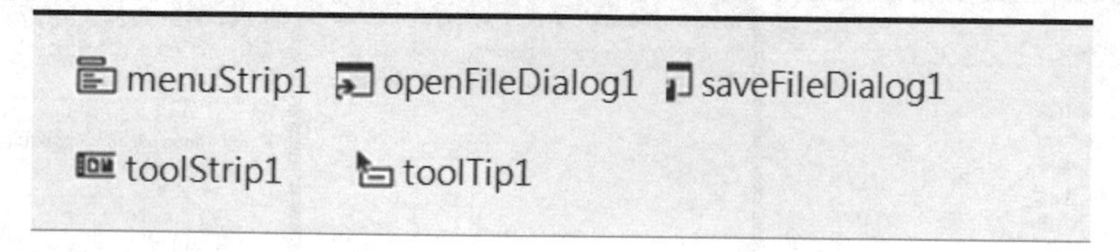

圖 5.5.2　OpenCloseFile 專案中各種隱藏的元件

★操作流程

1. 依照建立專案之流程，當出現視窗畫面，並修改表單之本文為"OpenCloseFile"，如圖 5.5.3 所示。

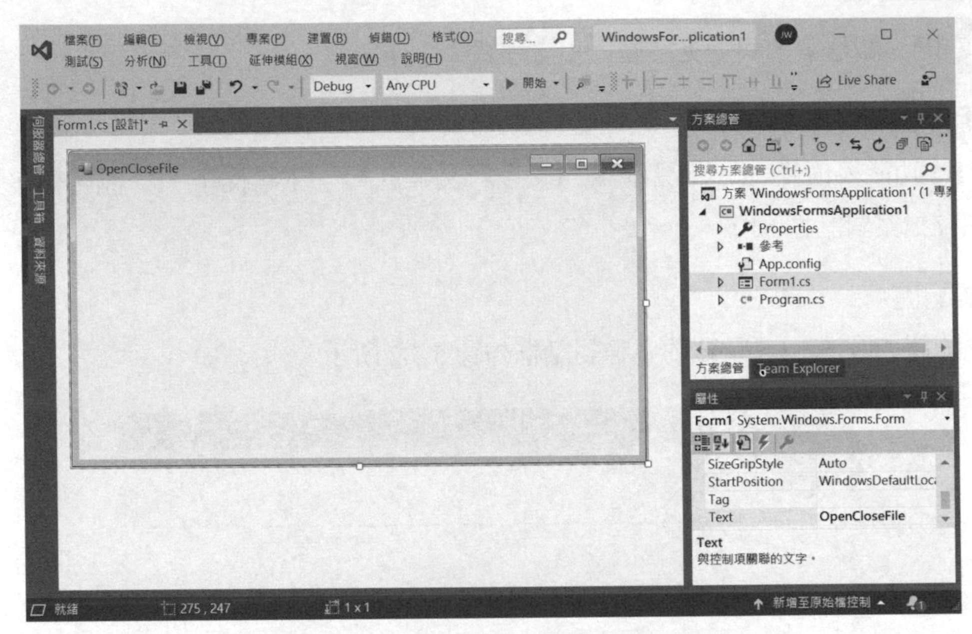

圖 5.5.3 OpenCloseFile 專案起始畫面

2. 於工具箱中，將元件 menuStrip 拖曳至表單上，如圖 5.5.4 與圖 5.5.5 所示。

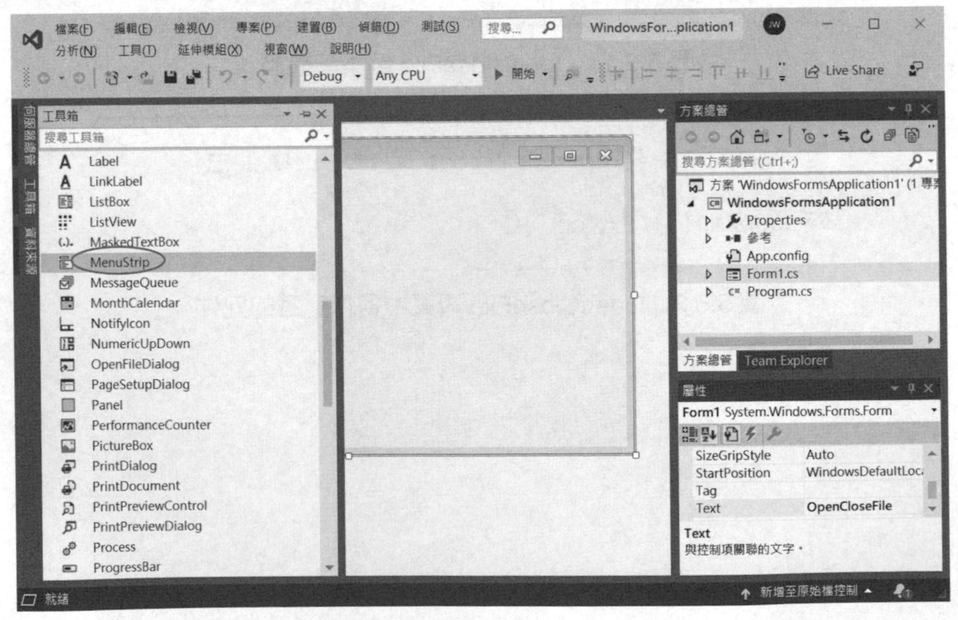

圖 5.5.4 OpenCloseFile 專案拖曳 MenuStrip 至表單之畫面一

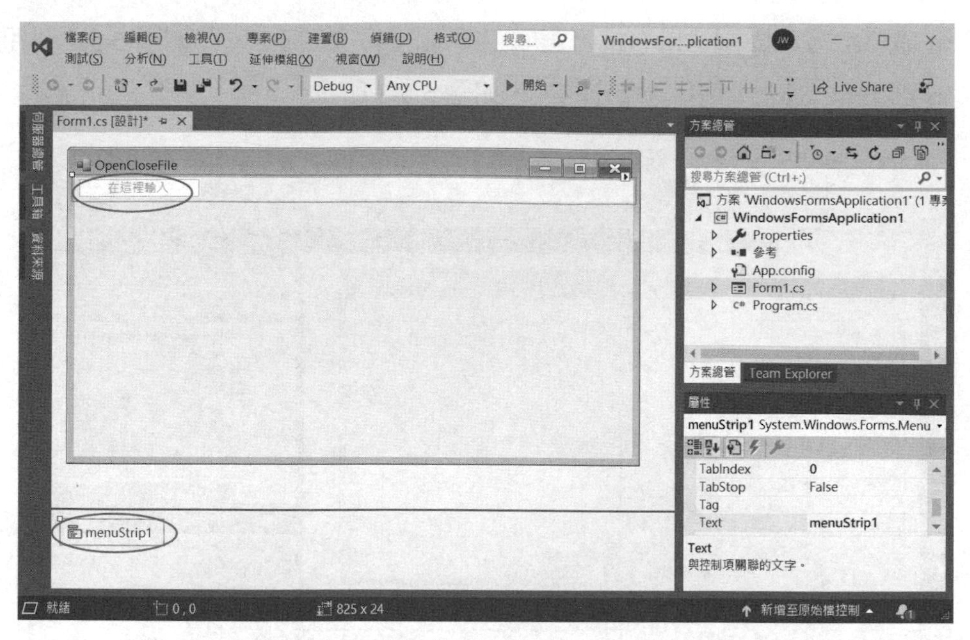

圖 5.5.5　OpenCloseFile 專案拖曳 MenuStrip 至表單之畫面二

3. 於 menuStrip1 中，填入 File 命令，並於其下一層命令中，依次填入 New、Open、Save、Save as、與 Exit 命令，如圖 5.5.6 所示。

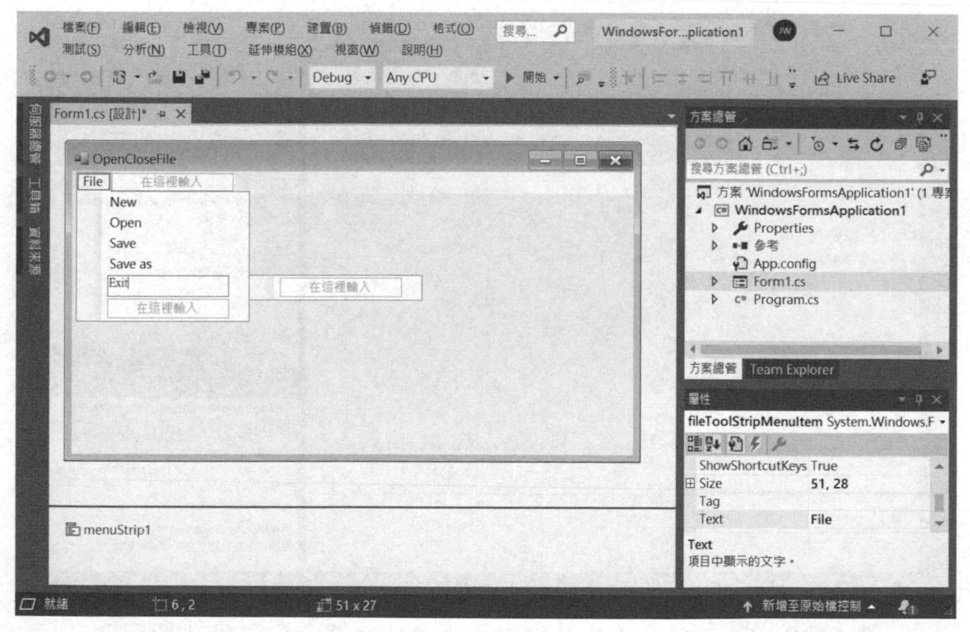

圖 5.5.6　OpenCloseFile 專案於 menuStrip1 填入 File 等命令名稱

4. 於 Exit 命令上方，點擊滑鼠右鍵，選取“插入”-> “Separator”如圖 5.5.7，則於命令 Save as 與 Exit 之間，多出一條分隔線，如圖 5.5.8 所示。

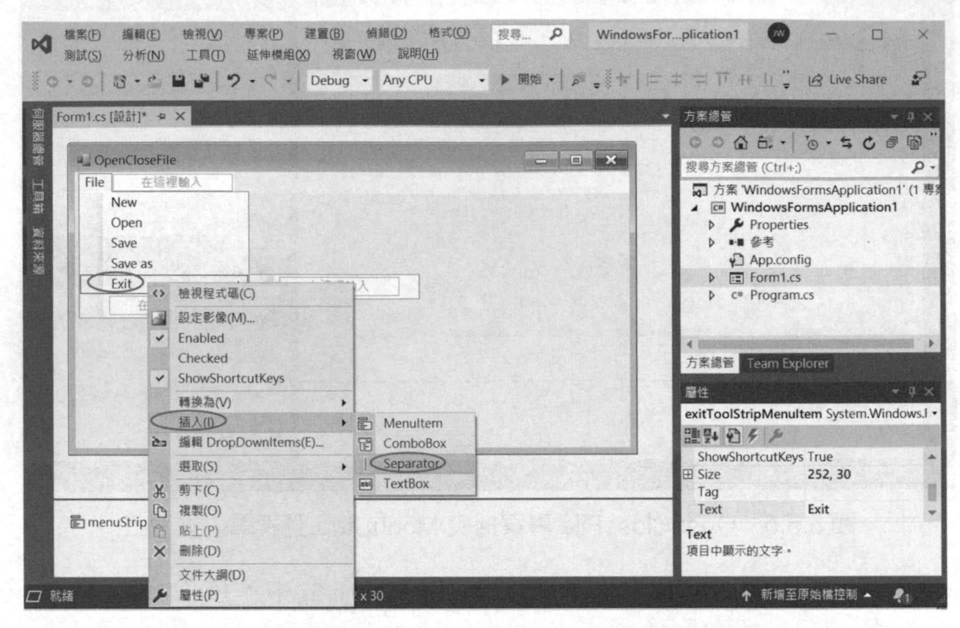

圖 5.5.7 OpenCloseFile 專案中 menuStrip1 插入分隔線之畫面一

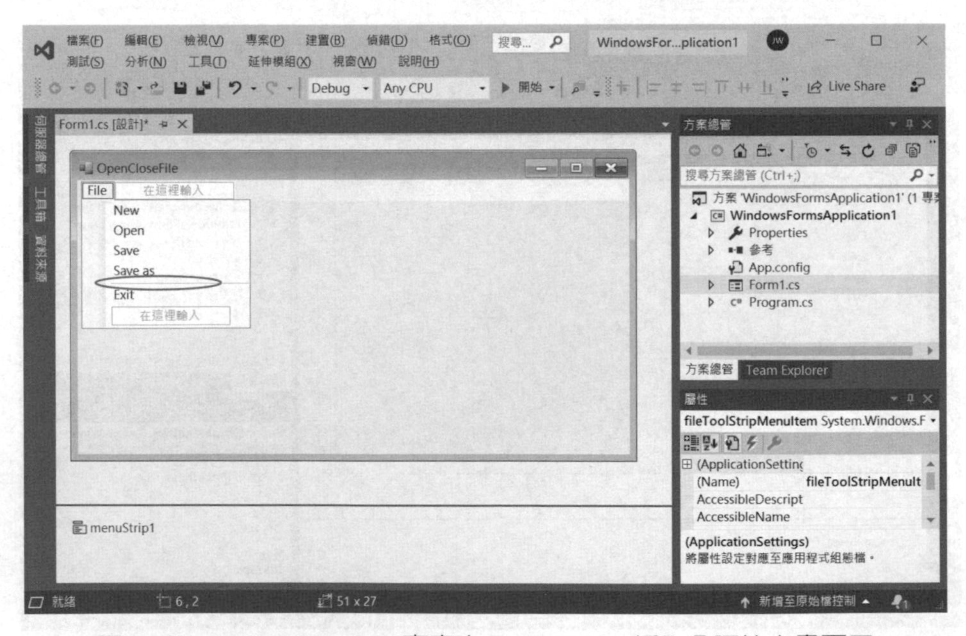

圖 5.5.8 OpenCloseFile 專案中 menuStrip1 插入分隔線之畫面二

5. 於 menuStrip1 中，填入 Font 命令，並於其下一層命令中，依次填入 Size、Bold、Italic、Strikeout、與 Underlined 命令，如圖 5.5.9 所示。

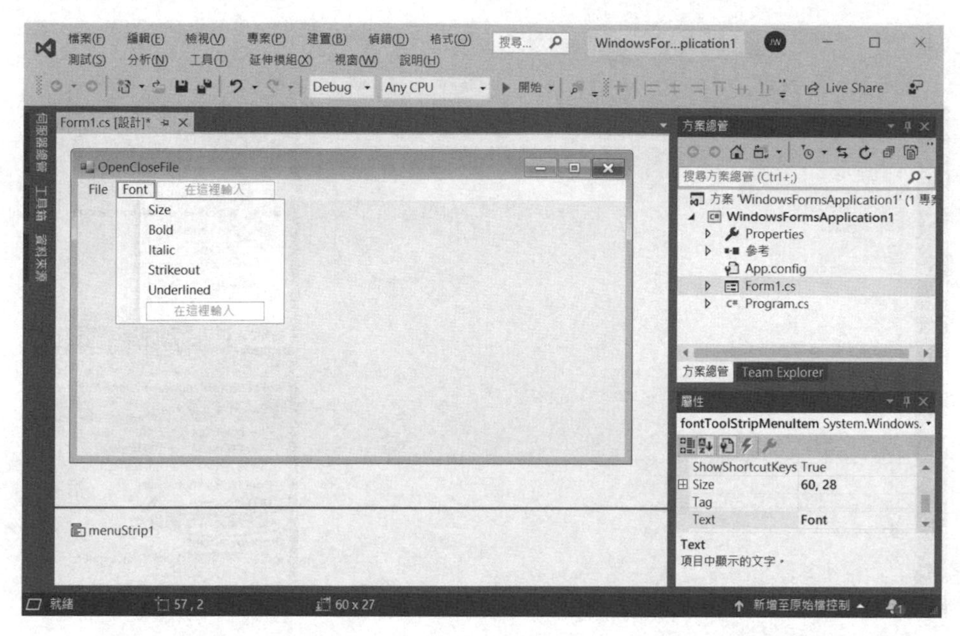

圖 5.5.9 OpenCloseFile 專案於 menuStrip1 填入 Font 等命令名稱

6. 於 Size 之下一層命令中，依次填入 10、12、14、16、18、與 20 命令，如圖 5.5.10 所示。

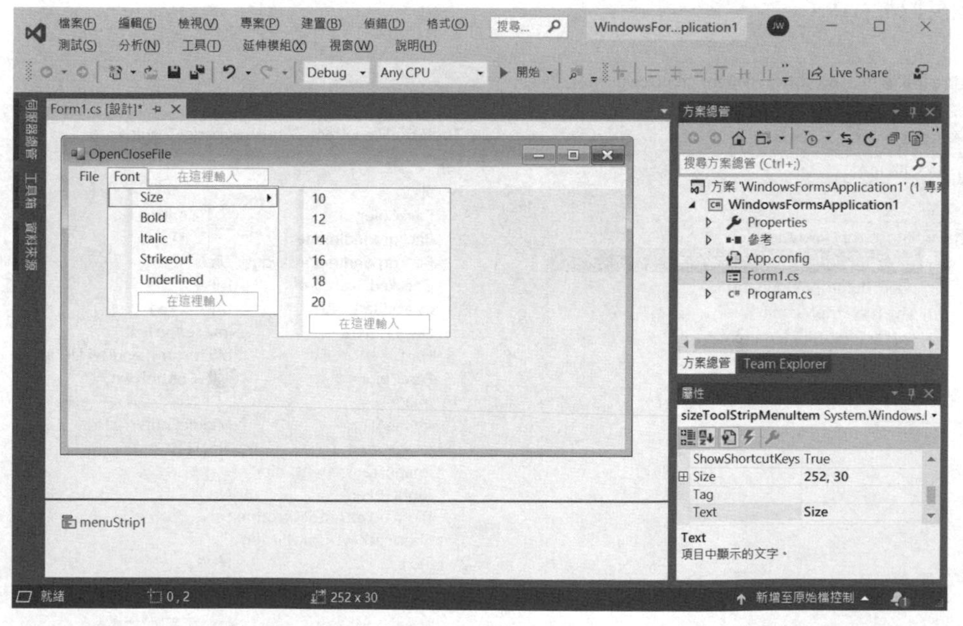

圖 5.5.10 OpenCloseFile 專案於 menuStrip1 填入 Size 之下一層命令

7. 若需修正 File 下一層命令之順序，可先點選 File 命令，並於屬性欄中，點選 DropDownItems 屬性，如圖 5.5.11 所示。

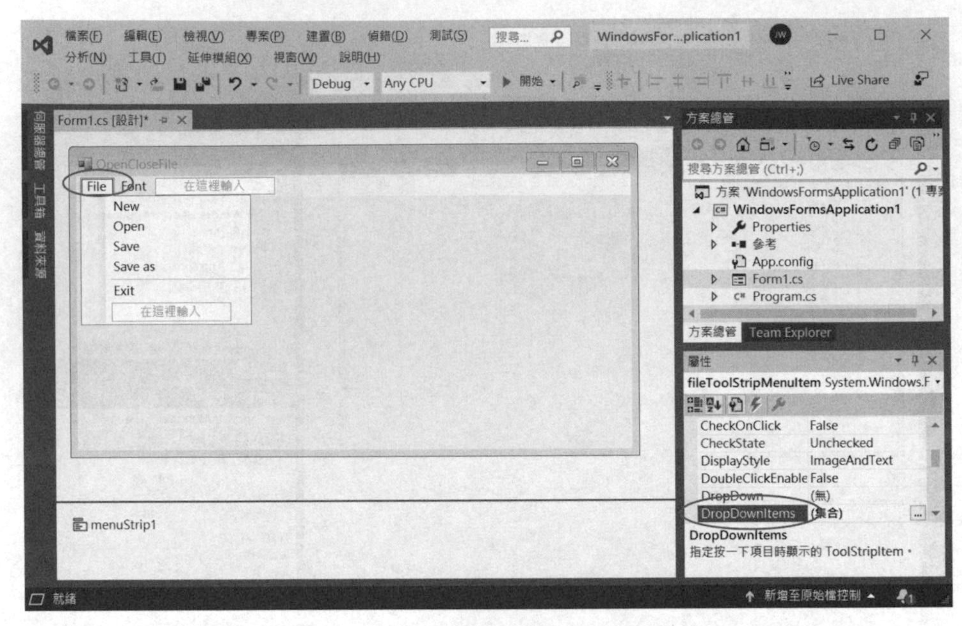

圖 5.5.11　OpenCloseFile 專案修正 File 下層命令順序之畫面一

8. 再點選欲修正之命令，依順序上移、順序下移、或刪除，再按「確定」鍵修正之，如圖 5.5.12 所示。

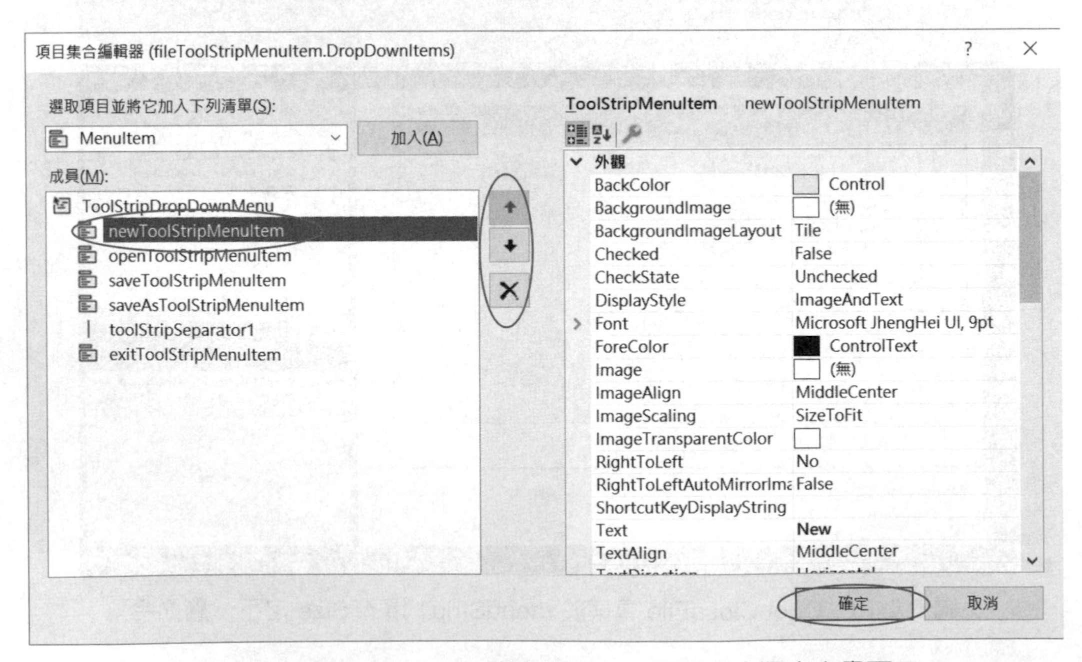

圖 5.5.12　OpenCloseFile 專案修正 File 下層命令順序之畫面二

9. 於工具箱中，將元件 ToolStrip 拖曳至表單上，如圖 5.5.13 與圖 5.5.14 所示。

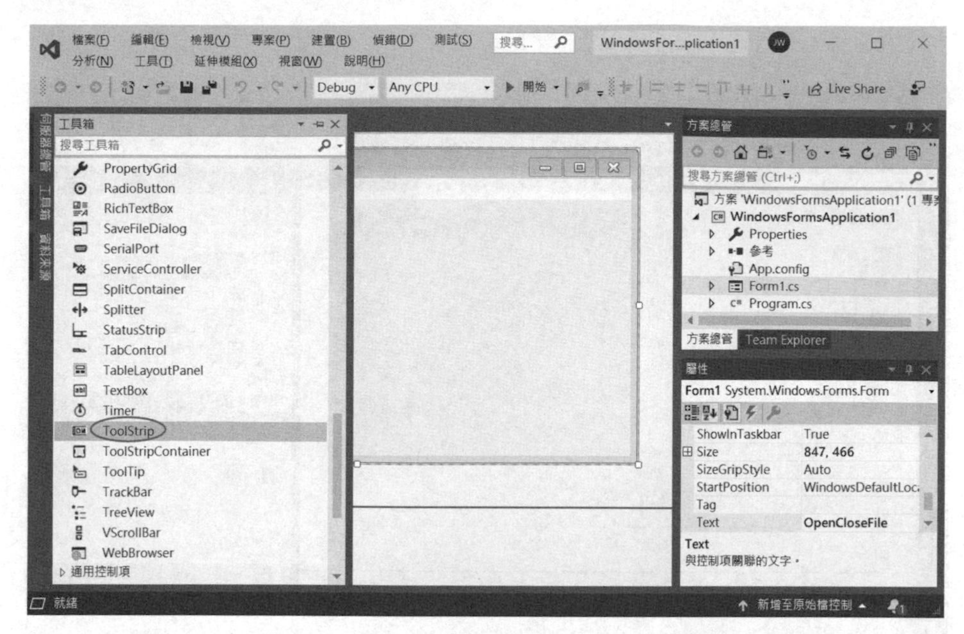

圖 5.5.13 OpenCloseFile 專案拖曳 ToolStrip 至表單之畫面一

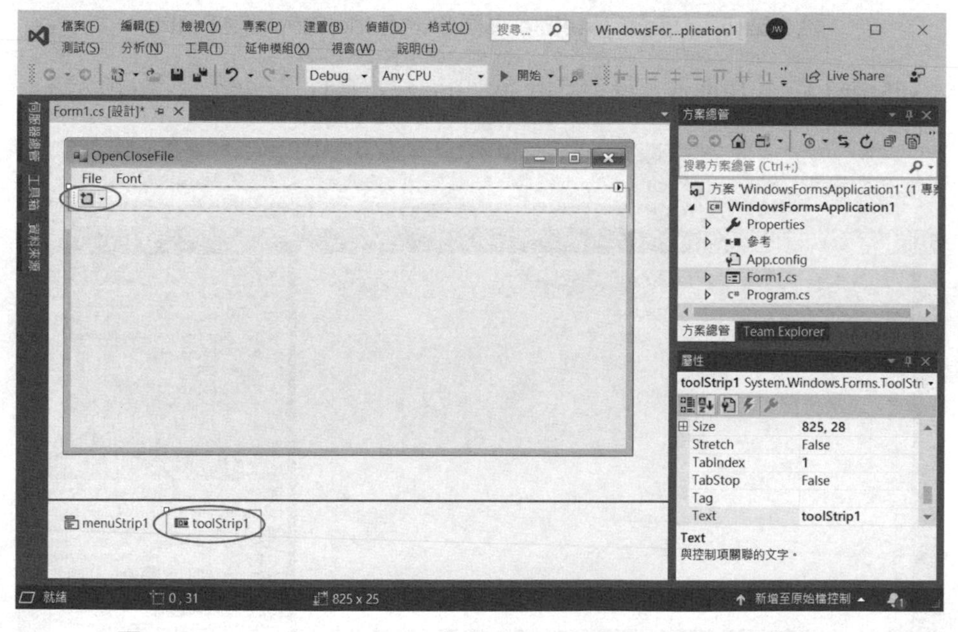

圖 5.5.14 OpenCloseFile 專案拖曳 ToolStrip 至表單之畫面二

10. 點選 toolStrip1 中之 Button，如圖 5.5.15 所示。（注意：需點選 toolStrip1 右邊向下之箭頭）

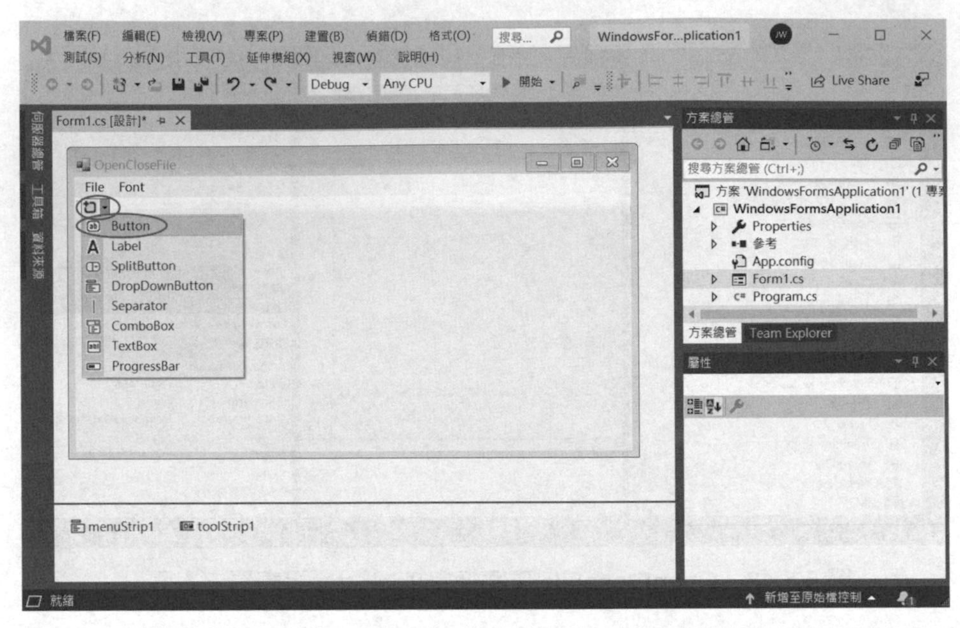

圖 5.5.15　OpenCloseFile 專案中設定 toolStrip1 為 Button

11. 點選 toolStrip1 中之 Button，設定其圖像（Image）屬性，如圖 5.5.16 所示。

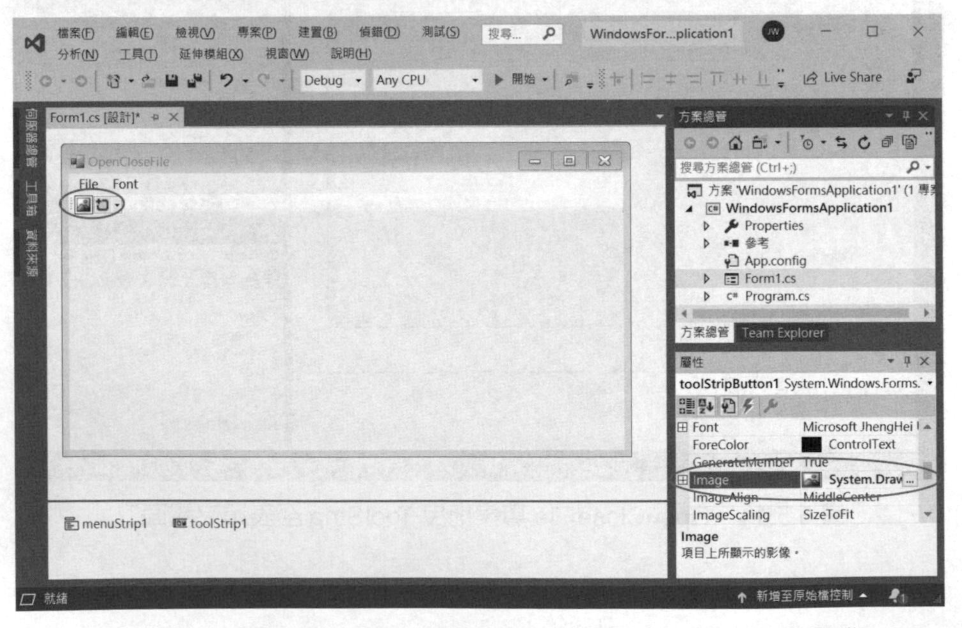

圖 5.5.16　OpenCloseFile 專案中設定 toolStripButton1 圖像屬性

12. 點選「匯入」按鈕，如圖 5.5.17 所示。

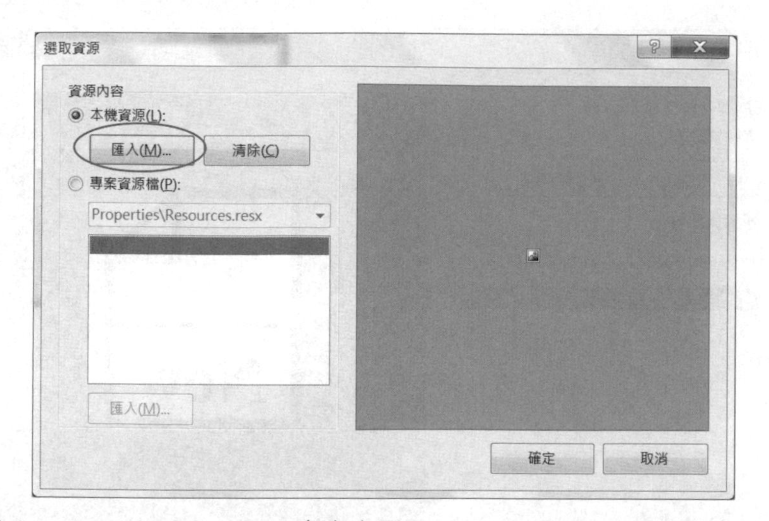

圖 5.5.17　OpenCloseFile 專案中匯入 toolStripButton1 圖像之畫面一

13. 點選已事先繪製之圖像檔，再按「開啓」按鈕，如圖 5.5.18 所示。

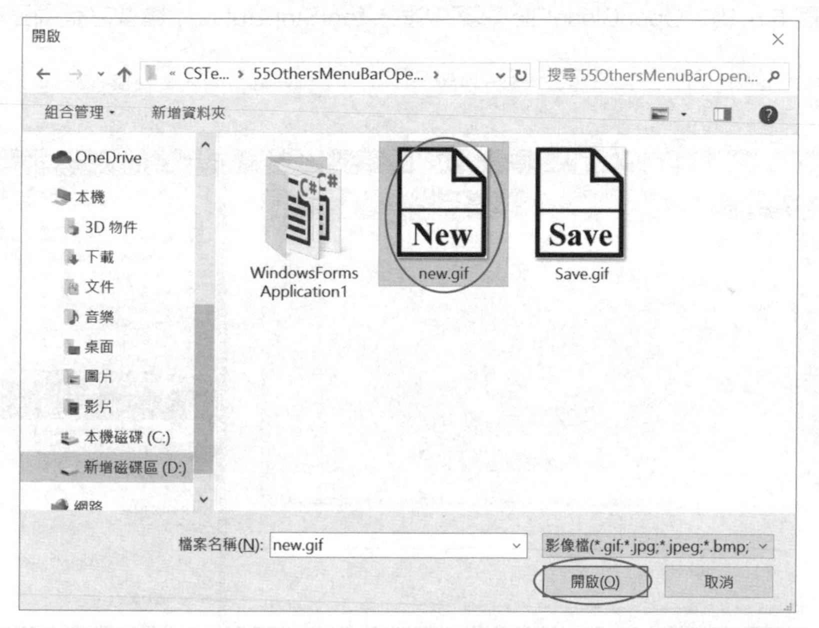

圖 5.5.18　OpenCloseFile 專案中匯入 toolStripButton1 圖像之畫面二

14. 再按「確定」按鈕如圖 5.5.19，則所選擇之圖像將顯示於快捷列中，如圖 5.5.20 所示。

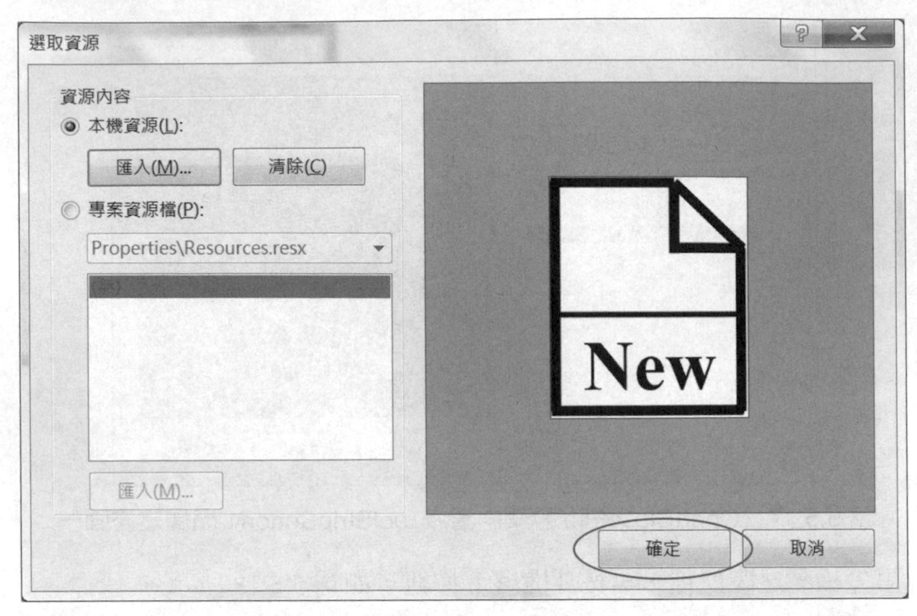

圖 5.5.19　OpenCloseFile 專案中匯入 toolStripButton1 圖像之畫面三

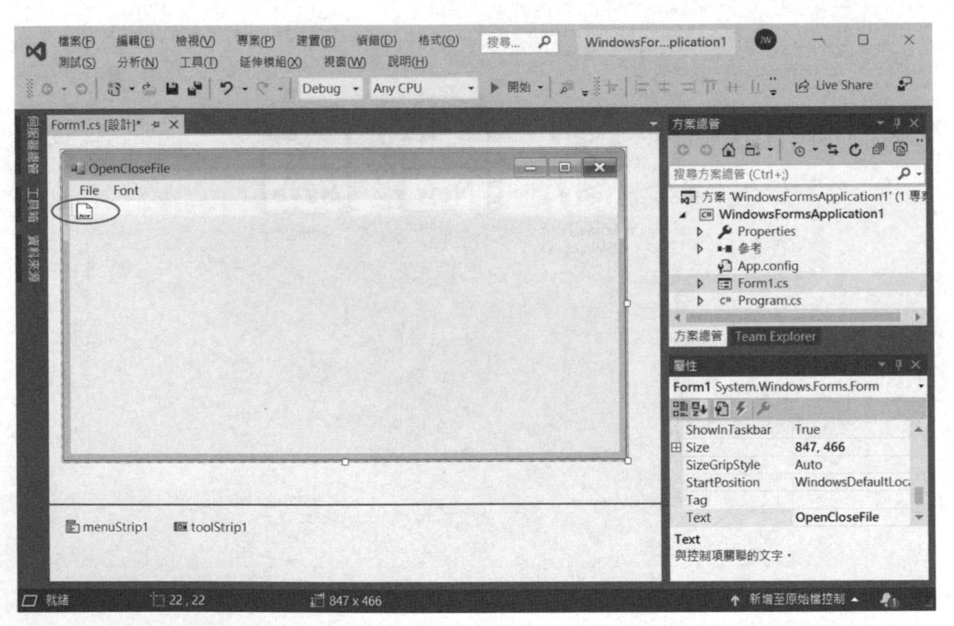

圖 5.5.20　OpenCloseFile 專案中匯入 toolStripButton1 圖像之畫面四

15. 當撰寫完功能表橫條中 File 命令項下之 New 命令的對應程式後，可於事件視窗項下，將工具橫條之 New 按鈕設定爲與功能表橫條之 New 命令相同之對應程式，如圖 5.5.21 所示。如此，當程式執行時，無論是按快捷列（工具橫條）中之 New 按鈕，或選擇工具列（功能表橫條）中之 New 命令，皆具有相同之效應矣。

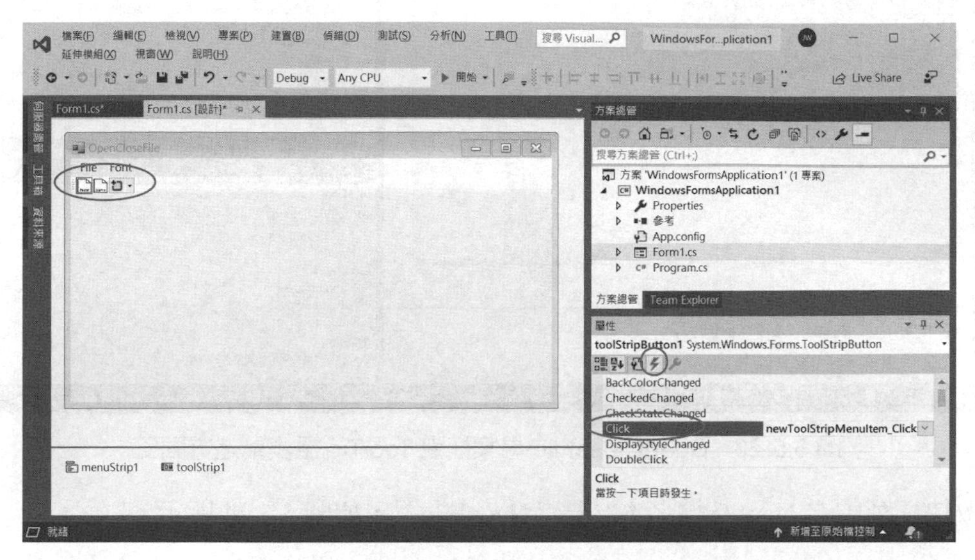

圖 5.5.21 OpenCloseFile 專案選擇 toolStripButton1 按鈕之對應程式

16. 於工具箱中，將元件 ToolTip 拖曳至表單上，如圖 5.5.22 與圖 5.5.23 所示。

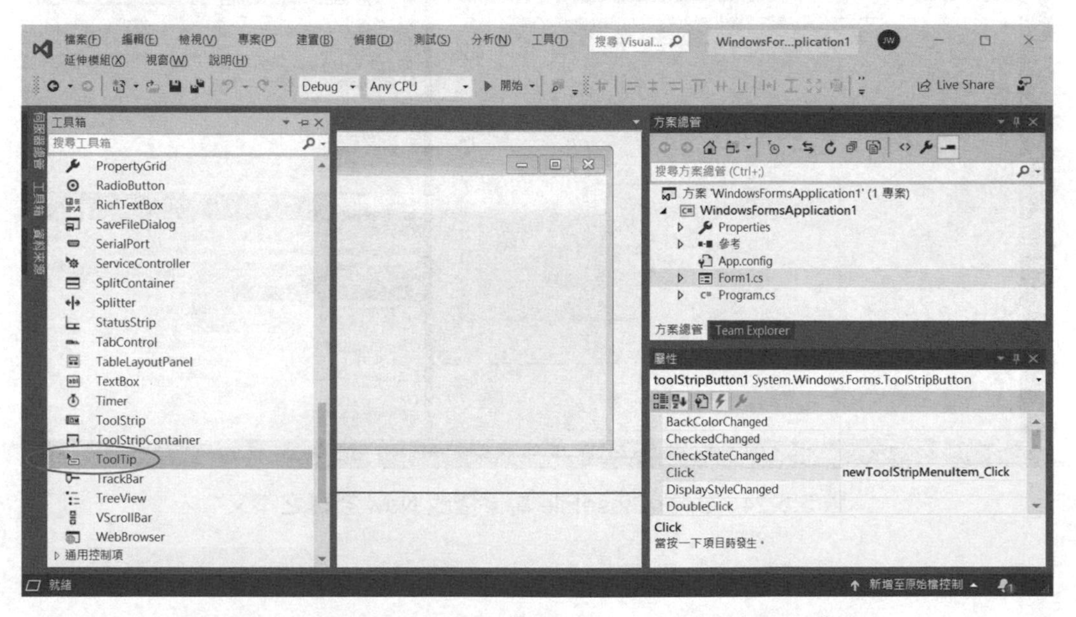

圖 5.5.22 OpenCloseFile 專案拖曳 ToolTip 至表單之畫面一

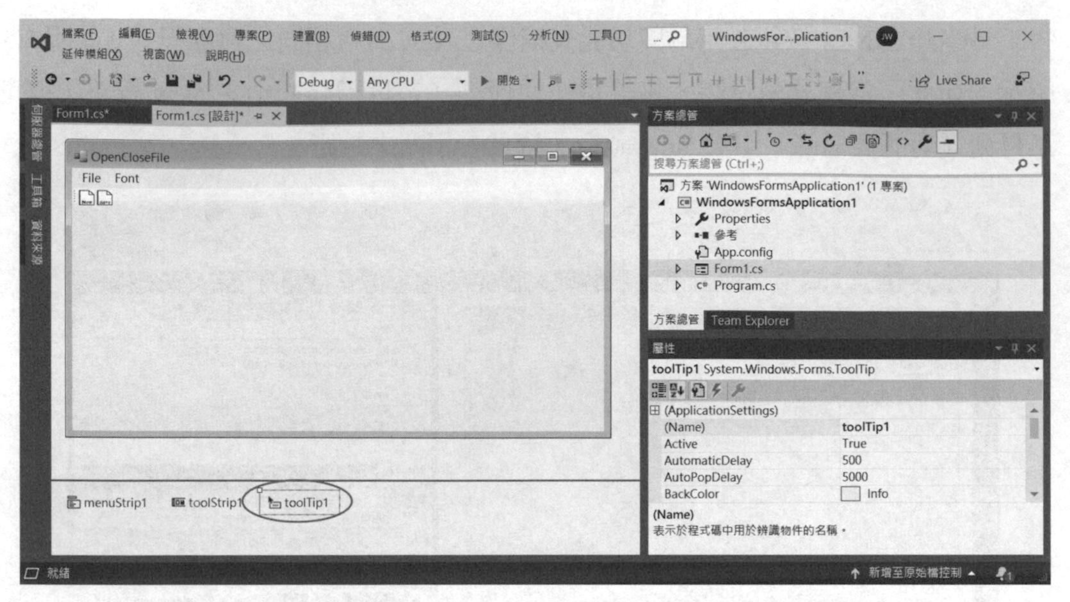

圖 5.5.23 OpenCloseFile 專案拖曳 ToolTip 至表單之畫面二

17. 修改快捷列中之 New 按鍵之本文爲“New File”，如圖 5.5.24 所示。

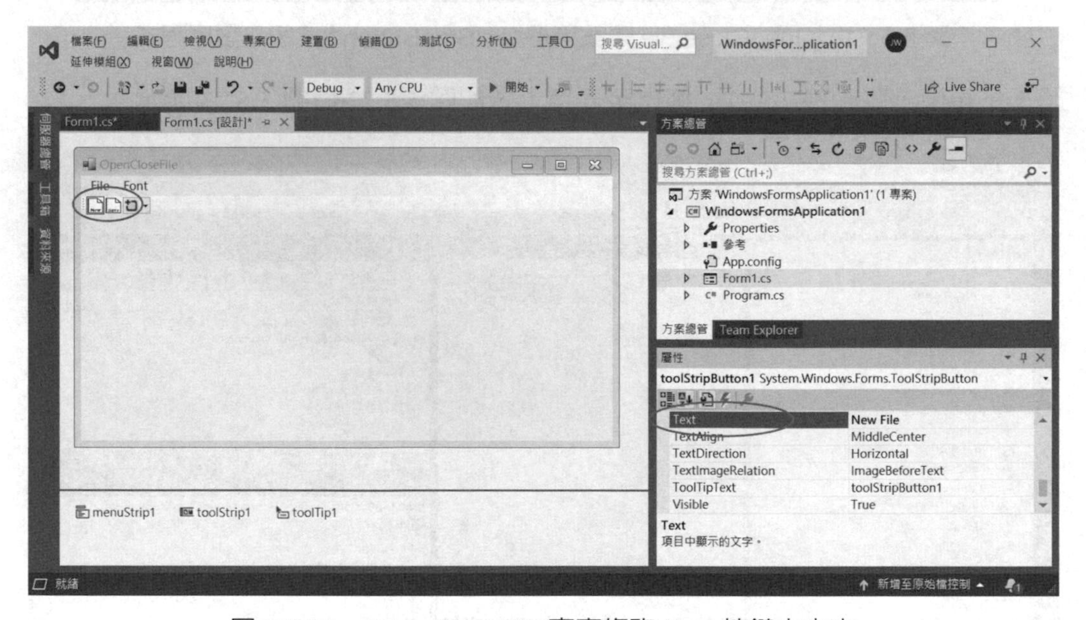

圖 5.5.24 OpenCloseFile 專案修改 New 按鍵之本文

18. 並將 toolTip1 之自動突顯延遲時間（AutoPopDelay），設定爲 5000 毫秒（ms，即 5 秒鐘），如圖 5.5.25 所示。

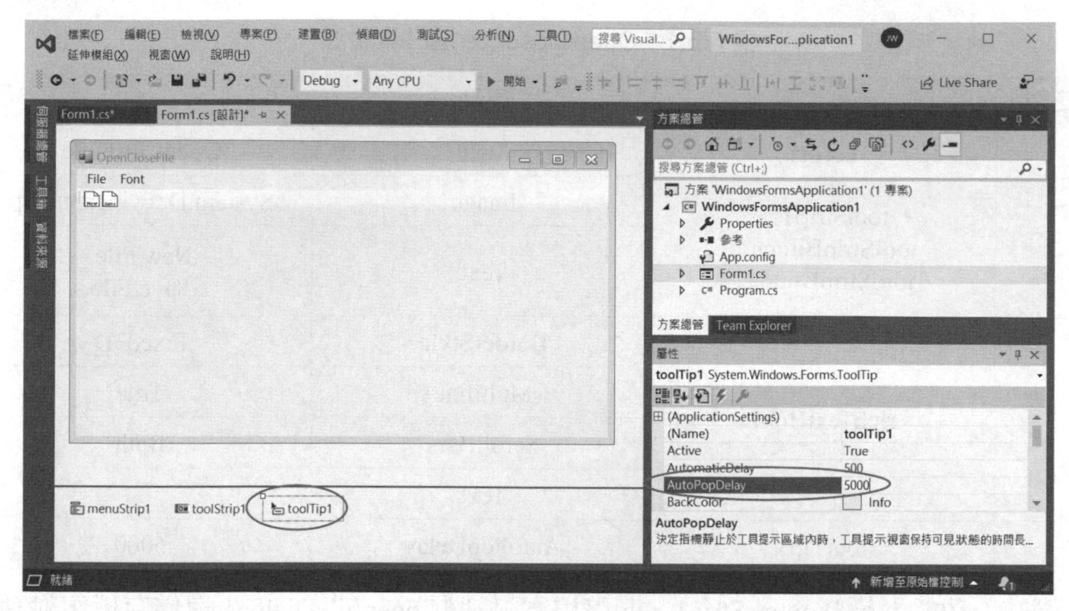

圖 5.5.25　OpenCloseFile 專案設定 toolTip1 之自動突顯延遲時間

19. 如此，於程式執行時，當滑鼠進入到快捷列中之 New 按鈕，則會於表單上，自動突顯 “New File” 字樣 5 秒鐘後又自動消失，如圖 5.5.26 所示。

圖 5.5.26　OpenCloseFile 專案執行時之自動突顯字樣

20, 可如法炮製快捷列中 Save 按鈕之功能。

21. 最後，再於工具箱中，將元件 FolderBrowserDialog、OpenFileDialog、與 SaveFileDialog 拖曳至表單上，則大功告成。

★屬性彙整表

1. 各元件需修改之屬性，彙整如表 5.5.1。

表 5.5.1 OpenCloseFile 屬性彙整表

項次	元件名稱	屬性	值
1	Form1	Text	OpenCloseFile
2	toolStrip1-> toolStripButton1, toolStripButton2	Image	System.Drawing.Bitmap
		Text	New File, Save File
3	richTextBox1	BorderStyle	Fixed3D
		Multiline	True
		ScrollBars	Both
		Text	
4	toolTip1	AutoPopDelay	5000

備註：功能表橫條 menuStrip1、開啓檔案對話框 openFileDialog1 與儲存檔案對話框 saveFileDialog1 的屬性皆爲原來之內定值。

2. 各元件需處理的事件，彙整如表 5.5.2。

表 5.5.2 OpenCloseFile 事件彙整表

項次	元件名稱	事件名稱	對應程式
1	Form1	Load	Form1_Load
2	newToolStripMenuItem toolStripButton1	Click	newToolStripMenuItem _Click
3	openToolStripMenuItem	Click	openToolStripMenuItem _Click
4	saveToolStripMenuItem toolStripButton2	Click	saveToolStripMenuItem _Click
5	saveAsToolStripMenuItem	Click	saveAsToolStripMenuItem _Click
6	exitToolStripMenuItem	Click	exitToolStripMenuItem _Click
7	toolStripMenuItemSize10 toolStripMenuItemSize12 toolStripMenuItemSize14 toolStripMenuItemSize16 toolStripMenuItemSize18 toolStripMenuItemSize20	Click	toolStripMenuItem_Click

項次	元件名稱	事件名稱	對應程式
8	boldToolStripMenuItem	Click	boldToolStripMenuItem_Click
9	italicToolStripMenuItem	Click	italicToolStripMenuItem_Click
10	strikeoutToolStripMenuItem	Click	strikeoutToolStripMenuItem_Click
11	underlinedToolStripMenuItem	Click	underlinedToolStripMenuItem_Click
12	fontToolStripMenuItem	Click	fontToolStripMenuItem_Paint

註解：項次 7 為使用不同元件共享同一事件之方法（請參考 ShowNameWithMultiButtons 程式）。

★程式碼

```
1   namespace OpenCloseFile
2   {
3       public partial class Form1 : Form
4       {
5           string filename = ""; // 設定檔案名稱爲空字串
6           Font currentFontStyle; // 目前的字型
7           ToolStripMenuItem[] items;
8
9           public Form1()
10          {
11              InitializeComponent();
12              Text = " OpenCloseFile ";
13          }
14
15          private void Form1_Load(object sender, EventArgs e)
16          { // 將工具橫條之字體大小功能表設定爲陣列
17          items = new ToolStripMenuItem[] {
                toolStripMenuItemSize10, toolStripMenuItemSize12,
                toolStripMenuItemSize14, toolStripMenuItemSize16,
                toolStripMenuItemSize18, toolStripMenuItemSize20 };
18          }
19
20          private void newToolStripMenuItem_Click(object sender,
    EventArgs e)
21          { // 若檔案名稱爲空字串或文字盒內已有文字，則做存儲檔案之詢答
22            if ((filename != "") || (richTextBox1.Text != ""))
23            {
```

```
24              DialogResult result = MessageBox.Show("Save
    the editing file?", "Save file?", MessageBoxButtons.YesNo,
    MessageBoxIcon.Warning);
25              if (result == DialogResult.Yes) // 當詢答為“是”
26              { // 開啓訊流書寫器
27                  StreamWriter sw = new StreamWriter(filename);
28                  sw.Write(richTextBox1.Text); // 寫入檔案
29                  sw.Flush(); // 清空訊流書寫器
30                  sw.Close(); // 關閉訊流書寫器
31                  MessageBox.Show("File saved!"); // 顯示存檔完畢
32              }
33          }
34          richTextBox1.Text = "";
35          filename = "";
36          Text = " OpenCloseFile ";
37      }
38
39      private void openToolStripMenuItem_Click(object sender,
    EventArgs e)
40      {
41          if (filename != "")
42          {
43              DialogResult result = MessageBox.Show("Save
    the editing file?", "Save file?", MessageBoxButtons.YesNo,
    MessageBoxIcon.Warning);
44              if (result == DialogResult.Yes)
45              {
46                  StreamWriter sw = new StreamWriter(filename);
47                  sw.Write(richTextBox1.Text);
48                  sw.Flush();
49                  sw.Close();
50                  MessageBox.Show("File saved!");
51              }
52          }
53          if (openFileDialog1.ShowDialog() == DialogResult.OK) //
    當開啓檔案對話框之詢答結果為“OK”
54          { // 開啓訊流讀取器
55              StreamReader sr = new StreamReader(openFileDialog1.
    FileName, Encoding.Default);
56              richTextBox1.Text = sr.ReadToEnd(); // 讀取檔案至尾端
57              filename = openFileDialog1.FileName; // 檔案名稱為開啓
    檔案對話框所輸入之檔案名稱
```

```
58                 sr.Close(); //關閉訊流讀取器
59             }
60             Text = " OpenCloseFile " + "--" + filename;
61         }
62 
63         private void saveToolStripMenuItem_Click(object sender,
   EventArgs e)
64         {
65             if (filename == "")
66             {
67                 if (saveFileDialog1.ShowDialog() == DialogResult.OK)
68                 {
69                     filename = saveFileDialog1.FileName;
70                     StreamWriter sw = new StreamWriter(filename);
71                     sw.Write(richTextBox1.Text);
72                     sw.Flush();
73                     sw.Close();
74                     MessageBox.Show("File saved!");
75                 }
76             }
77             else
78             {
79                 StreamWriter sw = new StreamWriter(filename);
80                 sw.Write(richTextBox1.Text);
81                 sw.Flush();
82                 sw.Close();
83             }
84             Text = " OpenCloseFile " + "--" + filename;
85         }
86 
87         private void saveAsToolStripMenuItem_Click(object sender,
   EventArgs e)
88         {
89             if (saveFileDialog1.ShowDialog() == DialogResult.OK)
90             {
91                 StreamWriter sw = new StreamWriter(saveFileDialog1.
   FileName);
92                 filename = saveFileDialog1.FileName;
93                 sw.Write(richTextBox1.Text);
94                 sw.Flush();
95                 sw.Close();
96             }
```

```
97              Text = " OpenCloseFile " + "--" + filename;
98          }
99
100         private void exitToolStripMenuItem_Click(object sender,
EventArgs e)
101         {
102             if (filename != "") //若檔案名稱不為空字串
103             { //詢問是否要儲存檔案
104                 DialogResult result = MessageBox.Show("Save
the editing file?", "Save file?", MessageBoxButtons.YesNo,
MessageBoxIcon.Warning);
105                 if (result == DialogResult.Yes)
106                 {
107                     StreamWriter sw = new StreamWriter(filename);
108                     sw.Write(richTextBox1.Text);
109                     sw.Flush();
110                     sw.Close();
111                     MessageBox.Show("File saved!");
112                 }
113             }
114             Application.Exit(); //離開應用程式
115         }
116
117         private void italicToolStripMenuItem_Click(object sender,
EventArgs e)
118         {
119             currentFontStyle = richTextBox1.SelectionFont; //由多彩
文字盒選擇的字型設定為目前的字型
120             richTextBox1.SelectionFont = new Font(richTextBox1.
SelectionFont, richTextBox1.SelectionFont.Style ^ FontStyle.
Italic); //將多彩文字盒原先選擇的字型與斜體字型做互斥或之運算
121         }
122
123         private void boldToolStripMenuItem_Click(object sender,
EventArgs e)
124         {
125             currentFontStyle = richTextBox1.SelectionFont;
126             richTextBox1.SelectionFont = new Font(richTextBox1.
SelectionFont, richTextBox1.SelectionFont.Style ^ FontStyle.
Bold); //將多彩文字盒原先選擇的字型與粗體字型做互斥或之運算
127     }
128
```

```
129         private void strikeoutToolStripMenuItem_Click(object sender,
    EventArgs e)
130         {
131             currentFontStyle = richTextBox1.SelectionFont;
132             richTextBox1.SelectionFont = new Font(richTextBox1.
    SelectionFont, richTextBox1.SelectionFont.Style ^ FontStyle.Strikeout);
    //將多彩文字盒原先選擇的字型與加刪除線字型做互斥或之運算
133         }
134
135         private void underlinedToolStripMenuItem_Click(object sender,
    EventArgs e)
136         {
137             currentFontStyle = richTextBox1.SelectionFont;
138             richTextBox1.SelectionFont = new Font(richTextBox1.
    SelectionFont, richTextBox1.SelectionFont.Style ^ FontStyle.Underline);
    //將多彩文字盒原先選擇的字型與加底線字型做互斥或之運算
139         }
140
141         private void fontToolStripMenuItem_Paint(object sender,
    PaintEventArgs e)
142         { //若於多彩文字盒內所選擇的字串長度大於0
143             if (richTextBox1.SelectedText.Length > 0)
144             { //呼叫清除功能表項目之勾選
145                 clearMenus(fontToolStripMenuItem.DropDown.Items);
146                 if ((richTextBox1.SelectionFont.Style & FontStyle.Bold) >
    0) //若於多彩文字盒內所選擇的字型爲粗體字
147                     boldToolStripMenuItem.Checked = true; //則將工具橫條功能
    表之粗體字項目打勾
148                 if ((richTextBox1.SelectionFont.Style & FontStyle.
    Strikeout) > 0) //若於多彩文字盒內所選擇的字型爲加刪除線
149                     strikeoutToolStripMenuItem.Checked = true; //則將工具橫
    條功能表之加刪除線項目打勾
150                 if ((richTextBox1.SelectionFont.Style & FontStyle.
    Underline) > 0) //若於多彩文字盒內所選擇的字型爲加底線
151                     underlinedToolStripMenuItem.Checked = true; //則將工具
    橫條功能表之加底線項目打勾
152                 if ((richTextBox1.SelectionFont.Style & FontStyle.Italic)
    > 0) //若於多彩文字盒內所選擇的字型爲斜體字
153                     italicToolStripMenuItem.Checked = true; //則將工具橫條
    功能表之斜體字項目打勾
154             }
155         }
```

```
156
157         private void clearMenus(ToolStripItemCollection items) // 清除功能表項目之勾選
158         {  // 使用 foreach 迴圈，清除所有功能表項目之勾選
159             foreach (ToolStripMenuItem item in items)
160             {
161                 item.Checked = false;
162                 clearMenus(item.DropDown.Items); // 以遞迴性之呼叫法，清除子功能表項目之勾選
163             }
164         }
165
166         private void toolStripMenuItem_Click(object sender, EventArgs e) // 選擇字體大小
167         {
168             int i;
169             float fontSize;
170             for (i = 0; i < items.Length; i++) // 清除所有字體大小功能表項目之勾選
171                 items[i].Checked = false;
172             for (i = 0; i < items.Length; i++) // 尋找所選擇之字體大小功能表項目
173                 if (sender == items[i]) break;
174             items[i].Checked = true; // 將該字體大小功能表項目打勾
175             fontSize = 10.0F + i * 2.0F; // 設定該字體大小
176             richTextBox1.SelectionFont = new Font(richTextBox1.SelectionFont.SystemFontName, fontSize, richTextBox1.SelectionFont.Style); // 將該字體大小呈現於多彩文字盒
177         }
178     }
179 }
```

★ 執行結果

程式執行之起始畫面如圖 5.5.27，專案執行中開啓檔案之畫面如圖 5.5.28、圖 5.5.29、圖 5.5.30、與圖 5.5.31（注意：檔案開啓後，其路徑與檔案名稱，會顯示於表單之本文處），儲存檔案之畫面如圖 5.5.32、圖 5.5.33、圖 5.5.34、與圖 5.5.35（注意：檔案名稱已更新），變更字型與字體大小之畫面如圖 5.5.36、圖 5.5.37、圖 5.5.38、圖 5.5.39、圖 5.5.40、與圖 5.5.41。

圖 5.5.27　OpenCloseFile 專案執行之起始畫面

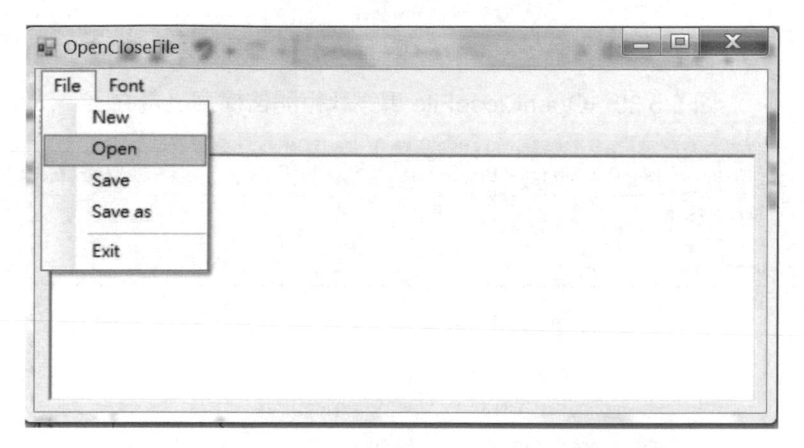

圖 5.5.28　OpenCloseFile 專案執行開啓檔案之畫面一

圖 5.5.29　OpenCloseFile 專案執行開啓檔案之畫面二

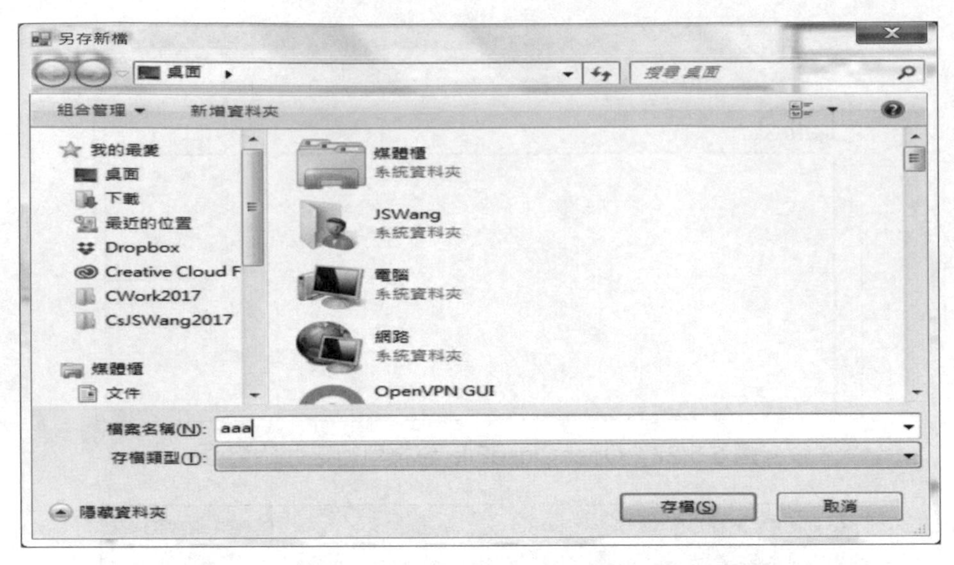

圖 5.5.30　OpenCloseFile 專案執行開啓檔案之畫面三

圖 5.5.31　OpenCloseFile 專案執行開啓檔案之畫面四

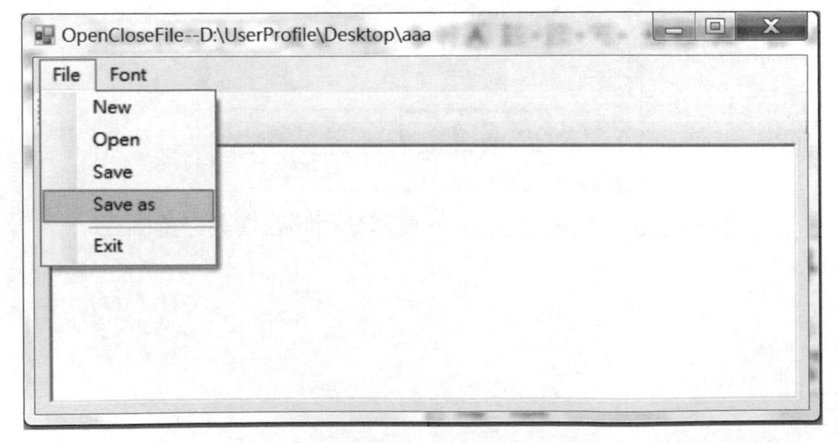

圖 5.5.32　OpenCloseFile 專案執行儲存檔案之畫面一

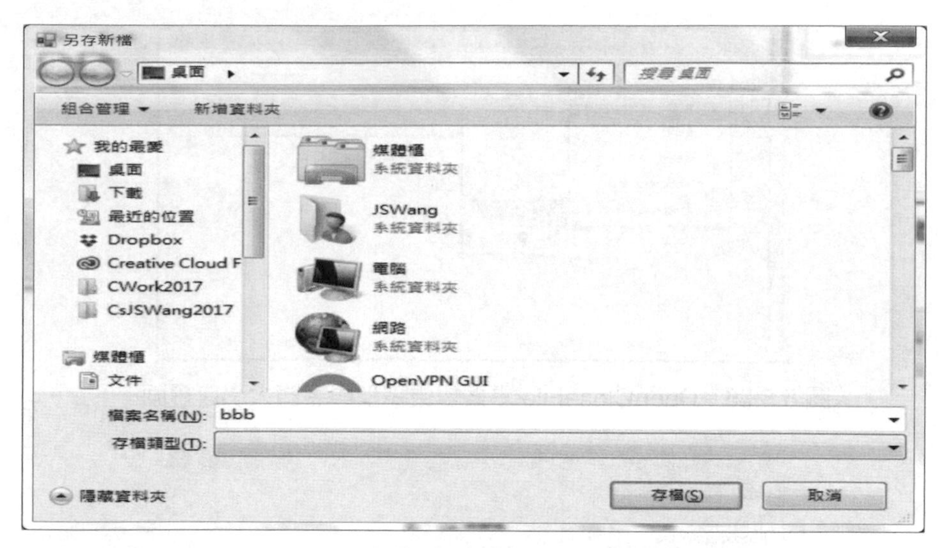

圖 5.5.33　OpenCloseFile 專案執行儲存檔案之畫面二

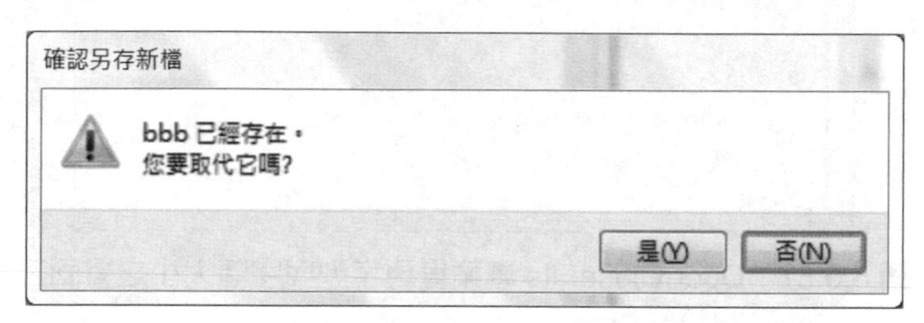

圖 5.5.34　OpenCloseFile 專案執行儲存檔案之畫面三

圖 5.5.35　OpenCloseFile 專案執行儲存檔案之畫面四

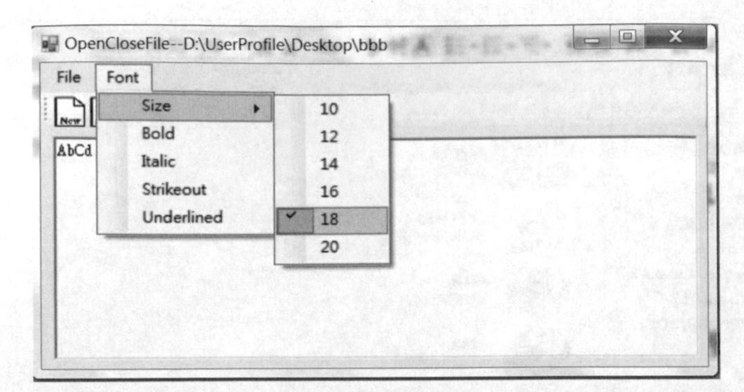

圖 5.5.36 OpenCloseFile 專案變更字型與字體大小之畫面一

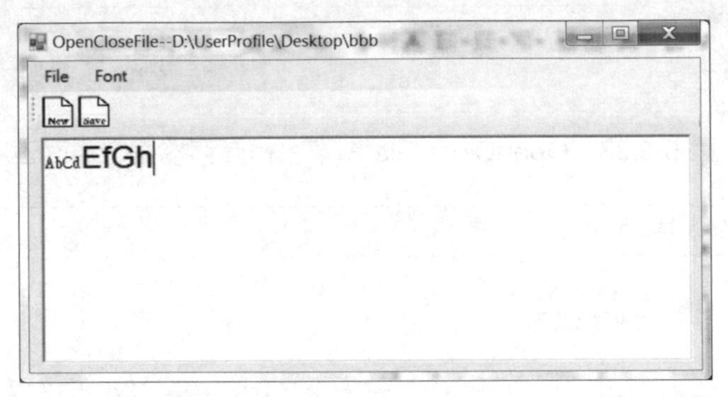

圖 5.5.37 OpenCloseFile 專案變更字型與字體大小之畫面二

圖 5.5.38 OpenCloseFile 專案變更字型與字體大小之畫面三

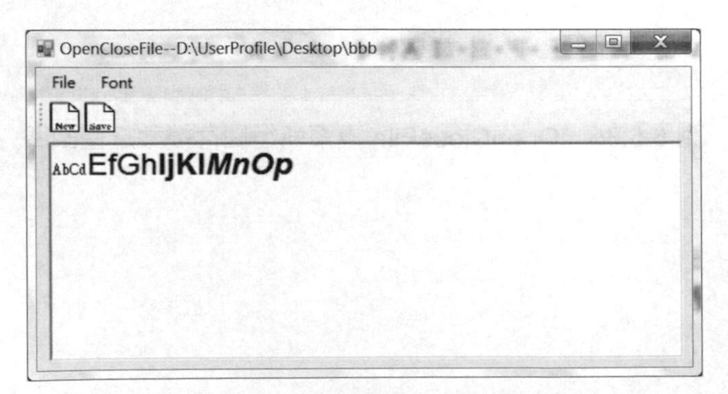

圖 5.5.39 OpenCloseFile 專案變更字型與字體大小之畫面四

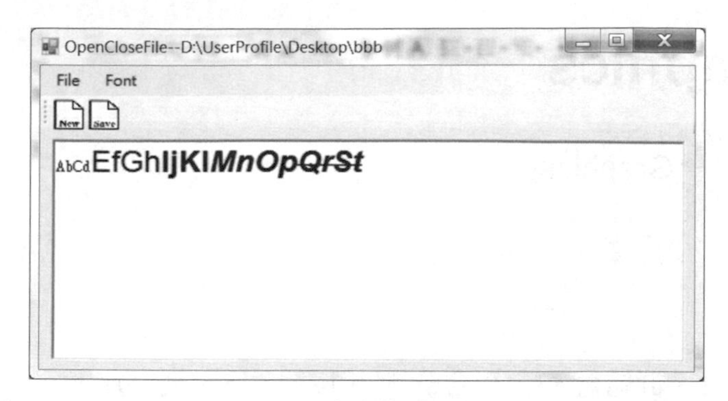

圖 5.5.40 OpenCloseFile 專案變更字型與字體大小之畫面五

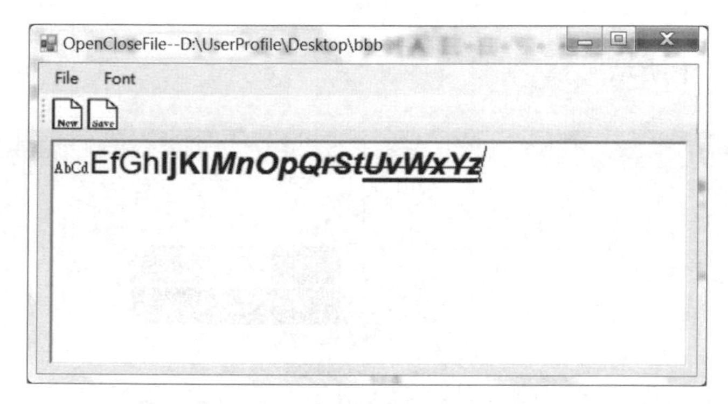

圖 5.5.41 OpenCloseFile 專案變更字型與字體大小之畫面六

★ 程式說明

1. 第 22 行中之「||」代表「邏輯或」之運算。
2. 第 24 行 MessageBox.Show 之格式爲 (詢答之題目 , 訊息盒表單之本文 , 訊息盒按鈕之格式 , 訊息盒之圖示爲警告圖示)。
3. 第 126 行中之「^」代表「邏輯互斥或」之運算（參考表 5.5.3），即 richTextBox1.SelectionFont.Style ^ FontStyle.Bold 是將多彩文字盒原先選擇的字型與粗體字型做互斥或之運算，其結果如表所示（若原先爲正常字顯示，當選取粗體字時，則呈現粗體字之結果；反之，若原先爲粗體字顯示，當再選取粗體字時，則呈現正常字之結果）。

表 5.5.3 邏輯互斥或之運算

項次	原先值	現選值	結果
1	Normal	Bold	Bold
2	Bold	Bold	Normal

5.6 Graphics

範例 5-6 ── Graphics

說明 繪圖程式（小畫家）。

★ 使用元件

表單 *1、圖像盒 *1、群組盒 *3、組合盒 *1、按鈕 *15、文字盒 *1。

★ 專案配置

專案之配置如圖 5.6.1 所示。

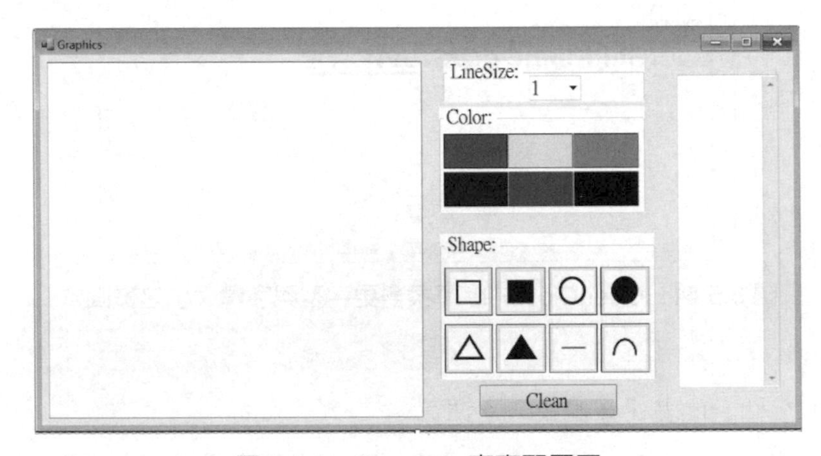

圖 5.6.1 Graphics 專案配置圖

★ 屬性彙整表

1. 各元件需修改之屬性，彙整如表 5.6.1。

表 5.6.1 Graphics 屬性彙整表

項次	元件名稱	屬性	值
1	Form1	Text	Graphics
2	pictureBox1	BackColor	White
		BorderStyle	FixedSingle
3,4,5	groupBox1,2,3	BackColor	White
		Font	16
		Text	LineSize:, Color:, Shape:

<table>
<tr><th>項次</th><th>元件名稱</th><th>屬性</th><th>值</th></tr>
<tr><td rowspan="3">6</td><td rowspan="3">comboBox1</td><td>Font</td><td>16</td></tr>
<tr><td>Items</td><td>1
2
3
4
5
6</td></tr>
<tr><td>Text</td><td>1</td></tr>
<tr><td rowspan="2">7,8,9,
10,11,12</td><td rowspan="2">button1,
2,3,4,5,6</td><td>BackColor</td><td>Red, Yellow, Green,
Blue, Fuchsia, Black</td></tr>
<tr><td>FlatStyle</td><td>Flat</td></tr>
<tr><td rowspan="3">13,14,15,16,
17,18,19,20</td><td rowspan="3">button7,8,9,
10,11,12,13,14</td><td>FlatStyle</td><td>Flat</td></tr>
<tr><td>Image</td><td>System Drawing Bitmap</td></tr>
<tr><td>Tag</td><td>Rectangle,FilledRectangle,
Circle, FilledCircle,
Triangle, FilledTriangle,
Line, Arc</td></tr>
<tr><td rowspan="3">21</td><td rowspan="3">button15</td><td>(Name)</td><td>cleanBTN</td></tr>
<tr><td>Font</td><td>16</td></tr>
<tr><td>Text</td><td>Clean</td></tr>
<tr><td rowspan="4">22</td><td rowspan="4">textBox1</td><td>(Name)</td><td>msgTB</td></tr>
<tr><td>Multiline</td><td>True</td></tr>
<tr><td>ScrollBars</td><td>Both</td></tr>
<tr><td>Text</td><td></td></tr>
</table>

2. 各元件需處理的事件，彙整如表 5.6.2。

表 5.6.2 Graphics 事件彙整表

項次	元件名稱	事件名稱	對應程式
1	Form1	Load	Form1_Load
2	comboBox1	SelectedIndexChanged	comboBox1_SelectedIndexChanged
3	pictureBox1	MouseDown	pictureBox1_MouseDown
4		MouseUp	pictureBox1_MouseUp
5		MouseMove	pictureBox1_MouseMove
6		Paint	pictureBox1_Paint
7	button1, 2,3,4,5,6	Click	colorButtons_Click
8	button7,8,9, 10,11,12,13,14	Click	shapeButtons_Click
9	cleanBTN	Click	cleanBTN_Click

註解：項次 7 與項次 8 為使用不同元件共享同一事件之方法（請參考 ShowNameWithMultiButtons 程式）。

★ 程式碼

```
1   namespace Graphics
2   {
3       public partial class Form1 : Form
4       {
5           Graphics g;
6           String currShape; // 目前的圖樣
7           List<List<object>> shapes = new List<List<object>>(); //
    圖樣列表
8           Point[] tmpPoint;
9           Button[] shapeBTN;
10          String[] shapeStyle;
11          int[] penSize; // 線條尺寸
12          Color[] color;
13          Color currColor; // 目前的顏色
14          int currSize; // 目前的線條尺寸
15          bool painting = false;
```

```
16
17        public Form1()
18        {
19        InitializeComponent();
20        }
21
22        private void Form1_Load(object sender, EventArgs e)
23        {
24          msgTB.Text = "\r\n========";
25          shapeBTN = new Button[] { button7, button8, button9,
   button10, button11, button12, button13, button14 }; //將圖樣按鈕設
   定為陣列
26          shapeStyle = new String[] { "Rectangle", "FilledRectangle",
   "Circle", "FilledCircle",  "Triangle", "FilledTriangle","Line",
   "Arc" }; //圖樣的字串
27          penSize = new int[] { 1, 2, 3, 4, 5, 6 }; //所有線條尺寸
28          color = new Color[] { Color.Red, Color.Yellow, Color.Lime,
   Color.Blue, Color.Fuchsia, Color.Black };//所有顏色
29          currSize = int.Parse(comboBox1.SelectedItem.ToString());
   //將組合盒所選擇的項目設定為目前的線條尺寸
30          currShape = shapeStyle[0]; //將長方形設定為目前的圖樣
31          currColor = color[0]; //將紅色設定為目前的顏色
32          button1.FlatAppearance.BorderColor = Color.Orange; //將邊
   框顏色設定為橘黃色
33          button1.FlatAppearance.BorderSize = 6; //將邊框線條尺寸設定
   為 6 點
34          button7.FlatAppearance.BorderColor = Color.Orange;
35          button7.FlatAppearance.BorderSize = 6;
36        }
37
38        private void comboBox1_SelectedIndexChanged(object sender,
   EventArgs e)
39        { //將組合盒所選擇的項目設定為目前的線條尺寸
40          currSize = int.Parse(comboBox1.SelectedItem.ToString());
41        }
42
43        private void pictureBox1_MouseDown(object sender,
   MouseEventArgs e) //當滑鼠按下所處理之事件
44        {
45          tmpPoint = new Point[2]; //設定暫存點為兩個點
46          tmpPoint[0].X = e.X; //第一點之橫坐標為滑鼠按下時之 x 值
```

```
47            tmpPoint[0].Y = e.Y; // 第一點之縱坐標爲滑鼠按下時之 Y 值
48            msgTB.Text = "\r\n Y1 = " + tmpPoint[0].Y.ToString() + "\
   r\n X1 = " + tmpPoint[0].X.ToString() + msgTB.Text;
49            painting = true; // 開始繪圖
50        }
51
52        private void pictureBox1_MouseUp(object sender,
   MouseEventArgs e) // 當滑鼠升起所處理之事件
53        {
54            painting = false; // 停止繪圖
55            tmpPoint[1] = new Point(e.X, e.Y); // 第二點之坐標爲滑鼠升起時
   之 X,Y 值
56            shapes.Add(new List<object>()); // 於圖樣列表中加入新項目
57            shapes[shapes.Count - 1].Add(currShape.ToString()); // 加入
   圖樣字串
58            shapes[shapes.Count - 1].Add(currColor); // 加入圖樣顏色
59            shapes[shapes.Count - 1].Add(currSize); // 加入圖樣線條尺寸
60            shapes[shapes.Count - 1].Add(tmpPoint); // 加入圖樣坐標點
61            msgTB.Text = "\r\n========\r\n Y2 = " + tmpPoint[1].
   Y.ToString() + "\r\n X2 = " + tmpPoint[1].X.ToString() + msgTB.Text;
62            this.Refresh(); // 刷新圖像盒
63        }
64
65        private void pictureBox1_MouseMove(object sender,
   MouseEventArgs e) // 當滑鼠移動所處理之事件
66        {
67            if (painting) // 若已開始繪圖
68            {
69                tmpPoint[1] = new Point(e.X, e.Y); // 則第二點之坐標爲滑
   鼠移動時之 X,Y 值
70                this.Refresh(); // 刷新圖像盒
71            }
72        }
73        // 圖像盒繪圖之處理事件
74        private void pictureBox1_Paint(object sender, PaintEventArgs e)
75        {
76            g = e.Graphics;
77            if (painting)
78            {
```

```
79                switch (currShape) //由目前的圖樣字串決定
80                {
81                    case "Rectangle": //若爲長方形
82                        drawRectangle(currColor, currSize, tmpPoint);
   //繪製長方形
83                        break; //暫離
84                    case "FilledRectangle": //若爲填滿的長方形
85                        drawFilledRectangle(currColor, currSize,
   tmpPoint);
86                        break;
87                    case "Triangle": //若爲三角形
88                        drawTriangle(currColor, currSize, tmpPoint);
89                        break;
90                    case "FilledTriangle": //若爲填滿的三角形
91                        drawFilledTriangle(currColor, currSize,
   tmpPoint);
92                        break;
93                    case "Circle": //若爲圓形
94                        drawCircle(currColor, currSize, tmpPoint);
95                        break;
96                    case "FilledCircle": //若爲填滿的圓形
97                        drawFilledCircle(currColor, currSize,
   tmpPoint);
98                        break;
99                    case "Line": //若爲直線條
100                       drawLine(currColor, currSize, tmpPoint);
101                       break;
102                   case "Arc": //若爲弧線條
103                       drawArc(currColor, currSize, tmpPoint);
104                       break;
105               }
106           }
107           foreach (List<object> item in shapes) //重新繪製列表中所有的圖樣
108           {
109               switch (item[0].ToString())
110               {
111                   case "Circle":
112                       drawCircle((Color)item[1], (int)item[2],
   (Point[])item[3]);
113                       break;
```

```
114                     case "FilledCircle":
115                         drawFilledCircle((Color)item[1], (int)
    item[2], (Point[])item[3]);
116                         break;
117                     case "Triangle":
118                         drawTriangle((Color)item[1], (int)item[2],
    (Point[])item[3]);
119                         break;
120                     case "FilledTriangle":
121                         drawFilledTriangle((Color)item[1], (int)
    item[2], (Point[])item[3]);
122                         break;
123                     case "Rectangle":
124                         drawRectangle((Color)item[1], (int)item[2],
    (Point[])item[3]);
125                         break;
126                     case "FilledRectangle":
127                         drawFilledRectangle((Color)item[1], (int)
    item[2], (Point[])item[3]);
128                         break;
129                     case "Line":
130                         drawLine((Color)item[1], (int)item[2],
    (Point[])item[3]);
131                         break;
132                     case "Arc":
133                         drawArc((Color)item[1], (int)item[2],
    (Point[])item[3]);
134                         break;
135                 }
136             }
137         }
138 
139         private void resetButtonStyle() // 重置按鈕款式
140         { // 處理群組盒 3 中的圖樣按鈕
141             foreach (Button btn in groupBox3.Controls) // 對所有於群組盒
    3 中的圖樣按鈕
142             {
143                 if (btn.Tag.Equals(currShape)) // 若按鈕的標籤與目前圖樣字
    串相同
144                 {
```

```
145                     btn.FlatAppearance.BorderColor = Color.Orange; //
    將其邊框顏色設定爲橘黃色
146                     btn.FlatAppearance.BorderSize = 6; // 並將邊框線條尺
    寸設定爲 6 點
147                 }
148                 else
149                 {
150                     btn.FlatAppearance.BorderColor = Color.Black; //
    其餘者的邊框顏色設定爲黑色
151                     btn.FlatAppearance.BorderSize = 1; // 其餘者的邊框線
    條尺寸設定爲 1 點
152                 }
153             } // 處理群組盒 2 中的顏色按鈕
154             foreach (Button btn in groupBox2.Controls) // 對所有於群組盒
    2 中的顏色按鈕
155             {
156                 if (btn.BackColor == currColor) // 若按鈕的背景顏色與目前
    顏色相同
157                 {
158                     btn.FlatAppearance.BorderColor = Color.Orange;
159                     btn.FlatAppearance.BorderSize = 6;
160                 }
161                 else
162                 {
163                     btn.FlatAppearance.BorderColor = Color.Black;
164                     btn.FlatAppearance.BorderSize = 1;
165                 }
166             }
167         }
168
169         private void colorButtons_Click(object sender, EventArgs e)
170         {
171             Button tmp = (Button)sender; // 強行將派送者塑模成按鈕元件
172             currColor = tmp.BackColor;
173             resetButtonStyle(); // 重置按鈕款式
174         }
175
176         private void shapeButtons_Click(object sender, EventArgs e)
177         {
178             Button tmp = (Button)sender;
179             int i = 0; // 尋找是何種圖樣
```

```
180          while (i < shapeBTN.Length && !tmp.Equals(shapeBTN[i])) i++;
181          currShape = shapeStyle[i];
182          resetButtonStyle(); //重置按鈕款式
183        }
184
185        private void cleanBTN_Click(object sender, EventArgs e)
186        {
187          shapes = new List<List<object>>(); //將列表歸零
188          this.Refresh();
189          msgTB.Text = "";
190        }
191       //繪製長方形
192        private void drawRectangle(Color color, int currSize,
     Point[] point)
193        {
194          Rectangle rect;
195          int Xdifference = Math.Abs(point[1].X - point[0].X); //兩點
     間橫坐標差之絕對值
196          int Ydifference = Math.Abs(point[1].Y - point[0].Y); //兩點
     間縱坐標差之絕對值
197          if (point[1].X > point[0].X && point[1].Y > point[0].
     Y) rect = new Rectangle(point[0].X, point[0].Y, Xdifference,
     Ydifference); //繪第四象限之圖
198          else if (point[1].X > point[0].X && point[1].Y < point[0].
     Y) rect = new Rectangle(point[0].X, point[1].Y, Xdifference,
     Ydifference); //繪第一象限之圖
199                else if (point[1].X < point[0].X && point[1].
     Y > point[0].Y) rect = new Rectangle(point[1].X, point[0].Y,
     Xdifference, Ydifference); //繪第三象限之圖
200                      else rect = new Rectangle(point[1].X, point[1].Y,
     Xdifference, Ydifference); //繪第二象限之圖
201          g.DrawRectangle(new Pen(color, currSize), rect); //使用畫
     筆繪製長方形
202        }
203
204        private void drawFilledRectangle(Color color, int currSize,
     Point[] point)
205        {
206          Rectangle rect;
207          int Xdifference = Math.Abs(point[1].X - point[0].X);
208          int Ydifference = Math.Abs(point[1].Y - point[0].Y);
```

```
209            if (point[1].X > point[0].X && point[1].Y > point[0].Y)
     rect = new Rectangle(point[0].X, point[0].Y, Xdifference, Ydifference);
210           else if (point[1].X > point[0].X && point[1].Y < point[0].Y)
     rect = new Rectangle(point[0].X, point[1].Y, Xdifference, Ydifference);
211               else if (point[1].X < point[0].X && point[1].Y > point[0].Y)
     rect = new Rectangle(point[1].X, point[0].Y, Xdifference, Ydifference);
212                    else rect = new Rectangle(point[1].X, point[1].Y,
     Xdifference, Ydifference);
213            g.FillRectangle(new SolidBrush(color), rect); //使用實心刷
     子畫筆繪製填滿的長方形
214          }
215          //繪製三角形
216          private void drawTriangle(Color color, int currSize, Point[] point)
217          { //三角形頂點之橫座標 = 第一點之橫座標 + 兩點橫座標之平均值
218            Point a = new Point((point[1].X - point[0].X) / 2 +
     point[0].X, point[0].Y);
219            Point b = new Point(point[0].X, point[1].Y);
220            Point c = new Point(point[1].X, point[1].Y);
221            Point[] triangle = { a, b, c };
222            g.DrawPolygon(new Pen(color, currSize), triangle); //使用
     繪製多邊形的方法繪製三角形
223          }
224
225          private void drawFilledTriangle(Color color, int currSize,
     Point[] point)
226          {
227            Point a = new Point((point[1].X - point[0].X) / 2 +
     point[0].X, point[0].Y);
228            Point b = new Point(point[0].X, point[1].Y);
229            Point c = new Point(point[1].X, point[1].Y);
230            Point[] triangle = { a, b, c };
231            g.FillPolygon(new SolidBrush(color), triangle);
232          }
233          //繪製圓形
234          private void drawCircle(Color color, int currSize, Point[] point)
235          { //使用繪製橢圓形的方法繪製圓形
236            g. DrawEllipse (new Pen(color, currSize), point[0].X,
     point[0].Y, point[1].X - point[0].X, point[1].Y - point[0].Y);
237          }
238
```

```
239        private void drawFilledCircle(Color color, int currSize,
    Point[] point)
240        {
241          g.FillEllipse(new SolidBrush(color), point[0].X, point[0].Y,
    point[1].X - point[0].X, point[1].Y - point[0].Y);
242        }
243        //繪製直線
244        private void drawLine(Color color, int currSize, Point[] point)
245        {
246          g.DrawLine(new Pen(color, currSize), point[0].X, point[0].Y,
    point[1].X, point[1].Y);
247        }
248        //繪製弧線
249        private void drawArc(Color color, int currSize, Point[] point)
250        {
251          Rectangle rect;
252          int degree;
253          int Xdifference = Math.Abs(point[1].X - point[0].X);
254          int Ydifference = Math.Abs(point[1].Y - point[0].Y);
255          if (point[1].X > point[0].X && point[1].Y > point[0].Y)
256          { //繪第四象限之圖
257              rect = new Rectangle(point[0].X, point[0].Y, Xdifference,
    Ydifference);
258              degree = 180;
259          }
260          else if (point[1].X > point[0].X && point[1].Y < point[0].Y)
261              { //繪第一象限之圖
262                rect = new Rectangle(point[0].X, point[1].Y, Xdifference,
    Ydifference);
263                degree = -180;
264              }
265              else if (point[1].X < point[0].X && point[1].Y > point[0].Y)
266                { //繪第三象限之圖
267                  rect = new Rectangle(point[1].X, point[0].Y,
    Xdifference, Ydifference);
268                  degree = 180;
269                }
270                else
271                { //繪第二象限之圖
```

```
272                     rect = new Rectangle(point[1].X, point[1].Y,
Xdifference, Ydifference);
273                      degree = -180;
274                  }
275             if (Xdifference > 0 && Ydifference > 0)
276                 g.DrawArc(new Pen(color, currSize), rect, 0,
degree);
277         }
278     }
279 }
```

★ 執行結果

程式執行之起始畫面如圖 5.6.2，專案執行中繪圖之畫面如圖 5.6.3 與圖 5.6.4，重置後之畫面如圖 5.6.5 所示。

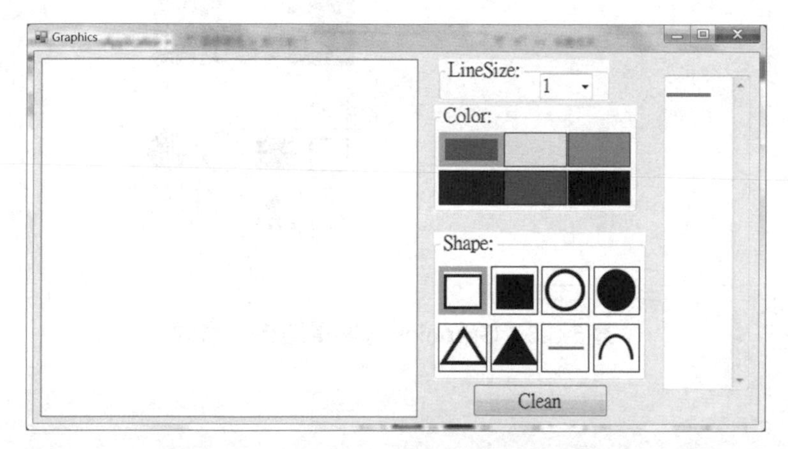

圖 5.6.2 Graphics 專案執行之起始畫面

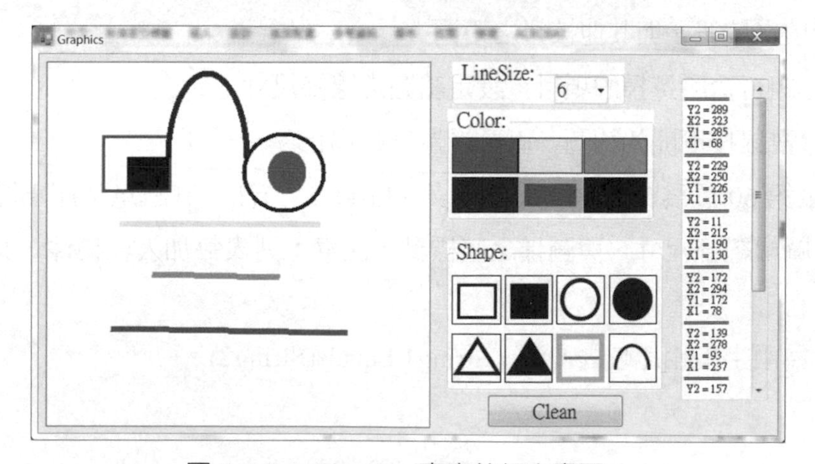

圖 5.6.3 Graphics 專案執行之畫面一

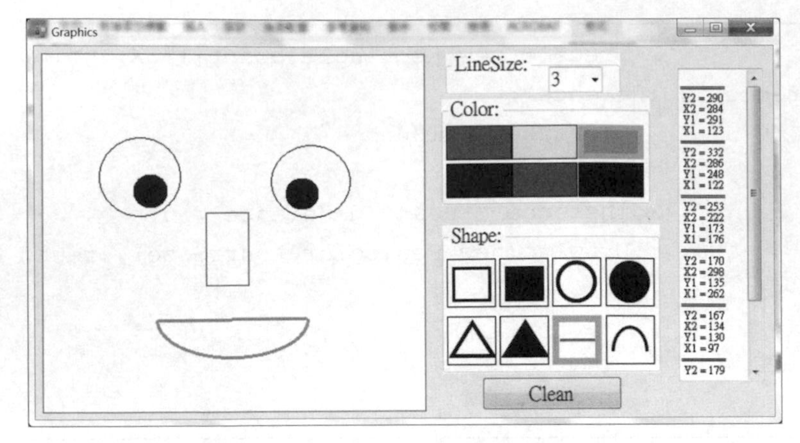

圖 5.6.4 Graphics 專案執行之畫面二

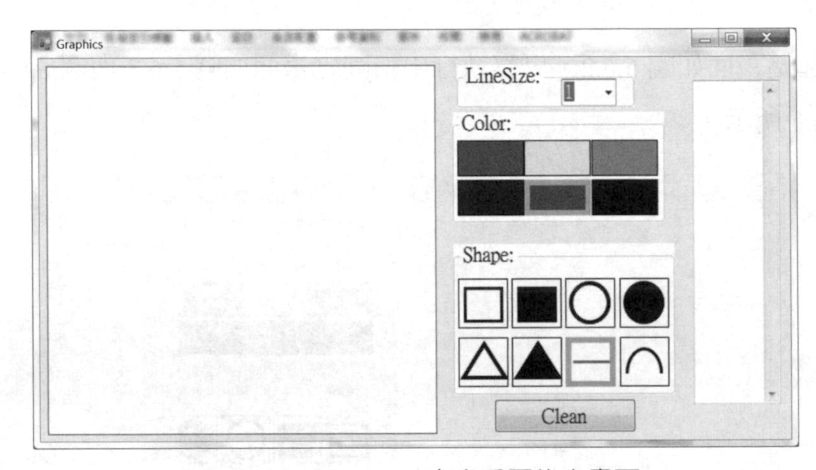

圖 5.6.5 Graphics 專案重置後之畫面

★ 程式說明

1. 第 32 與 33 行中，將按鈕設為橘黃色之邊框，並將邊框線條尺寸設定為 6 點，以示區分目前選項之按鈕，與其他按鈕之不同。
2. 第 40 行由組合盒所選擇的項目，設定繪圖之線條尺寸。
3. 第 49 行當滑鼠按下開始繪圖，直至滑鼠升起為止。
4. 第 56 行至第 60 行為將物件加入至列表（List）之方法，其訊息依序為圖樣字串、圖樣顏色、圖樣線條尺寸、與圖樣之座標點。注意：列表每加入一物件，其計數器之值減一。
5. 第 143 行為兩字串相比較之方法：String1.Equals(String2)。

6. 第 179 行與第 180 行爲尋找是何種圖樣的方法：while (i < shapeBTN.Length && !tmp.Equals(shapeBTN[i])) i++，先將索引定爲 0，當索引小於陣列長度，且索引所對應之陣列元素非所求時，索引值進位，直至找到爲止。
7. 第 187 行爲將列表物件歸零的方法，只需重新 New 一下即可。
8. 第 195 行至第 200 行爲於不同象限繪製長方形之法，共有四個象限，皆可繪製長方形。
9. 注意：第 201 行爲使用畫筆繪製長方形，故需註明畫筆之線條尺寸，而於第 213 行爲使用實心刷子畫筆繪製填滿的長方形，故無需註明線條尺寸。
10. 第 218 行當繪製三角形圖形時，其頂點之橫座標 = 第一點之橫座標 + 兩點橫座標之平均值。
11. 第 222 行爲使用繪製多邊形的方法繪製三角形，因爲三角形是多邊形的一種圖形。
12. 第 236 行爲使用繪製橢圓形的方法繪製圓形，因爲只要將橢圓形的長短軸，設定爲相同的長度，則橢圓形即成爲圓形。
13. 注意：第 255 行至第 274 行說明繪製弧線，亦有四個象限繪製法。

5.7 自我練習

1. 請將範例 5-1 的程式修改為：無論帳號、密碼或驗證碼，只要任何一項輸入三次錯誤，程式立刻停止執行（即關閉視窗）。
2. 請於範例 5-4 程式中，增加數個按鈕，用以執行其他如工程型計算器之運算，諸如：平方、立方、開平方根、開立方根、正弦、餘弦、記憶等功能。
3. 請於範例 5-5 程式之快捷列中，增加一個工具橫條按鈕，用以執行其另存新檔之功能。
4. 請於範例 5-6 程式中，增加另兩種顏色之按鈕。

06 資料庫

本章是以 C# 程式爲例，建立本地端 Microsoft SQL Server 資料庫檔案，文中包含：建立資料庫專案之操作流程、恢復工具列上「資料來源」命令選項之操作流程、與加入按鈕以做資料之讀取、計算平均值、寫入以及排序等功能。（注意：此爲本地端 Microsoft SQL Server 資料庫檔案，故當本程式移動至其他目錄下時，需於方案總管下之 App.config 檔案內，修改其 connectionString 之路徑至該目錄。）

6.1 DataBase

範例 6-1 DataBase

說明 建立本地端 Microsoft SQL Server 資料庫檔案。

★ 使用元件

表單 *1、嵌板 *1、按鈕 *4（注意：圖 6.1.1 中之資料檢視窗格、標籤、文字盒，皆是於程式執行時產生的）。

專案之配置如圖 6.1.1，專案中隱藏的元件如圖 6.1.2 所示。

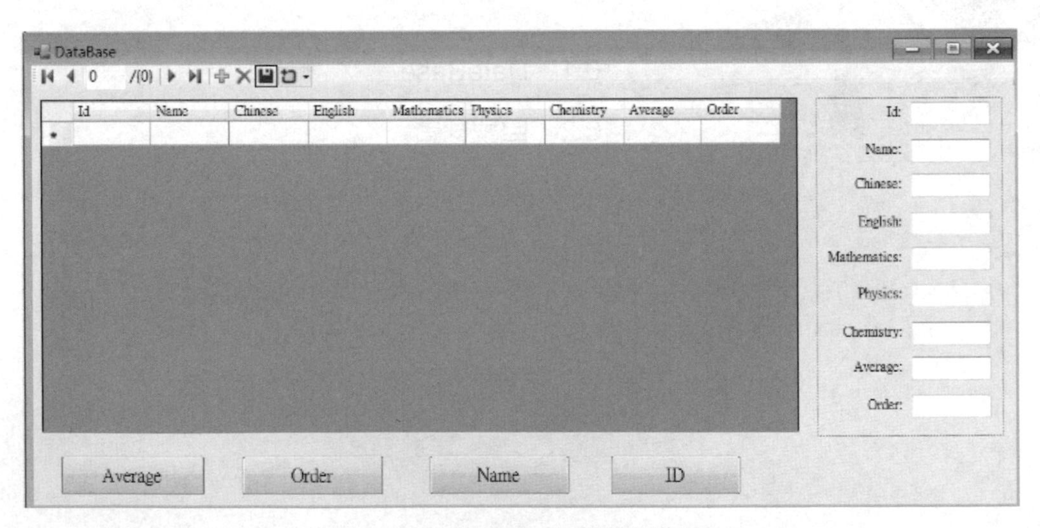

圖 6.1.1 DataBase 專案配置圖

圖 6.1.2 DataBase 專案中隱藏的元件

★ 操作流程

1. 依照建立專案之流程，當出現視窗畫面，將視窗延伸展開，並修改表單之本文爲“DataBase”，如圖 6.1.3 所示。

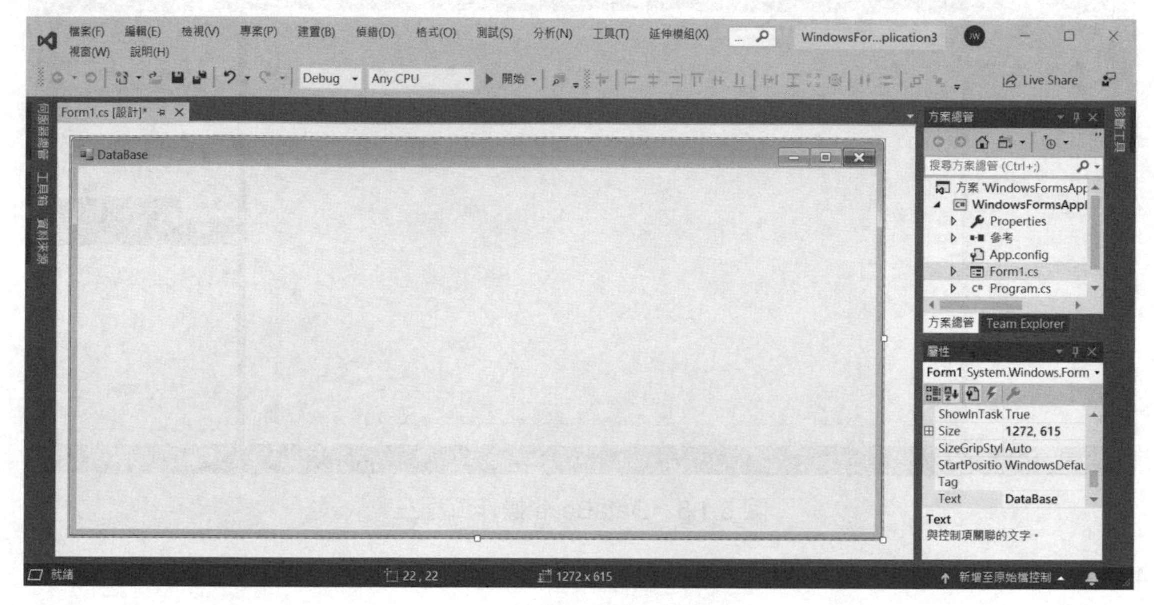

圖 6.1.3　DataBase 操作流程一

2. 點選工具列之「檢視」→「伺服器總管」，如圖 6.1.4 所示。

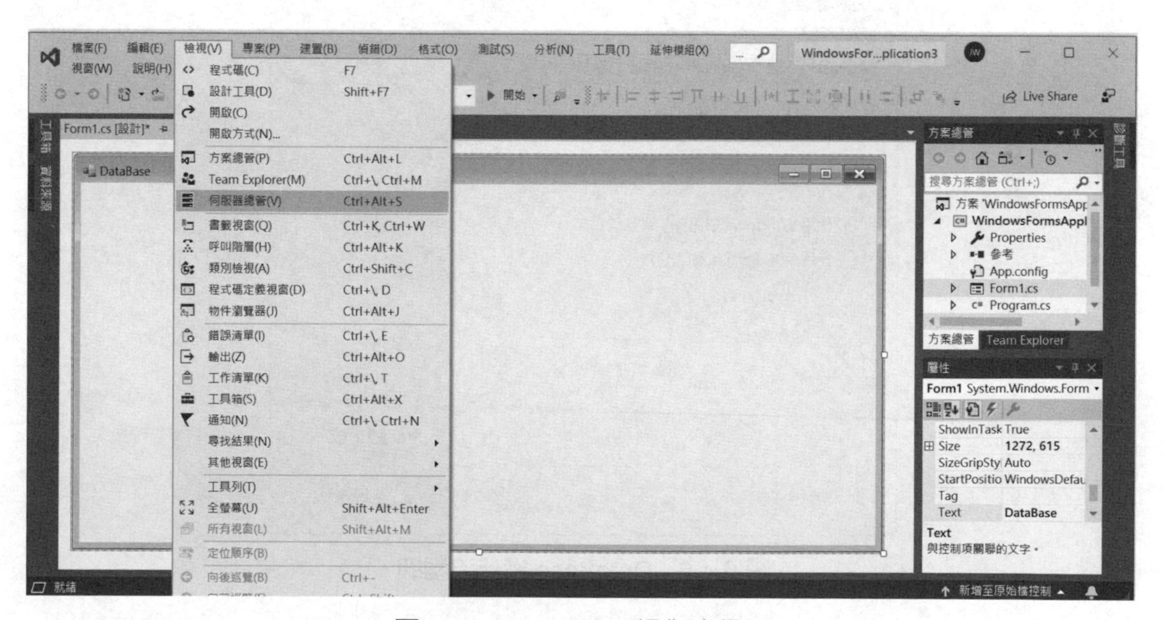

圖 6.1.4　DataBase 操作流程二

3. 當出現如圖 6.1.5 之畫面時，點選上方圓筒形之「連接到資料庫」。

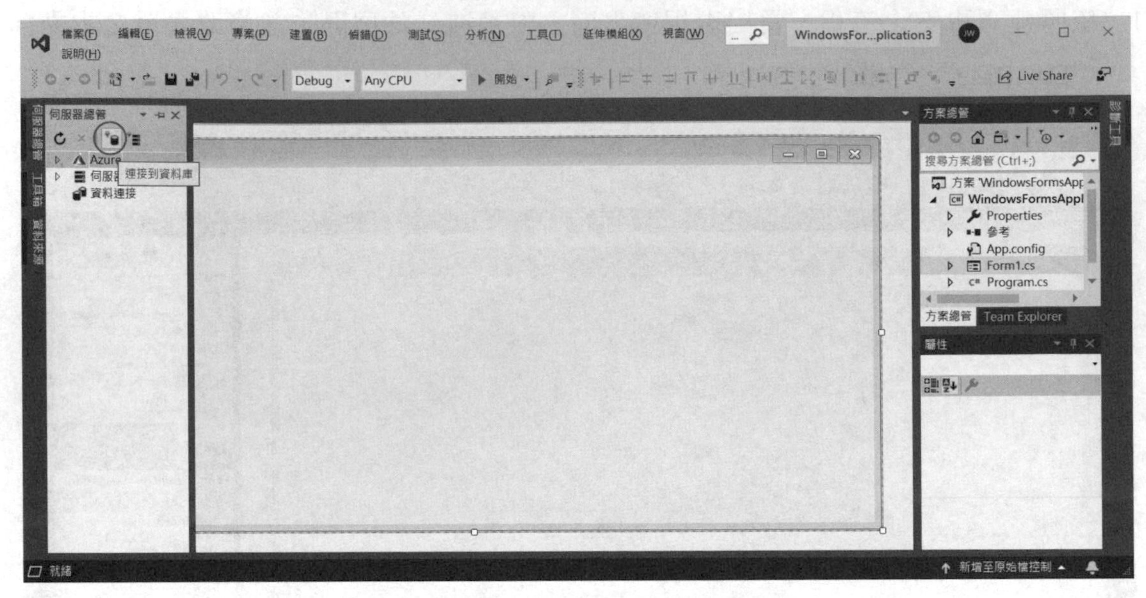

圖 6.1.5 DataBase 操作流程三

4. 當出現如圖 6.1.6 之畫面時，點選「變更」。

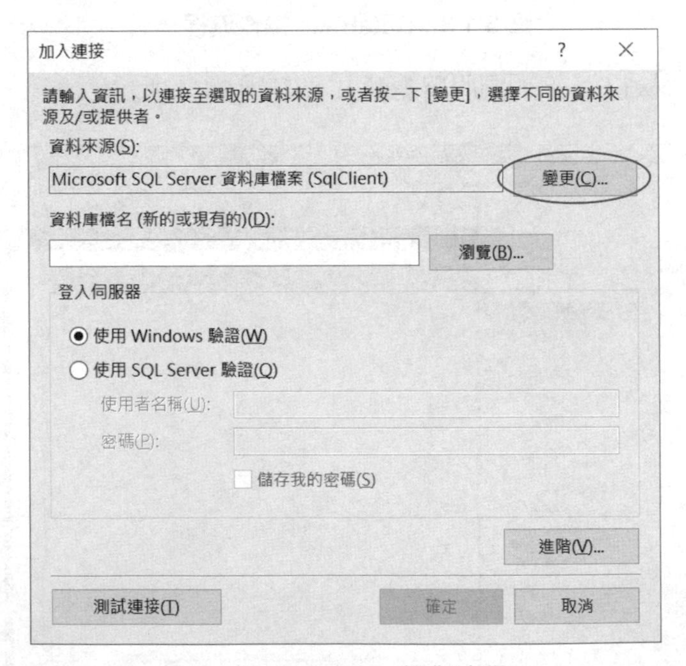

圖 6.1.6 DataBase 操作流程四

5. 選擇「Microsoft SQL Server 資料庫檔案」後，點選「繼續」，如圖 6.1.7 所示。

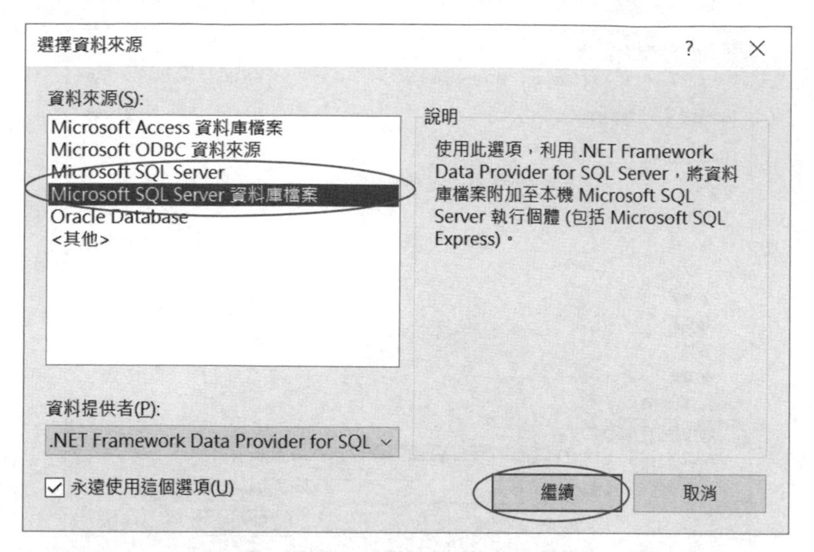

圖 6.1.7 DataBase 操作流程五

6. 利用「瀏覽」選擇目錄位址，如圖 6.1.8 所示。

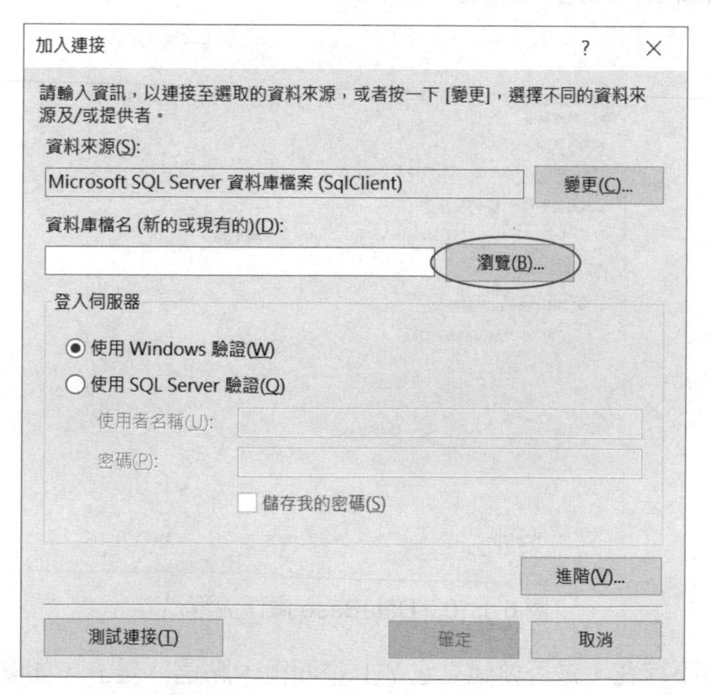

圖 6.1.8 DataBase 操作流程六

7. 於輸入檔案名稱“Test”後，點選「開啓」，如圖 6.1.9 所示。

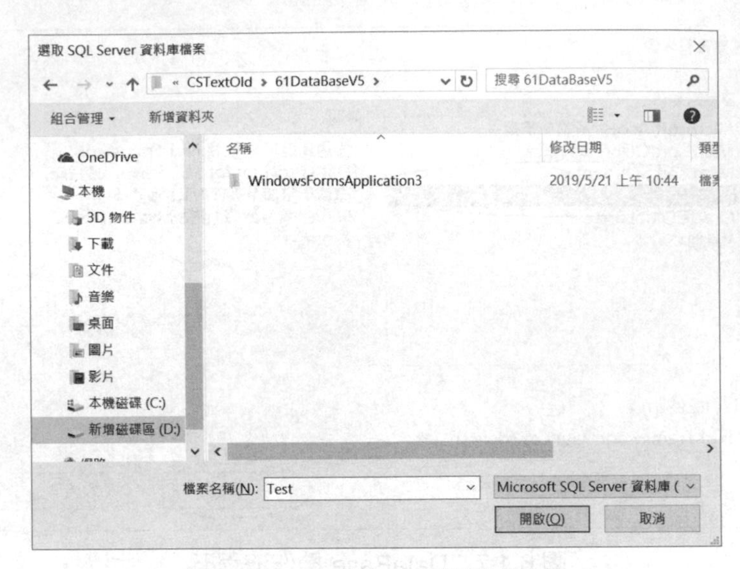

圖 6.1.9　DataBase 操作流程七

8. 當出現如下畫面後，點選「確定」，如圖 6.1.10 所示。

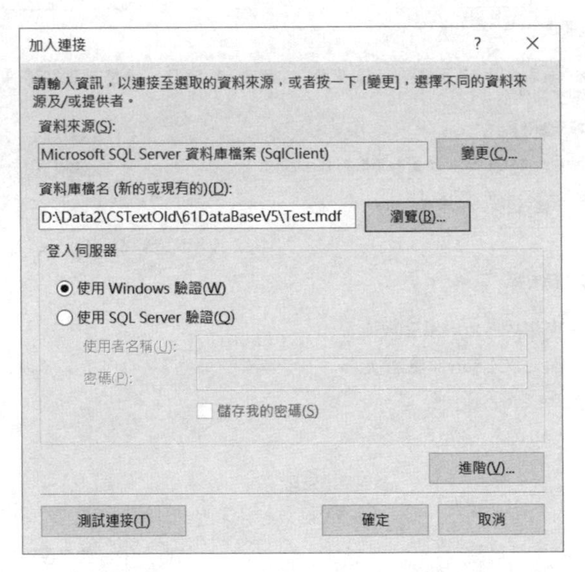

圖 6.1.10　DataBase 操作流程八

9. 當出現「檔案不存在，是否要建立它？」畫面後，點選「是」，如圖 6.1.11 所示。

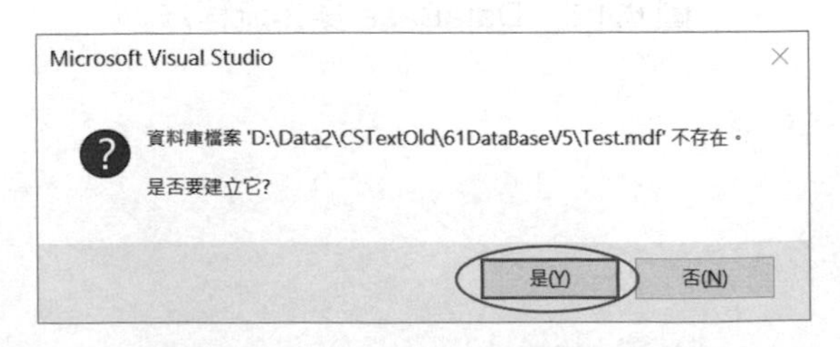

圖 6.1.11　DataBase 操作流程九

10. 此時於伺服器總管欄內，會出現“Test.mdf”之資料庫檔案，如圖 6.1.12 所示。

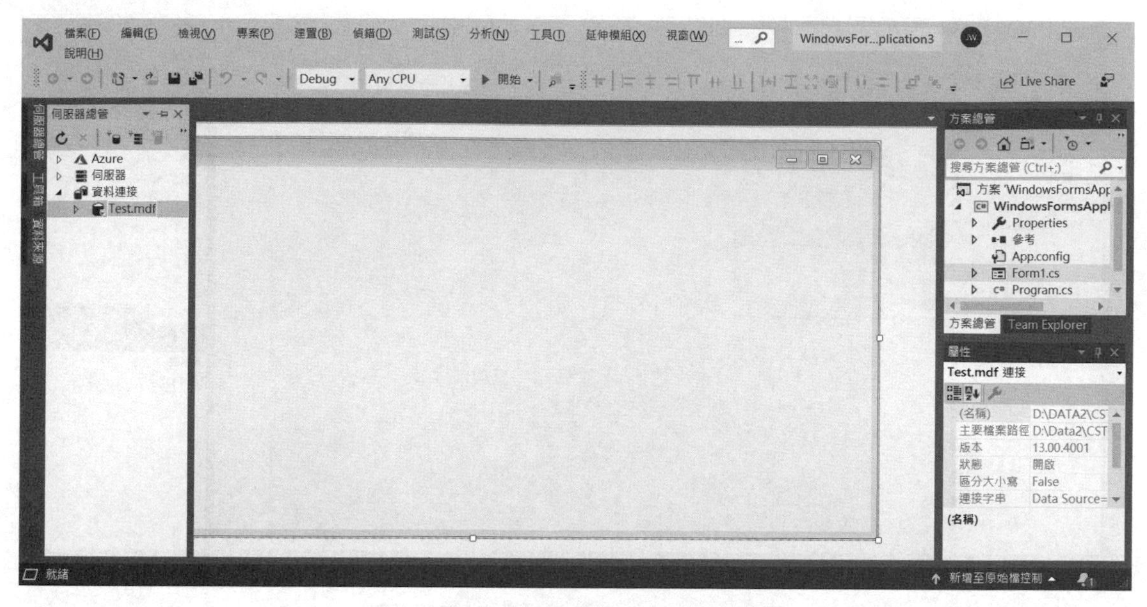

圖 6.1.12　DataBase 操作流程十

11. 以滑鼠雙擊“Test.mdf”資料庫檔案，將之展開，如圖 6.1.13 所示。

圖 6.1.13　DataBase 操作流程十一

12. 於「資料表」上方，按滑鼠右鍵，選擇「加入新的資料表」，如圖 6.1.14 所示。

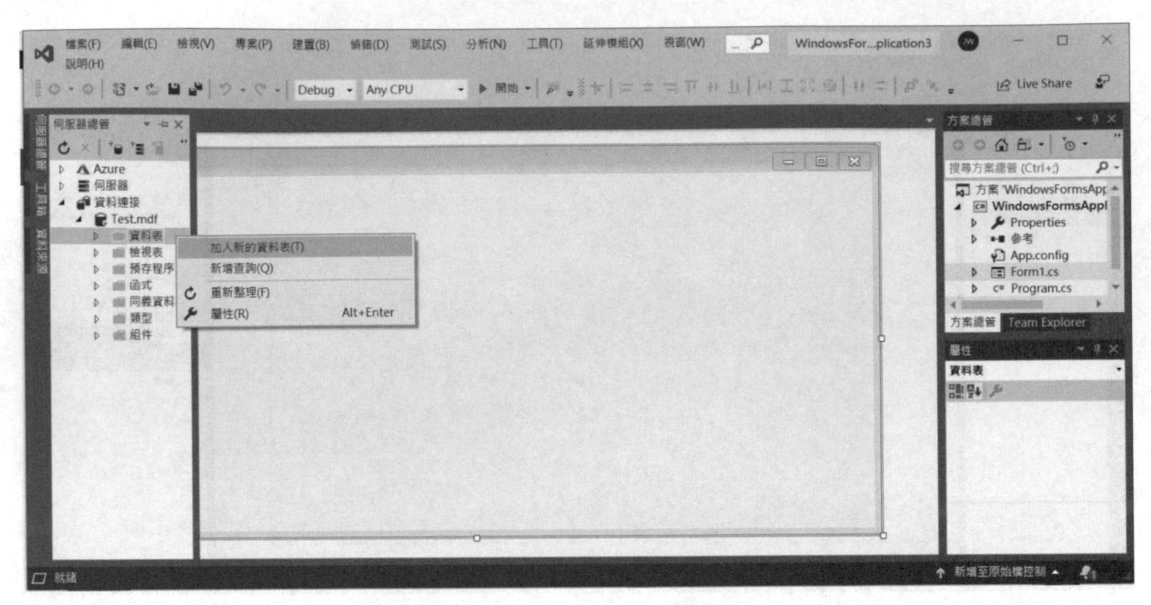

圖 6.1.14　DataBase 操作流程十二

13. 此時畫面會出現如圖 6.1.15 之表格。

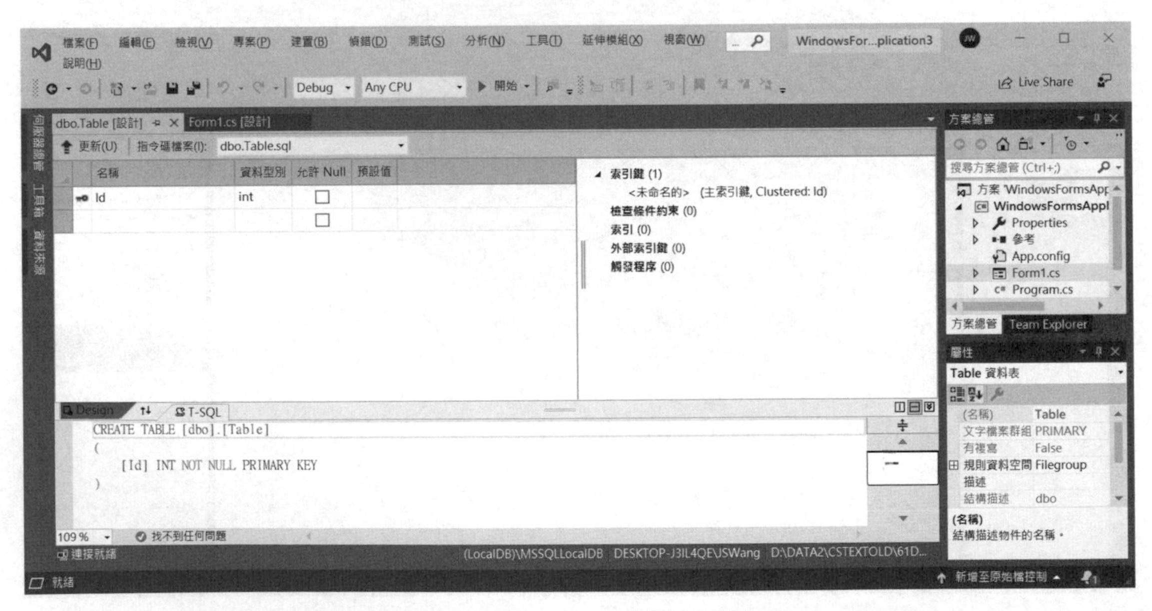

圖 6.1.15　DataBase 操作流程十三

14. 於表格內鍵入所需之欄位名稱與資料型別（如表 6.1.1）後，點選左上方之「更新」，如圖 6.1.16 所示。

表 6.1.1 DataBase 欄位名稱與資料型別彙整表

項次	欄位名稱	資料型別	允許 Null	預設值
1	Id	int	☐	
2	Name	nchar(10)	☑	
3	Chinese	int	☑	0
4	English	int	☑	0
5	Mathematics	int	☑	0
6	Physics	int	☑	0
7	Chemistry	int	☑	0
8	Average	float	☑	
9	Order	int	☑	

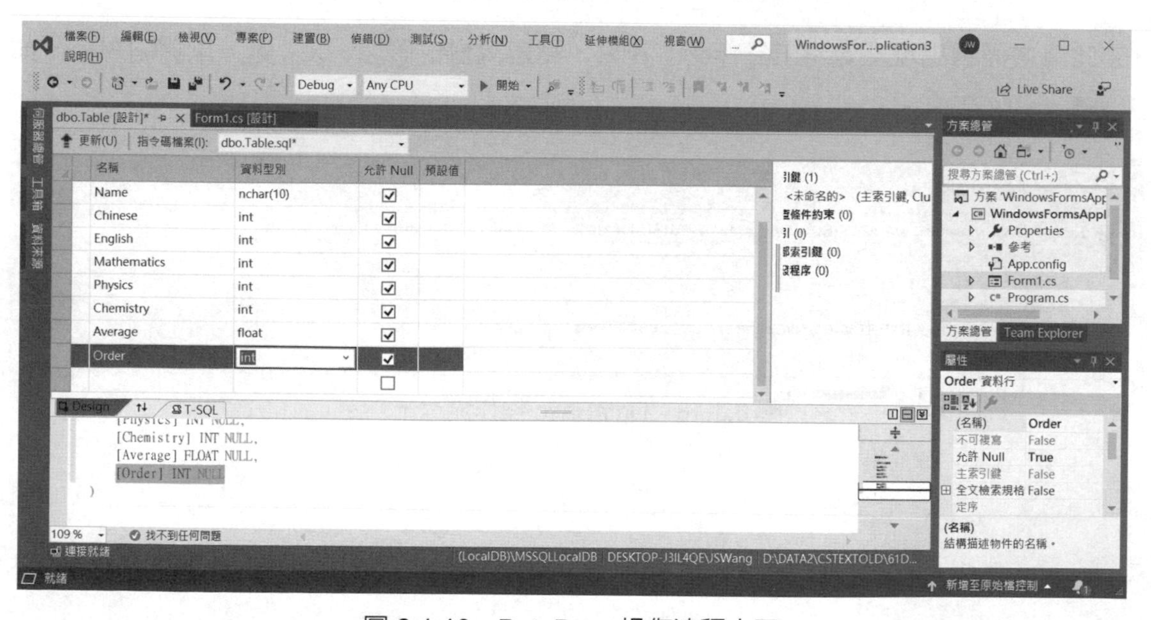

圖 6.1.16 DataBase 操作流程十四

15. 點選「更新資料庫」，如圖 6.1.17 所示。

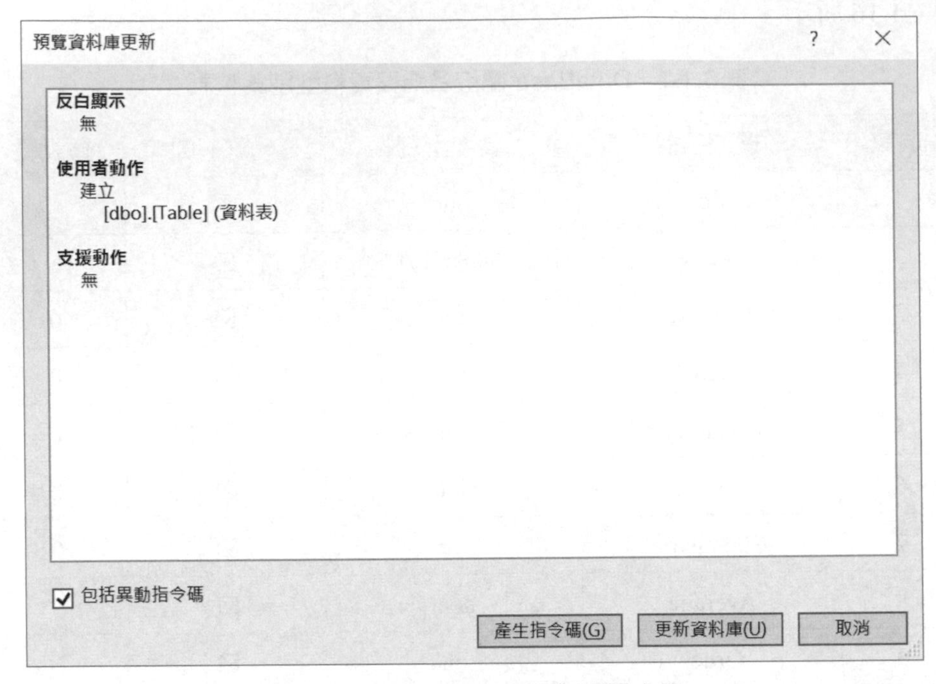

圖 6.1.17　DataBase 操作流程十五

16. 此時畫面會出現「資料工具作業」視窗，點選視窗位置之“X”處，以關閉視窗，如圖 6.1.18 所示。

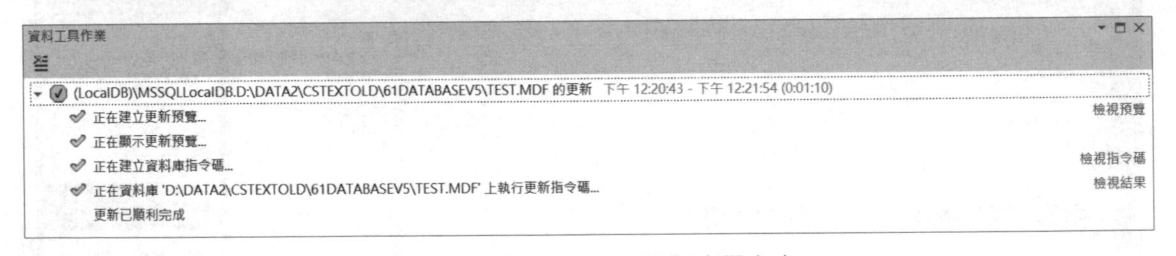

圖 6.1.18　DataBase 操作流程十六

17. 於「資料表」上方，按滑鼠右鍵後，選擇「重新整理」，如圖 6.1.19 所示。

圖 6.1.19 DataBase 操作流程十七

18. 則於「資料表」下方出現“Table”之表格名稱，如圖 6.1.20 所示。

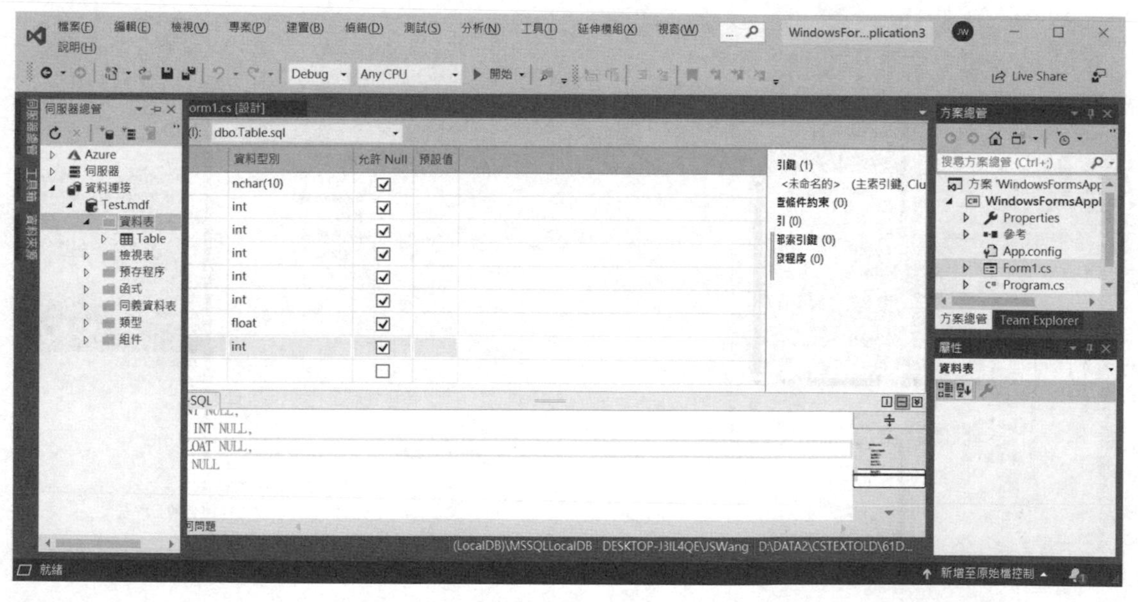

圖 6.1.20 DataBase 操作流程十八

19. 點選“Table”左方之三角形後，於“Table”之下方出現各欄位名稱，如圖 6.1.21 所示。

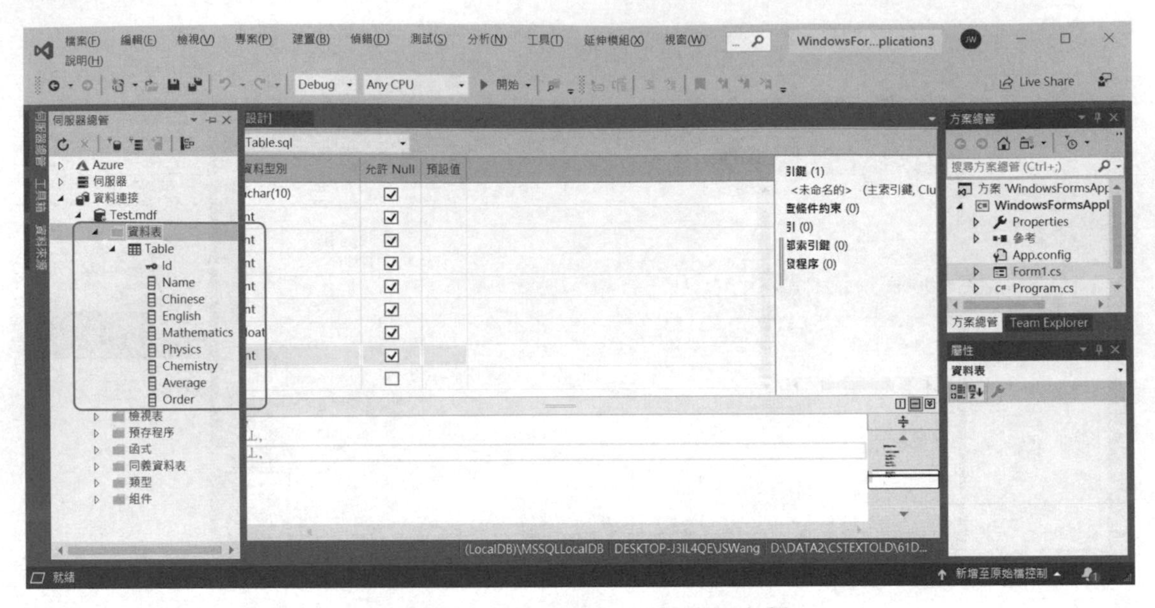

圖 6.1.21　DataBase 操作流程十九

20. 於“Table”上方按滑鼠右鍵後，選擇「顯示資料表資料」，如圖 6.1.22 所示。

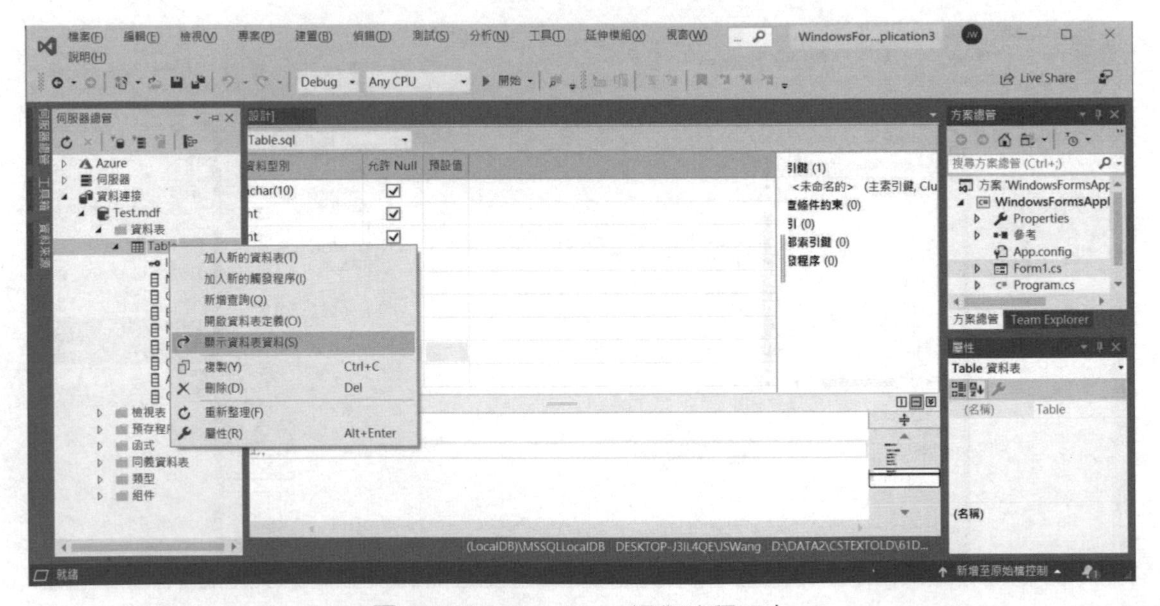

圖 6.1.22　DataBase 操作流程二十

21. 此時畫面會出現如圖 6.1.23 所示之表格。

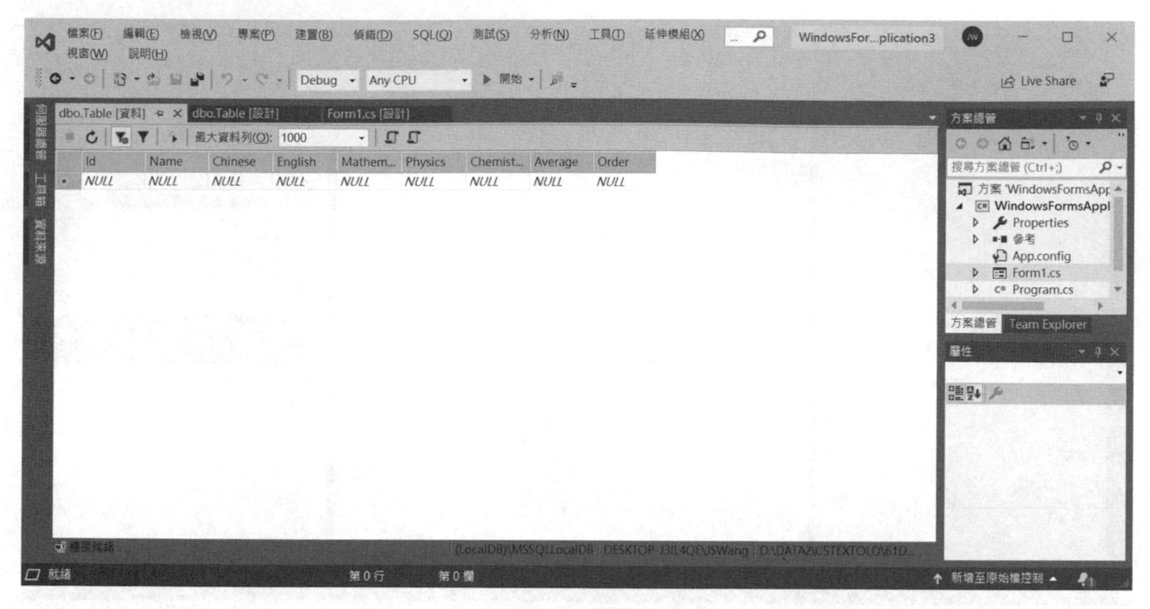

圖 6.1.23 DataBase 操作流程二十一

22. 於表格內填入各欄位之資料後，點選方案總管中之“WindowsFormsApplication3”，再點選伺服器總管左邊之「資料來源」，如圖 6.1.24 所示。

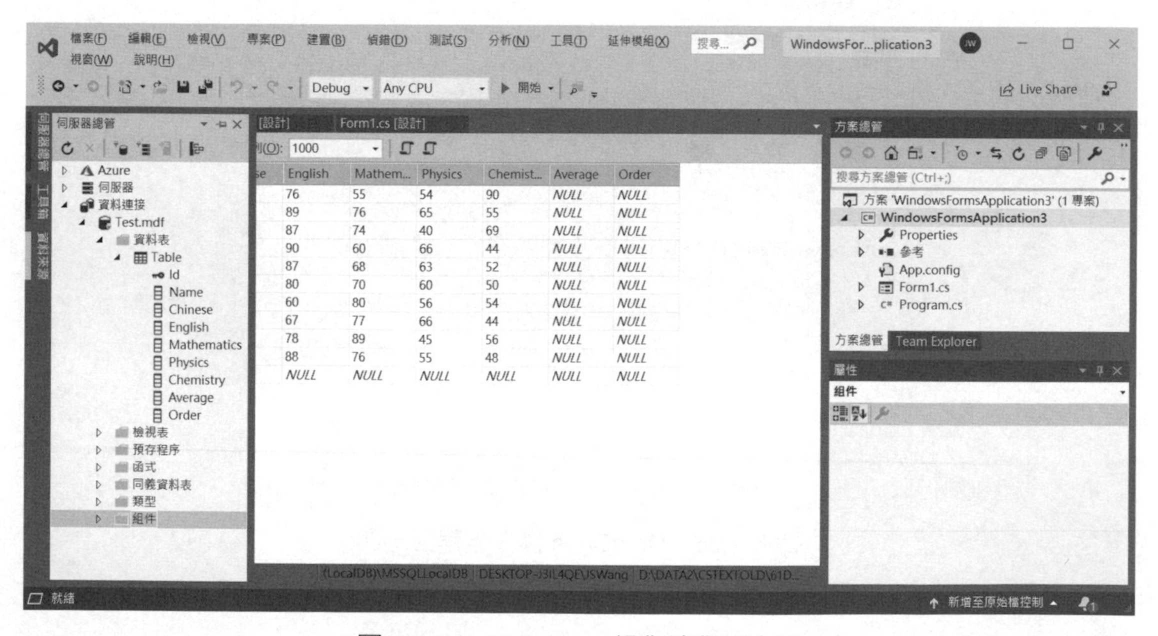

圖 6.1.24 DataBase 操作流程二十二

23. 當出現如圖 6.1.25 畫面時，點選「加入新資料來源」。

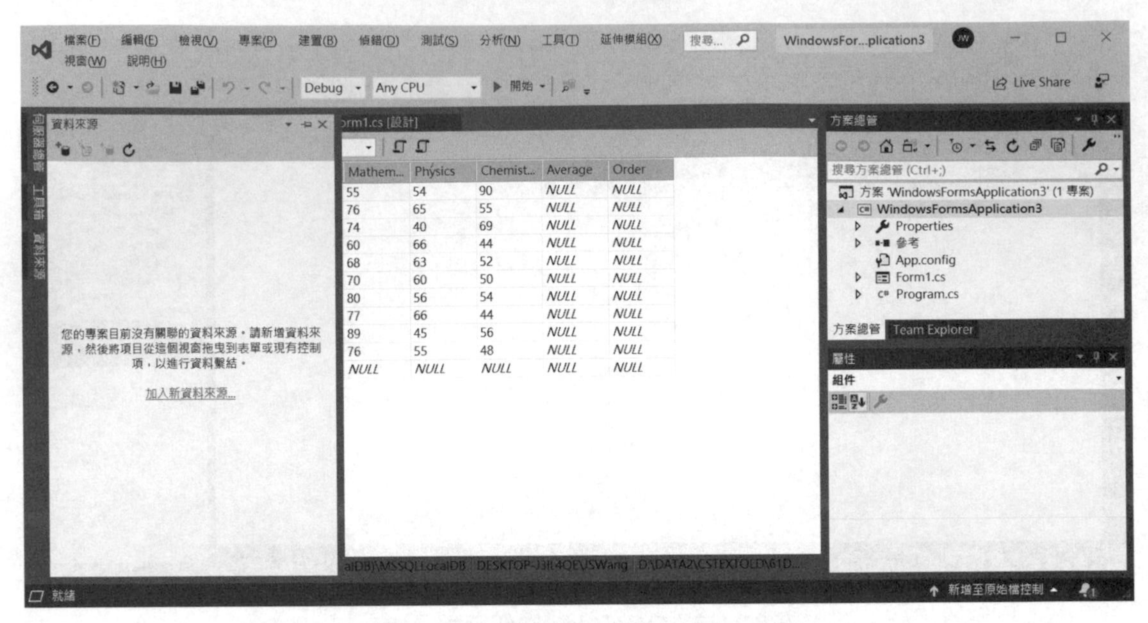

圖 6.1.25　DataBase 操作流程二十三

24. 點選「資料庫」後，按「下一步」鍵，如圖 6.1.26 所示。

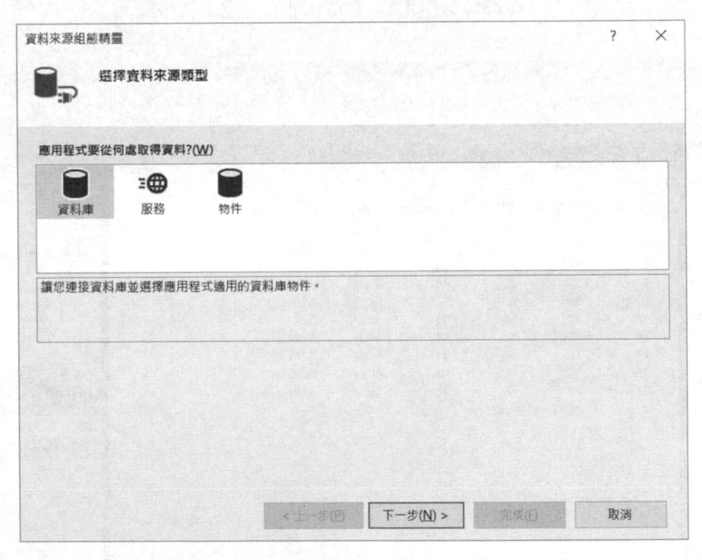

圖 6.1.26　DataBase 操作流程二十四

25. 點選「資料集」後，按「下一步」鍵，如圖 6.1.27 所示。

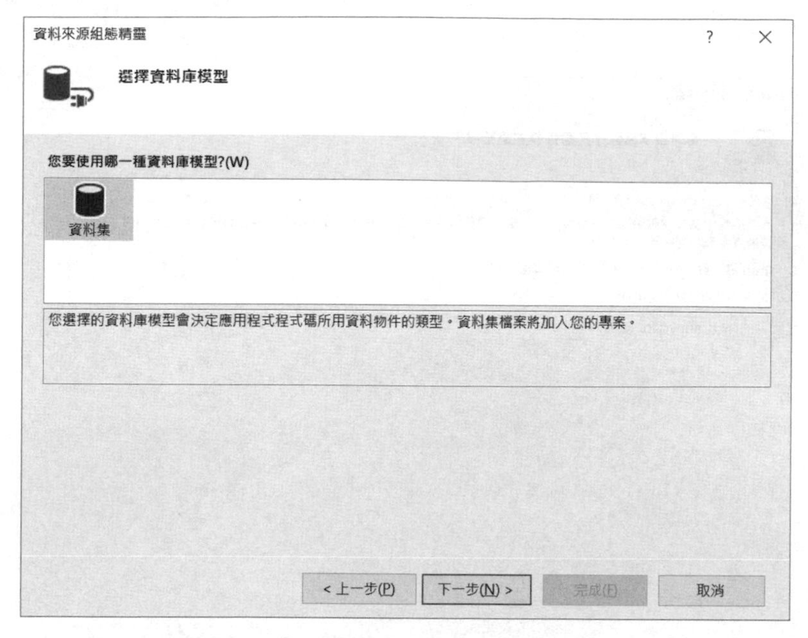

圖 6.1.27 DataBase 操作流程二十五

26. 選擇"Test.mdf"後，按「下一步」鍵，如圖 6.1.28 所示。

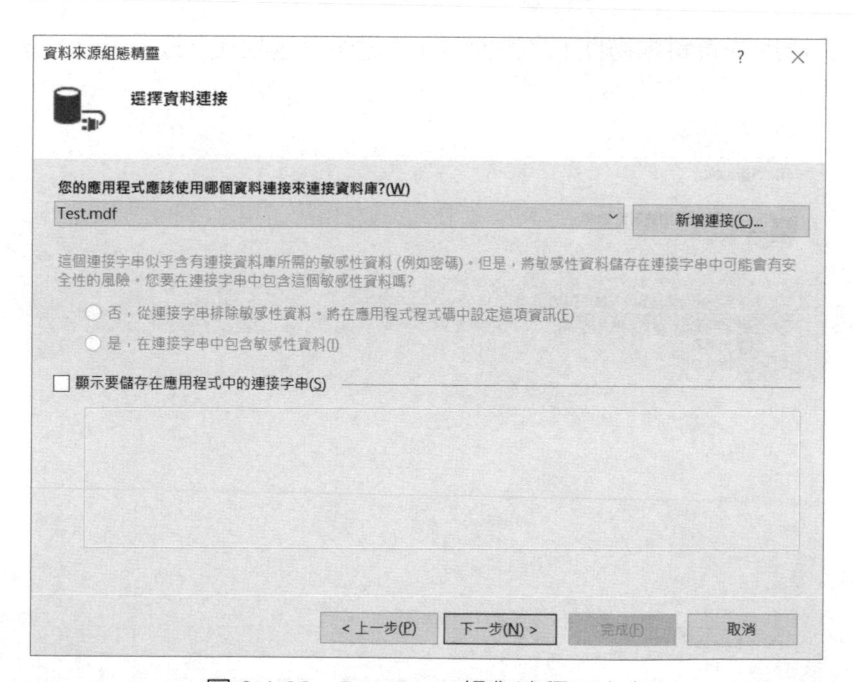

圖 6.1.28 DataBase 操作流程二十六

27. 當出現「將連接字串儲存到應用程式組態檔」之畫面時，勾選「是」，並按「下一步」鍵，如圖 6.1.29 所示。

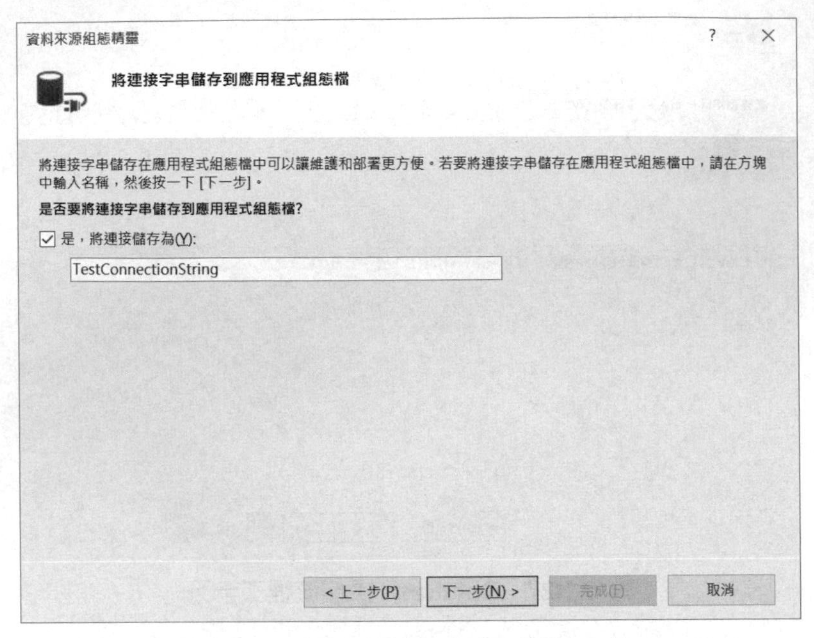

圖 6.1.29　DataBase 操作流程二十七

28. 當出現「選擇您的資料庫物件」之畫面時，勾選所有選項後，按「完成」鍵，如圖 6.1.30 所示。

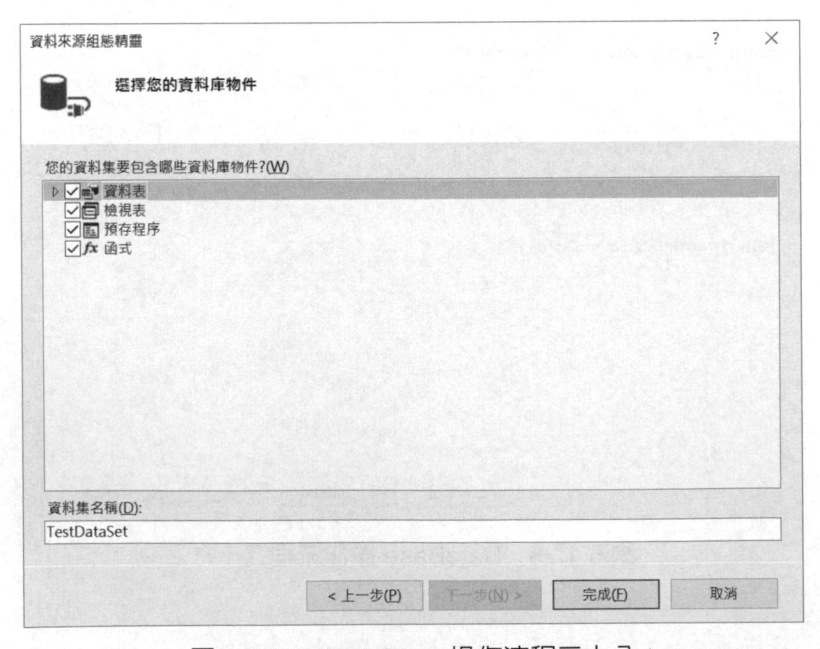

圖 6.1.30　DataBase 操作流程二十八

29. 此時當出現「資料來源」畫面，如圖 6.1.31 所示。

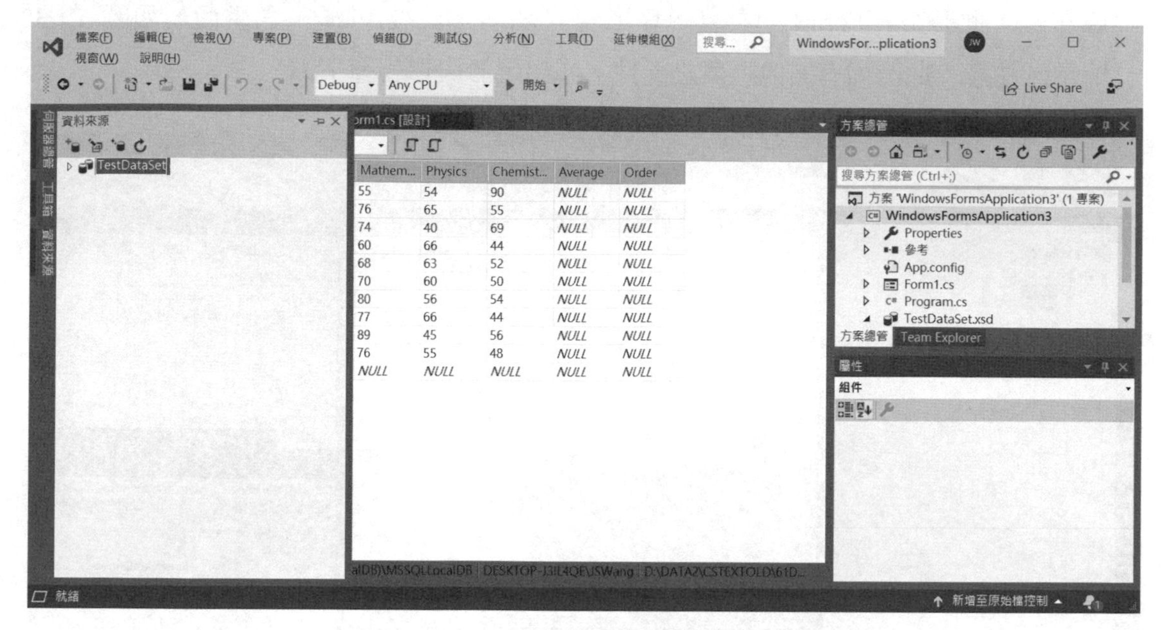

圖 6.1.31 DataBase 操作流程二十九

30. 點選「Form1.cs[設計]」，再點選伺服器庫總管左邊之「資料來源」，將畫面切換回「資料來源」視窗，如圖 6.1.32 所示。

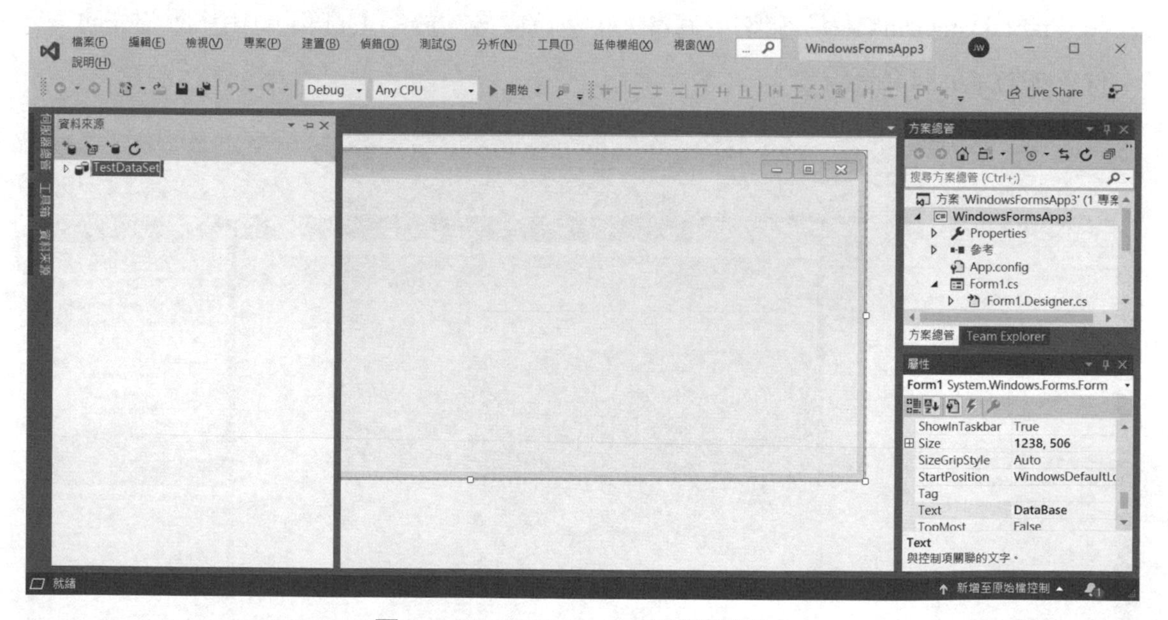

圖 6.1.32 DataBase 操作流程三十

31. 點選“Table”，再按住滑鼠左鍵不放，將“Table”拖曳至“Form1”表單後，釋放滑鼠左鍵，此時於“Form1”表單內會出現“tableDataGridView”之畫面，如圖 6.1.33 所示。注意：此時尚有其他隱藏之元件，亦出現於表單視窗下方。

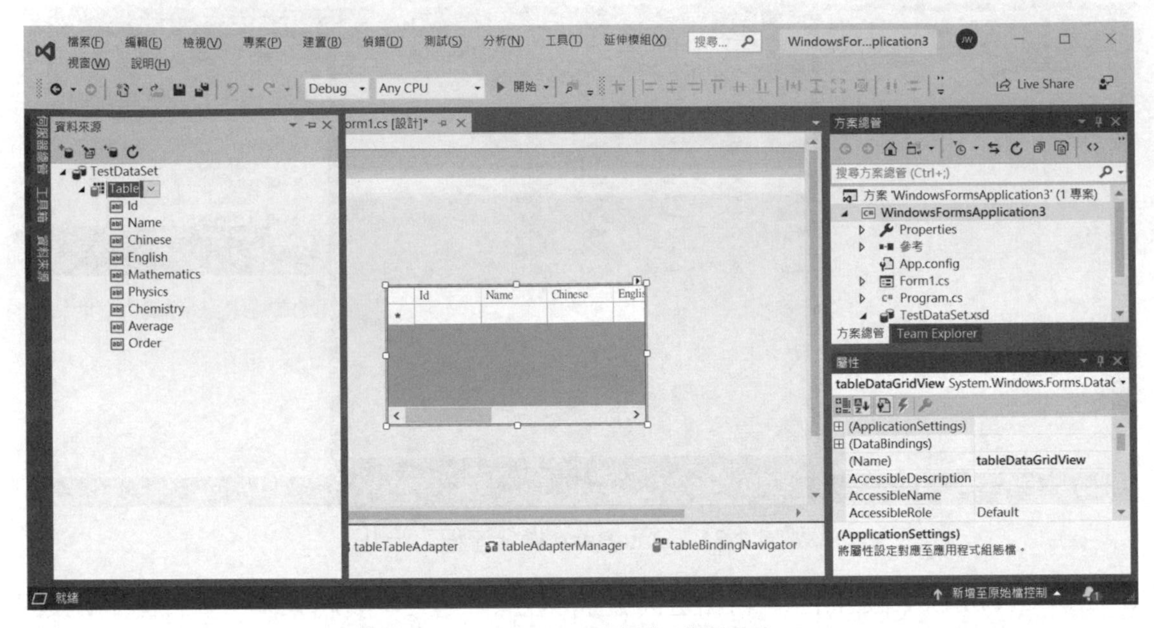

圖 6.1.33　DataBase 操作流程三十一

32. 將“tableDataGridView”調整至適當大小與位置後，於「工具箱」中選取“Panel”元件，如圖 6.1.34 所示。

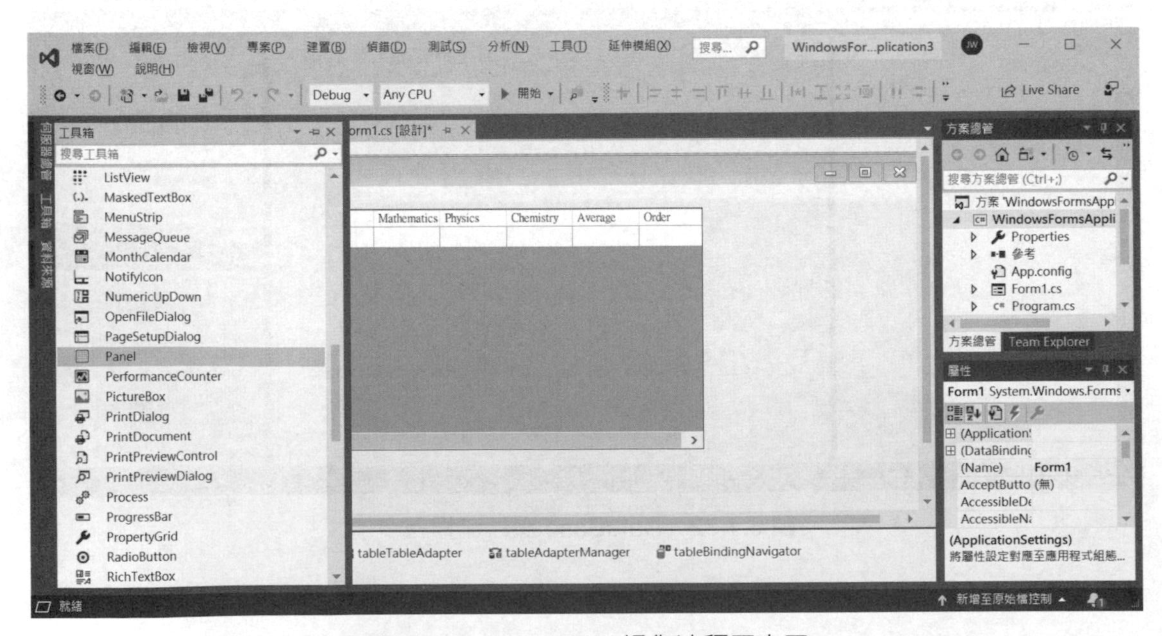

圖 6.1.34　DataBase 操作流程三十二

33. 將“Panel”拖曳至適當位置，並調整至適當尺寸，並點選「資料來源」中之“Table”，將之展開，如圖 6.1.35 所示。

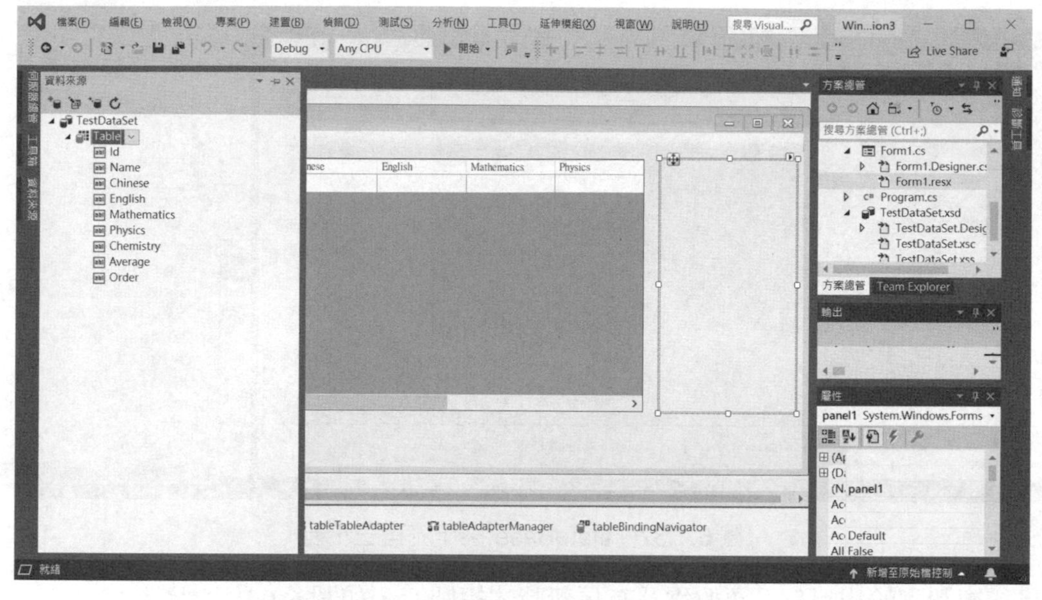

圖 6.1.35　DataBase 操作流程三十三

34. 將“Id”拖曳至“Panel”中之適當位置，並調整至適當尺寸。同法，將其他欄位拖曳至“Panel”中，並調整其尺寸，如圖 6.1.36 所示。注意：將資料欄位拖曳至“Panel”時，「資料來源」視窗會自動恢復成「伺服器總管」視窗，故每次必須先將畫面切換回「資料來源」視窗，如此方能繼續拖曳其他資料欄位至“Panel”中。

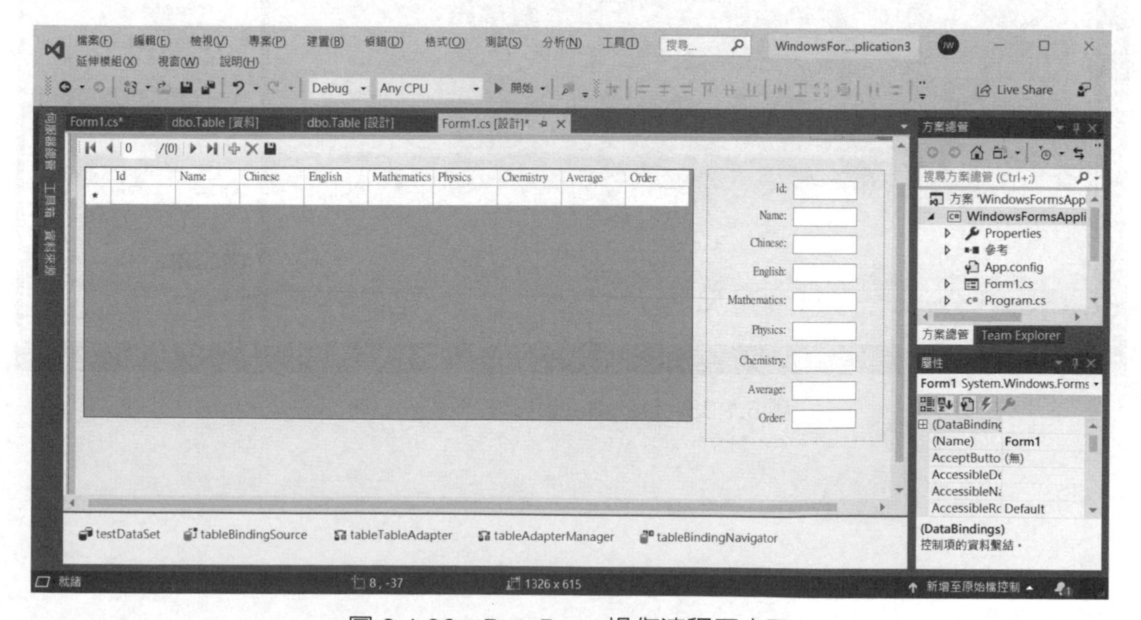

圖 6.1.36　DataBase 操作流程三十四

35. 於資料庫“TestDataSet.xsd”上方，按滑鼠右鍵點選「屬性」，如圖 6.1.37 所示。

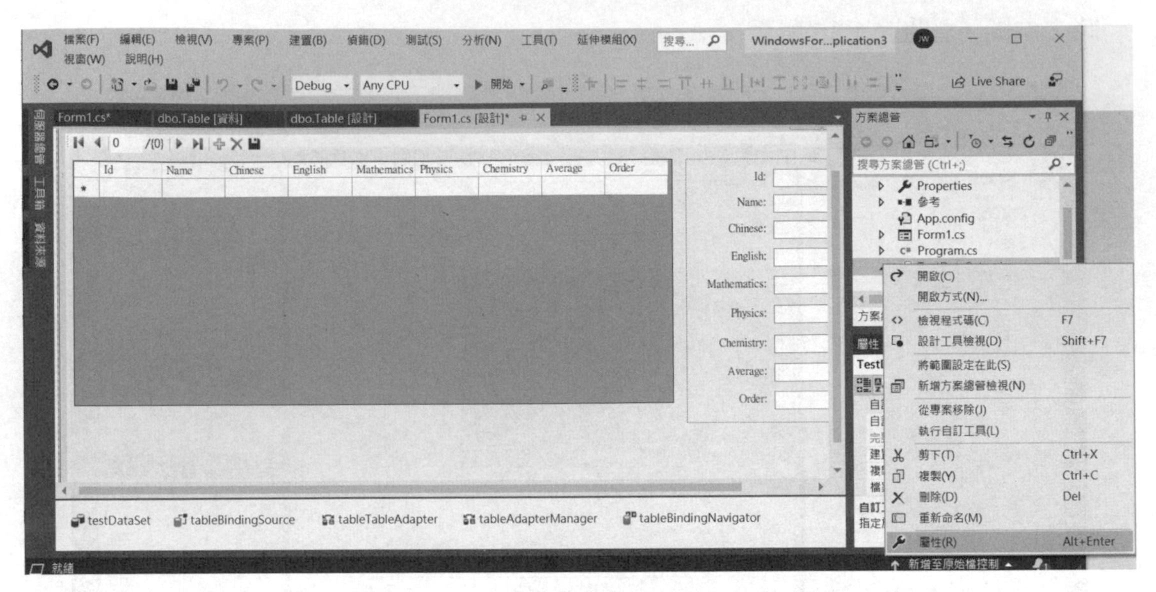

圖 6.1.37　DataBase 操作流程三十五

36. 將「複製到輸出目錄」更改為「有更新時才複製」，如圖 6.1.38 所示。

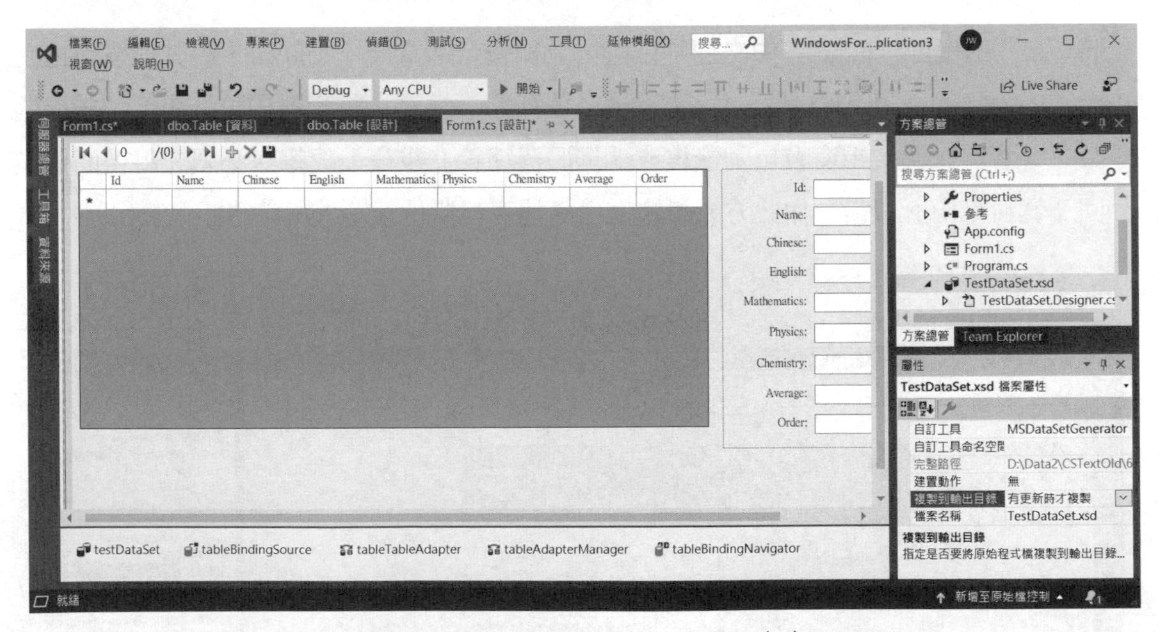

圖 6.1.38　DataBase 操作流程三十六

37. 最後，按下「開始」鍵以執行程式，則大功告成，本地端資料庫已建置完成，如圖 6.1.39 所示。

DataBase

1 /10

Id	Name	Chinese	English	Mathematics	Physics
1	Bill	88	76	55	54
2	David	77	89	76	65
3	Frank	79	87	74	40
4	Grorge	80	90	60	66
5	Mary	75	87	68	63
6	Albert	90	80	70	60
7	Pegy	60	60	80	56

Id: 1
Name: Bill
Chinese: 88
English: 76
Mathematics: 55
Physics: 54
Chemistry: 90
Average:
Order:

圖 6.1.39 DataBase 操作流程三十七

★ 恢復「資料來源」視窗之操作流程

若於「伺服器總管」視窗左邊，並無「資料來源」選項，且於「檢視」選擇「其他視窗」後，並無「資料來源」項目可供選擇，則需依據此操作流程，以恢復「資料來源」視窗之選項。

1. 於「檢視」選取「工具列」，再選擇「自訂」，如圖 6.1.40 所示。

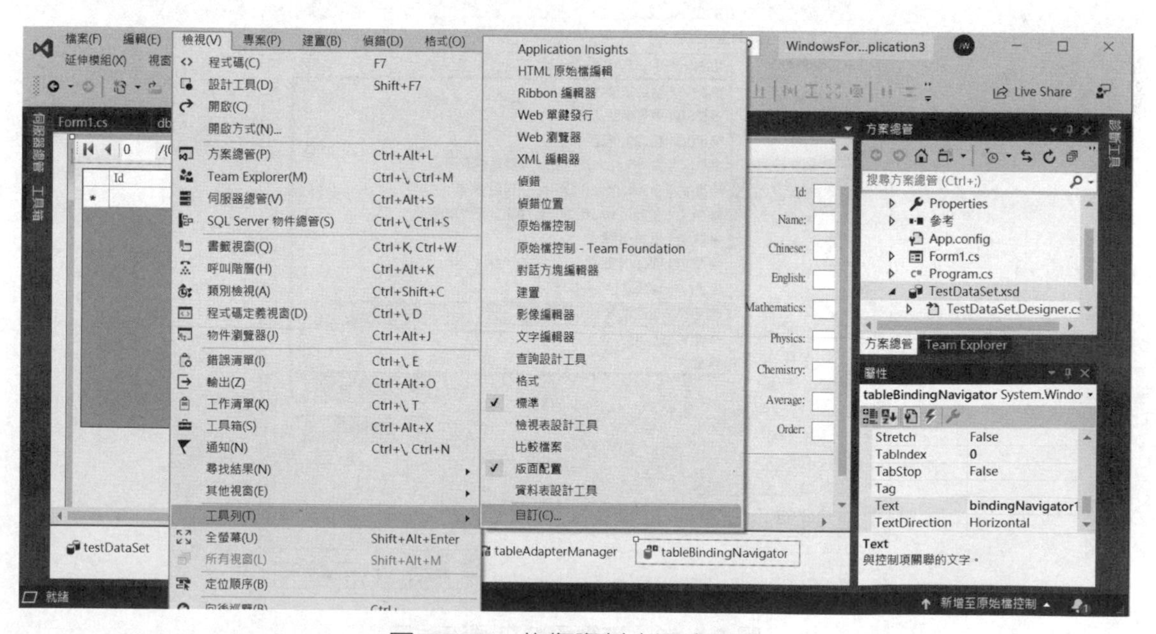

圖 6.1.40 恢復資料來源流程一

2. 當出現如圖 6.1.40 之畫面時，點選「命令」，如圖 6.1.41 所示。

圖 6.1.41　恢復資料來源流程二

3. 再由「功能表列」項下，選擇「檢視 (V)| 其他視窗」，如圖 6.1.42 所示。

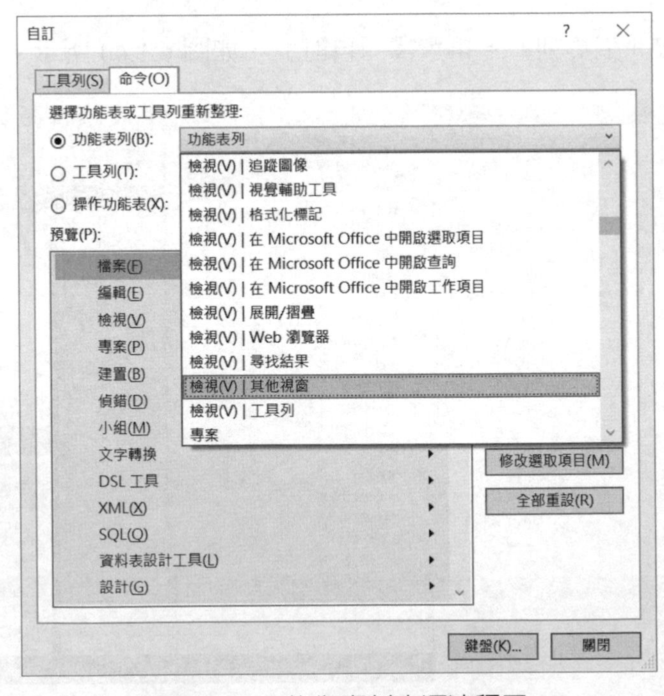

圖 6.1.42　恢復資料來源流程三

4. 當出現如圖 6.1.43 之畫面時，按下「加入命令」鍵。

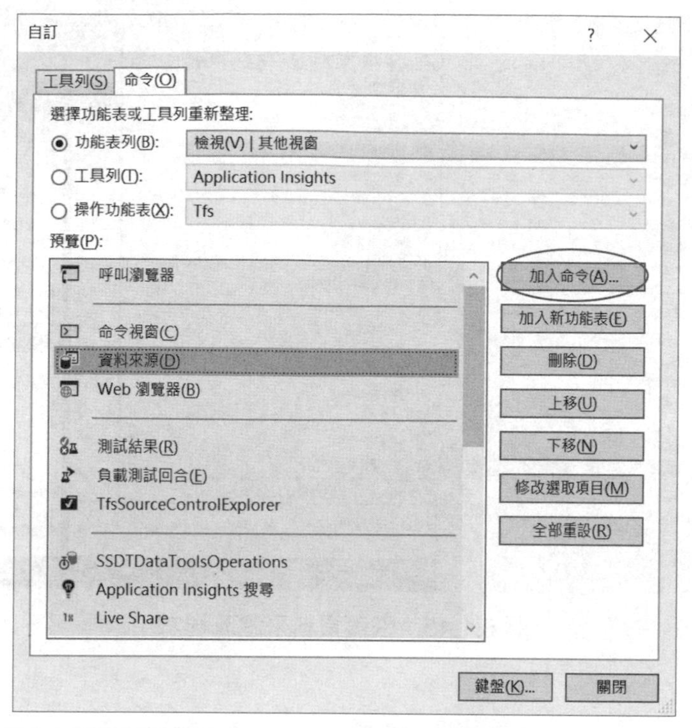

圖 6.1.43 恢復資料來源流程四

5. 當出現如圖 6.1.44 之畫面時，於「分類」項下選擇「檢視」，於「命令」項下選擇「資料來源」，並按下「確定」鍵。

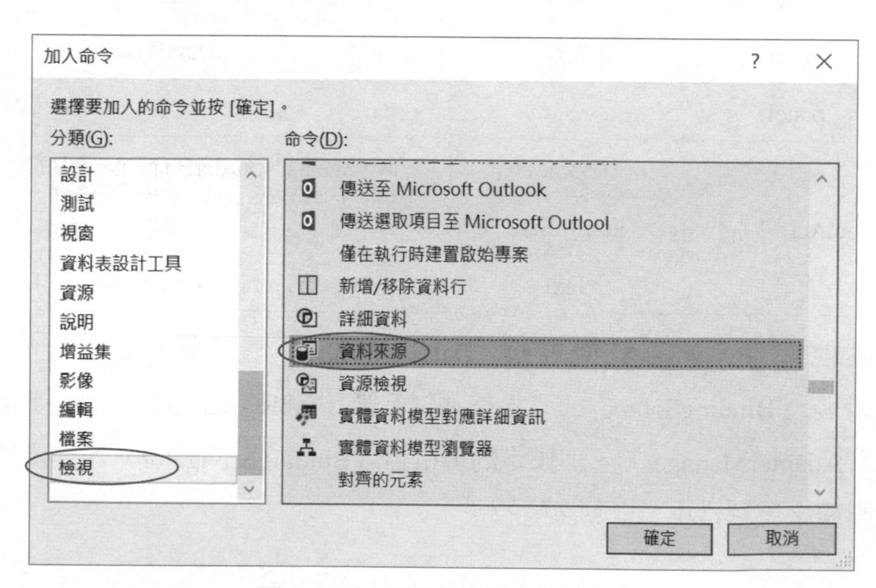

圖 6.1.44 恢復資料來源流程五

6. 則可於「檢視」➔「其他視窗」內，看見「資料來源」選項，如圖 6.1.45 所示。

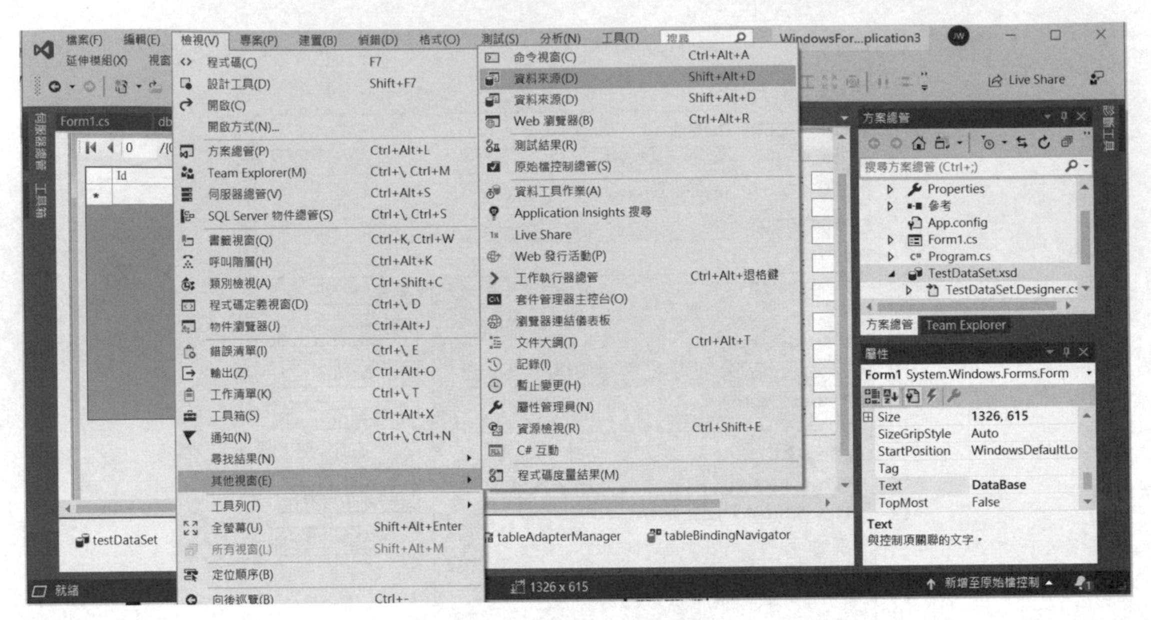

圖 6.1.45　恢復資料來源流程六

★ 屬性彙整表

各元件需修改之屬性，彙整如表 6.1.2。

表 6.1.2　DataBase 屬性彙整表

項次	元件名稱	屬性	值
1	Form1	Text	DataBase
2	panel1		
3.4.5.6	button1,2,3,4	(Name)	averageBTN, orderBTN, nameBTN, idBTN
		Font->Size	12
		Text	Average, Order, Name, ID

備註：其他元件，如資料檢視格（DataGridView）、標籤、文字盒、綁定的資料源（BindingSource）、表格配接器（TableAdapter）、配接器管理者（AdapterManager）、與綁定的導引器（BindingNavigator）等，皆是於建立資料庫之流程當中，自動產生的。

★ 事件彙整表

各元件需處理的事件，彙整如表 6.1.3。

表 6.1.3 DataBase 事件彙整表

項次	元件名稱	事件名稱	回應程式
1	averageBTN	Click	averageBTN _Click
2	orderBTN	Click	orderBTN _Click
3	nameBTN	Click	nameBTN _Click
4	idBTN	Click	idBTN _Click

備註：其他事件之回應程式，如 Form1_Load 與 tableBindingNavigatorSaveItem_Click，亦皆是於建立資料庫之流程當中自動產生的，然勿忘連結「儲存檔案」按鈕之回應程式：tableBindingNavigatorSaveItem_Click，如圖 6.1.46 所示。

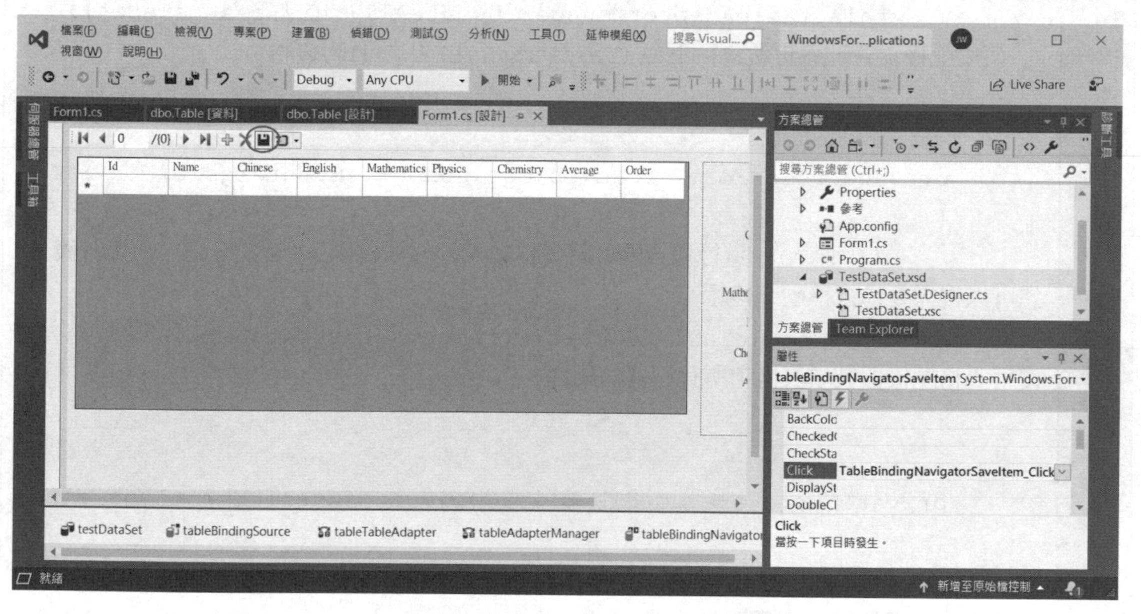

圖 6.1.46 DataBase 專案中連結儲存檔案按鈕之回應程式

★ 程式碼

```
1   namespace DataBase
2   {
3       public partial class Form1 : Form
4       {
5           public Form1()
6           {
7               InitializeComponent();
8           }
9   
10          private void tableBindingNavigatorSaveItem_Click(object
    sender, EventArgs e)
11          {
12              this.Validate(); //產生效用
13              this.tableBindingSource.EndEdit(); //終止編輯綁定的資料源
14              this.tableAdapterManager.UpdateAll(this.testDataSet);
    //使用配接器管理者更新資料集合(testDataSet)中所有的資料
15          }
16  
17          private void Form1_Load(object sender, EventArgs e)
18          {
19              // TODO: 這行程式碼會將資料載入 'testDataSet.Table' 資料表。
    您可以視需要進行移動或移除。
20              this.tableTableAdapter.Fill(this.testDataSet.Table); //
    使用表格配接器裝填表格中所有的資料集合
21          }
22  
23          private void averageBTN_Click(object sender, EventArgs e)
24          {
25              for (int i = 0; i < testDataSet.Table.Count; i++) //當i
    小於表格中資料集合的總數
26              {
27                  int chinese = Convert.ToInt16(testDataSet.Table.
    Rows[i]["Chinese"]); //將表格資料集合中，標示為“中文”之列，轉換為16位
    元的整數
28                  int english = Convert.ToInt16(testDataSet.Table.
    Rows[i]["English"]);
29                  int mathematics = Convert.ToInt16(testDataSet.
    Table.Rows[i]["Mathematics"]);
```

```
30                int physics = Convert.ToInt16(testDataSet.Table.
   Rows[i]["Physics"]);
31                int chemistry = Convert.ToInt16(testDataSet.Table.
   Rows[i]["Chemistry"]);
32                testDataSet.Table.Rows[i]["Average"] = (float)
   (chinese + english + mathematics + physics+ chemistry) / 5.0; //
   將平均值儲存至表格資料集合中，標示爲“平均”之列
33            }
34        }
35
36        private void orderBTN_Click(object sender, EventArgs e)
37        {
38            int counter = 1;
39            this.testDataSet.Table.DefaultView.Sort = "Average
   desc"; // 依“平均值”遞減之內定查看法，將表格資料集合重新排序
40            foreach (DataRowView dr in testDataSet.Table.
   DefaultView) // 依列查看資料
41                dr["Order"] = counter++; // 將 counter 值，塡入至每一列
   標示爲“名次”之欄位後，將 counter 值進位
42            tableDataGridView.DataSource = testDataSet.Table.
   DefaultView; // 將此表格資料集合之內定查看法，設爲資料檢視格的資料來源
43        }
44
45        private void nameBTN_Click(object sender, EventArgs e)
46        {
47            this.testDataSet.Table.DefaultView.Sort = "Name asc";
   // 依“名字”遞增之內定查看法，將表格資料集合重新排序
48            tableDataGridView.DataSource = testDataSet.Table.
   DefaultView;
49        }
50
51        private void idBTN_Click(object sender, EventArgs e)
52        {
53            this.testDataSet.Table.DefaultView.Sort = "Id asc"; //
   依“學號”遞增之內定查看法，將表格資料集合重新排序
54            tableDataGridView.DataSource = testDataSet.Table.
   DefaultView;
55        }
56    }
57 }
```

★ 執行結果

程式執行之起始畫面如圖 6.1.47，專案執行中計算平均值之畫面如圖 6.1.48，指定名次之畫面如圖 6.1.49，依名字排序之畫面圖 6.1.50，依學號排序之畫面如圖 6.1.51 所示。

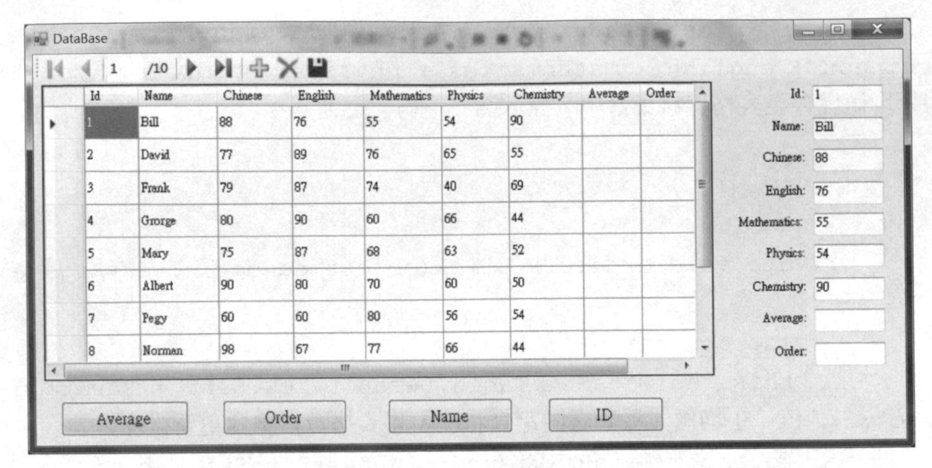

Id	Name	Chinese	English	Mathematics	Physics	Chemistry	Average	Order
1	Bill	88	76	55	54	90		
2	David	77	89	76	65	55		
3	Frank	79	87	74	40	69		
4	Grorge	80	90	60	66	44		
5	Mary	75	87	68	63	52		
6	Albert	90	80	70	60	50		
7	Pegy	60	60	80	56	54		
8	Norman	98	67	77	66	44		

圖 6.1.47　DataBase 專案執行之起始畫面

DataBase

1 /10

Id	Name	Chinese	English	Mathematics	Physics	Chemistry	Average	Order
1	Bill	88	76	55	54	90	72.6	
2	David	77	89	76	65	55	72.4	
3	Frank	79	87	74	40	69	69.8	
4	Grorge	80	90	60	66	44	68	
5	Mary	75	87	68	63	52	69	
6	Albert	90	80	70	60	50	70	
7	Pegy	60	60	80	56	54	62	
8	Norman	98	67	77	66	44	70.4	

Id: 1
Name: Bill
Chinese: 88
English: 76
Mathematics: 55
Physics: 54
Chemistry: 90
Average: 72.6
Order:

Average　Order　Name　ID

圖 6.1.48　DataBase 專案執行中計算平均值之畫面

DataBase

1 /10

Id	Name	Chinese	English	Mathematics	Physics	Chemistry	Average	Order
1	Bill	88	76	55	54	90	72.6	1
2	David	77	89	76	65	55	72.4	2
8	Norman	98	67	77	66	44	70.4	3
6	Albert	90	80	70	60	50	70	4
3	Frank	79	87	74	40	69	69.8	5
5	Mary	75	87	68	63	52	69	6
10	Lisa	76	88	76	55	48	68.6	7
4	Grorge	80	90	60	66	44	68	8

Id: 1
Name: Bill
Chinese: 88
English: 76
Mathematics: 55
Physics: 54
Chemistry: 90
Average: 72.6
Order: 1

Average　Order　Name　ID

圖 6.1.49　DataBase 專案執行中指定名次之畫面

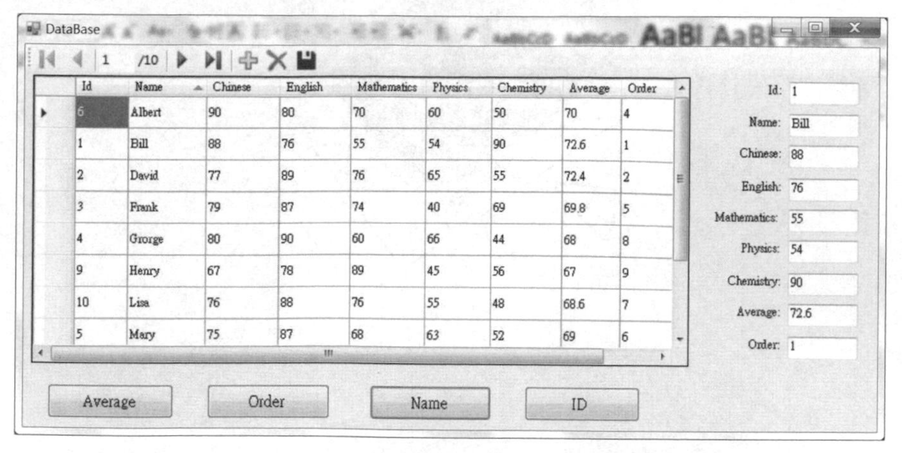

圖 6.1.50 DataBase 專案執行中依名字排序之畫面

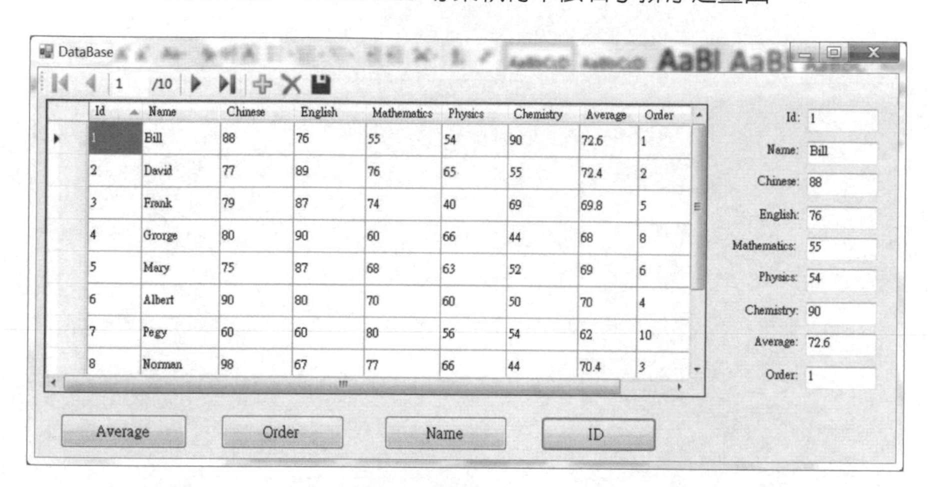

圖 6.1.51 DataBase 專案執行中依學號排序之畫面

★ 程式說明

1. 第 41 行之 dr["Order"] = counter++，等同於先將 dr["Order"] = counter，再將 counter++。

6.2 自我練習

(1) 請於範例 6-1「DataBase」程式中，增加一個依國文成績排序之按鈕。

筆記頁

遊戲一

本章是以遊戲導向，讓讀者學習 C# 程式設計之技巧。建立之遊戲包括：猜測終極密碼數字、快速加減運算、與井字棋等靜態遊戲。其中，又於快速加減運算之遊戲當中，介紹建立題庫之方法。

7.1 SecretNumber

範例 7-1 ── SecretNumber

說明

1. 遊戲開始時，玩家先設定終極密碼的數字範圍。
2. 玩家於文字盒內填入猜測之數字（介於數字範圍之最小值與最大值之間）。
3. 當按下“Guess”按鈕，電腦會告知玩家所猜測之數字過大或過小，並自動修正終極密碼數字範圍之最小值與最大值。
4. 當玩家猜中終極密碼時，標籤會顯示“Bingo!!!”字樣。
5. 當按下“Auto”按鈕，電腦會自動猜出終極密碼，並將猜測過程顯示於訊息文字盒中。
6. 當按下“Store”按鈕，電腦會將猜測過程儲存至檔案中。

★ 使用元件

表單 *1、標籤 *7、文字盒 *6、按鈕 *4、計時器 *1、儲存檔案對話框 *1。

★ 專案配置

專案之配置如圖 7.1.1，專案中隱藏的元件如圖 7.1.2 所示。

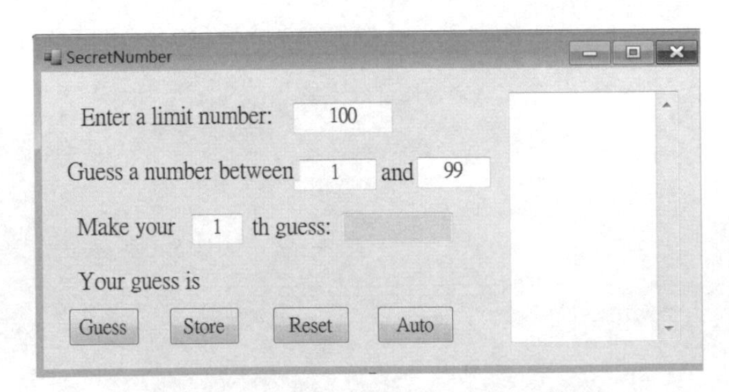

圖 7.1.1 SecretNumber 專案配置圖

timer1 saveFileDialog1

圖 7.1.2 SecretNumber 專案中隱藏的元件

★ 屬性彙整表

1. 各元件需修改之屬性，彙整如表 7.1.1。

表 7.1.1 SecretNumber 屬性彙整表

項次	元件名稱	屬性	值
1	Form1	Text	SecretNumber
2,3,4, 5,6,7	label1,2, 3,4,5,6	Font->Size	14
		Text	Enter a limit number:, Guess a number between, and, Make your, th guess:, Your guess is
8	label 7	(Name)	judgeLB
		BackColor	Bisque
		Font->Size	14
		Text	
9,10,11,12	textBox1,2,3,4	(Name)	limitTB,aTB,bTB,countTB
		Font->Size	14
		Text	100, 1, 99, 1
		TextAlign	Center
13	textBox5	(Name)	guessTB
		BackColor	Bisque
		Font->Size	14
		Text	
		TextAlign	Center

項次	元件名稱	屬性	値
14	textBox6	(Name)	msgTB
		Font->Size	14
		Multiline	True
		Text	
		TextAlign	Center
		ScrollBars	Both
15,16,17,18	button1,2,3,4	(Name)	guessBTN, storeBTN, resetBTN, autoBTN
		Font->Size	14
		Text	Guess, Store, Reset, Auto
19	timer1	Interval	1000
20	saveFileDialog1		

註解：(1) 項次 8 之 label7，因本文內容爲空白，故無法於專案配置圖中顯示。

(2) 項次 20 之 saveFileDialog1，無須修改其屬性。

2. 各元件需處理的事件，彙整如表 7.1.2。

表 7.1.2　SecretNumber 事件彙整表

項次	元件名稱	事件名稱	對應程式
1	Form1	Load	Form1_Load
2	limitTB	TextChanged	limitTB_TextChanged
3	guessBTN	Click	guessBTN_Click
4	storeBTN	Click	storeBTN _Click
5	resetBTN	Click	resetBTN _Click
6	autoBTN	Click	autoBTN _Click
7	timer1	Tick	timer1_Tick

★ 程式碼

```
1   namespace SecretNumber
2   {
3       public partial class Form1 : Form
4       {
5         int limit; // 設定終極密碼的數字範圍
6         Random r = new Random();
7         int target; // 自動產生之終極密碼數字
8         int guess; // 玩家所猜測之數字
9         int a, b; // 數字範圍之最小值與最大值
10        int count; // 猜測的次數
11        String filename = "";
12
13        public Form1()
14        {
15            InitializeComponent();
16        }
17
18        private void Form1_Load(object sender, EventArgs e)
19        {
20            reset();
21        }
22
23        private void resetBTN_Click(object sender, EventArgs e)
24        {
25            reset();
26        }
27
28        private void reset()
29        {
30            count = 1;
31            countTB.Text = count.ToString();
32            a = 1; // 設定數字範圍之最小值為 1
33            aTB.Text = a.ToString();
34            limit = int.Parse(limitTB.Text); // 設定數字範圍之最大值
35            b = limit - 1; // 密碼數字的最大值 -1
36            bTB.Text = b.ToString();
37            guessTB.Text = "";
38            judgeLB.Text = "";
```

```
39            msgTB.Text = "";
40            guessBTN.Enabled = true; // 允許開始猜測
41            storeBTN.Enabled = false;
42            resetBTN.Enabled = false;
43            autoBTN.Enabled = true; // 允許自動猜測
44            target = r.Next(1, limit); // 使用亂數產生器產生終極密碼數字
45            //target = r.Next(limit - 1) + 1;
46            judgeLB.BackColor = SystemColors.Control; // 還原文字盒之
   背景顏色
47            guessTB.Focus(); // 將游標移動至 guessTB 文字盒，準備接收下一
   個猜測數字
48        }
49
50        private void storeBTN_Click(object sender, EventArgs e)
51        {
52            DialogResult result = MessageBox.Show("Save the editing
   file?", "Save file?", MessageBoxButtons.YesNo, MessageBoxIcon.
   Warning);
53            if (saveFileDialog1.ShowDialog() == DialogResult.OK) //
   當詢答爲“是”
54            { // 開啓訊流書寫器
55                StreamWriter sw = new StreamWriter(saveFileDialog1.
   FileName);
56                filename = saveFileDialog1.FileName;
57                sw.Write(msgTB.Text); // 寫入檔案
58                sw.Flush(); // 清空訊流書寫器
59                sw.Close(); // 關閉訊流書寫器
60                MessageBox.Show("File saved!"); // 顯示存檔完畢
61            }
62        }
63
64        private void guessBTN_Click(object sender, EventArgs e)
65        {
66            if (guessTB.Text == "") return; // 若未填入猜測之數字，則不
   做任何事情，直接離開回應程式
67            limitTB.Enabled = false; // 禁止變動終極密碼數字之範圍
68            guess = int.Parse(guessTB.Text);
69            judge(); // 呼叫判斷猜測數字比終極密碼數字大或小之程式
70        }
71
72        private void autoBTN_Click(object sender, EventArgs e)
73        {
```

```
74              reset();
75              msgTB.Text = "AutoTarget=" + target.ToString() + "\r\n"
    + msgTB.Text;
76              timer1.Enabled = true; //啓動計時器
77              limitTB.Enabled = false;
78          }
79
80          private void timer1_Tick(object sender, EventArgs e)
81          {
82              guess = (a + b) / 2; //抓取猜測空間之均値，做爲猜測之數字
83              guessTB.Text = guess.ToString();
84              msgTB.Text = "Counter=" + countTB.Text + "\r\n" +
   msgTB.Text;
85              msgTB.Text = "AutoGuess=" + guess.ToString() + "\r\n" +
   msgTB.Text;
86              judge();
87          }
88
89          private void judge()
90          {
91              if (guess > target) //若猜測之數字大於終極密碼數字
92              {
93                  b = guess - 1; //將數字範圍之最大値定爲猜測數字 -1
94                  bTB.Text = b.ToString();
95                  count++;
96                  countTB.Text = count.ToString();
97                  judgeLB.Text = "Too big!!!"; //告知玩家，猜測之數字過大
98              }
99              else if (guess < target) //若猜測之數字小於終極密碼數字
100             {
101                 a = guess + 1; //將數字範圍之最小値定爲猜測數字 +1
102                 aTB.Text = a.ToString();
103                 count++;
104                 countTB.Text = count.ToString();
105                 judgeLB.Text = "Too small!!!";
106             }
107             else //若猜測之數字等於終極密碼數字
108             {
109                 judgeLB.Text = "Bingo!!!"; //恭喜，答對了！
110                 judgeLB.BackColor = Color.Pink; //將文字盒之背景顏色變
   爲粉紅色，以凸顯遊戲結束
111                 guessBTN.Enabled = false;
```

```
112                 storeBTN.Enabled = true;
113                 resetBTN.Enabled = true;
114                 autoBTN.Enabled = false;
115                 limitTB.Enabled = true;
116                 timer1.Enabled = false;
117             }
118         }
119 
120         private void limitTB_TextChanged(object sender, EventArgs e)
121         {
122             limit = int.Parse(limitTB.Text); //若玩家變動終極密碼的數字範圍
123             b = limit - 1; //則即時修正數字範圍之最大值
124             bTB.Text = b.ToString();
125         }
126     }
127 }//Limit=100, Count<=7;Limit=1000, Count<=10;Limit=10000, Count<=14
```

★ 執行結果

程式執行之起始畫面如圖 7.1.3，執行中之畫面如圖 7.1.4，執行結束之畫面如圖 7.1.5，重置之畫面如圖 7.1.6，自動執行之結果如圖 7.1.7 所示。

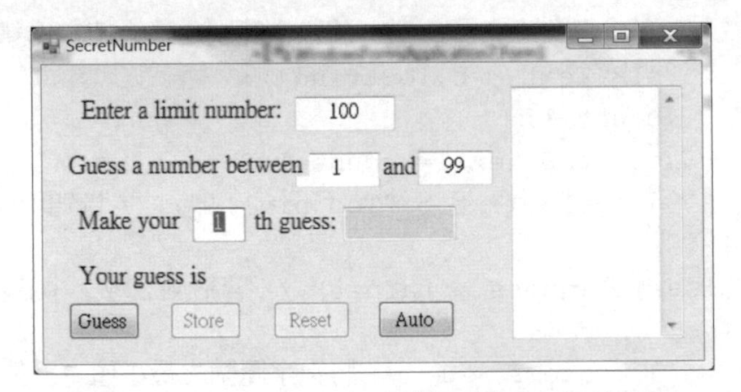

圖 7.1.3　SecretNumber 專案執行之起始畫面

圖 7.1.4　SecretNumber 專案執行中之畫面

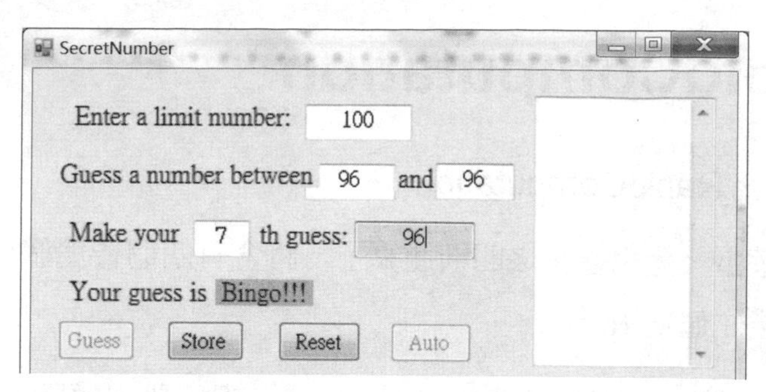

圖 7.1.5 SecretNumber 專案執行結束之畫面

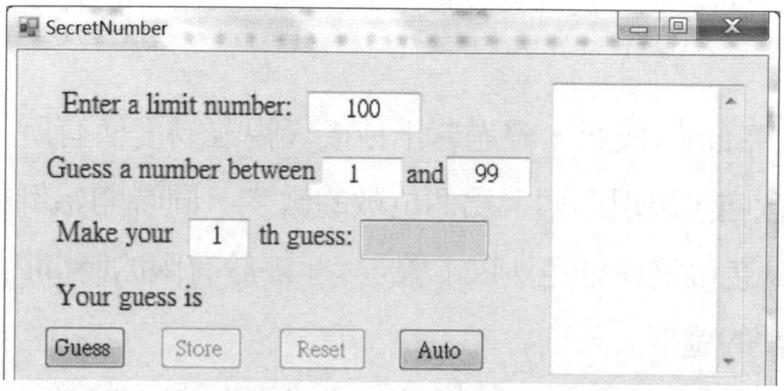

圖 7.1.6 SecretNumber 專案重置之畫面

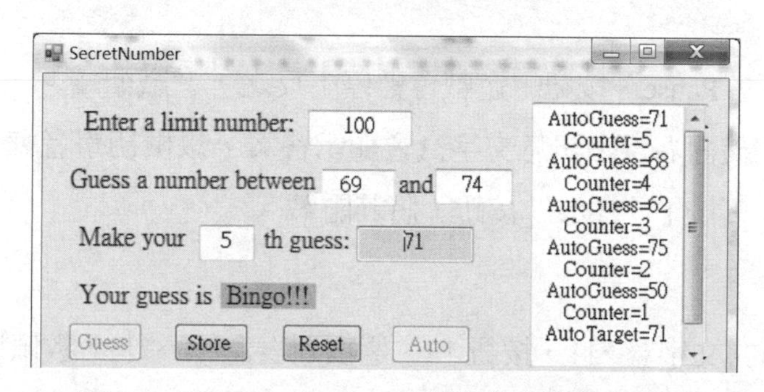

圖 7.1.7 SecretNumber 專案自動執行之結果

★ 程式說明

1. 第 44 行中 target = r.Next(1, limit) 爲使用亂數產生器產生 1~99 的終極密碼數字，與第 45 行中 target = r.Next(limit - 1) + 1 具相同效果，因爲 r.Next(99) 會產生一個 0~98 的數字，+ 1 後，該數字變爲 1~99。
2. 第 52 行 MessageBox.Show 之格式爲詢答之題目，訊息盒表單之本文，訊息盒按鈕之格式，訊息盒之圖示爲警告圖示。
3. 第 127 行表示，若 Limit 定爲 100，則應於 7 次以內猜出終極密碼；若 Limit 定爲 1000，則應於 10 次以內猜出終極密碼；若 Limit 定爲 10000，則應於 14 次以內猜出終極密碼，因爲 10^{14} =16384 ≥ 10000。

7.2 RapidComputation

範例 7-2 —• RapidComputation

說明 快速計算遊戲，選擇適當之四則運算子，將含有四個皆為個位數數字之式子，經過運算後之值為 10。

1. 遊戲開始時，玩家先於“Total problems”處，設定題數。
2. 再於“Level”處，選擇難易度（1 秒為最快速，故最難；10 秒為最慢速，故最易）。
3. 當按下“Start”按鈕，經過若干秒後（視難易度而有所不同），畫面會於空白文字盒處，出現四個皆為個位數的數字，同時開始倒數計時，並將選項列表盒之底色改為粉紅色，以示警告：「需於有限的時間內，於選項列表盒內，做出適當的選擇」。
4. 倒數計時結束後，選項列表盒之底色改為灰色，以示：「選定離手，不得修改」。
5. 當按下“Pause”按鈕，遊戲會暫停；反之，遊戲繼續。
6. 注意：畫面右邊之訊息文字盒會顯示答案，以供初學者練習之用，於正式遊戲時，可按下“Hide”按鈕，將其隱藏。

★ 使用元件

表單 *1、標籤 *11、文字盒 *11、按鈕 *3、選項列表盒 *1、上下數值選擇器 *1、組合盒 *1、計時器 *2。

★ 專案配置

專案之配置如圖 7.2.1，專案中隱藏的元件如圖 7.2.2 所示。

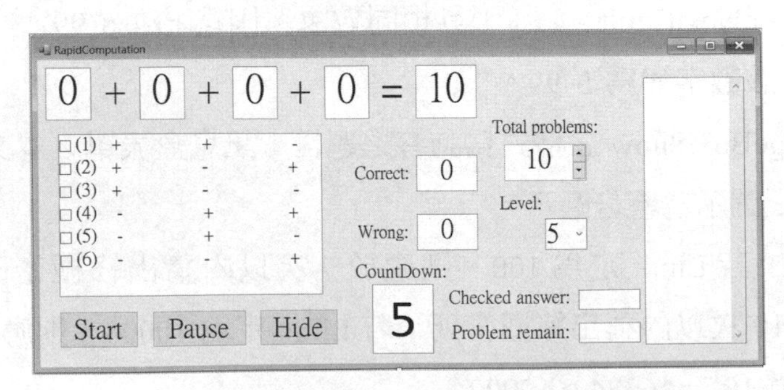

圖 7.2.1 RapidComputation 專案配置圖

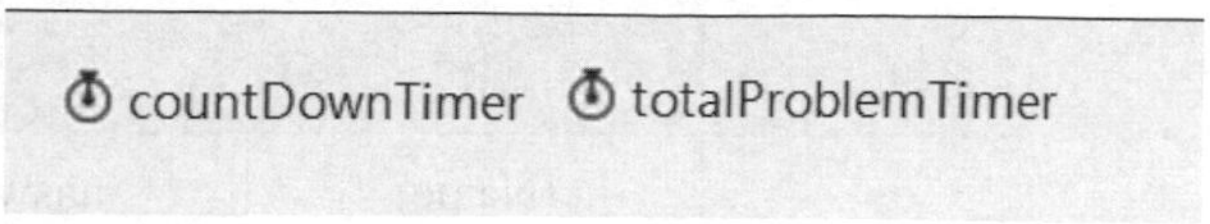

countDownTimer totalProblemTimer

圖 7.2.2 RapidComputation 專案中隱藏的元件

★ 屬性彙整表

1. 各元件需修改之屬性，彙整如表 7.2.1。

表 7.2.1 RapidComputation 屬性彙整表

項次	元件名稱	屬性	值
1	Form1	Text	RapidComputation
2,3,4,5	label1,2,3,4,	Font->Size	36
		Text	+,+,+,=
		TextAlign	MiddleCenter
6,7,8,9,10,11,12	label5,6,7,8,9,10,11	Font->Size	36
		Text	Correct:, Wrong:, CountDown:, Total problems:, Level:, Checked answer:, Problem remain:
		TextAlign	MiddleCenter
13,14,15,16,17	textBox1,2,3,4,5	Font->Size	36
		Text	0, 0, 0, 0, 10
		TextAlign	Center
18,19	textBox6,7	(Name)	correctTB, wrongTB
		Font->Size	24
		Text	0, 0
		TextAlign	Center
20	textBox8	(Name)	countdownTB
		Font->Name	Calibri
		Font->Size	48
		Text	5
		TextAlign	Center

項次	元件名稱	屬性	值
21,22	textBox9,10	(Name)	answerTB, problemTB
		Font->Size	12
		Text	
		TextAlign	Center
23	textBox11	(Name)	msgTB
		Font->Size	12
		Multiline	True
		Text	
		TextAlign	Center
		ScrollBars	Both
24,25,26	button1,2,3	(Name)	startBTN, pauseBTN, hideBTN
		Font->Size	24
		Text	Start, Pause, Hide
27	checkedListBox1	BorderStyle	FixedSingle
		CheckOnClick	True
		Font->Size	16
		Items	(1) + + -, (2) + - +, (3) + - -, (4) - + +, (5) - + -, (6) - - +
28	numericUpSown1	(Name)	problemSelector
		Font->Size	24
		Minimum	0
		Maximum	20
		TextAlign	Center
		Value	10

項次	元件名稱	屬性	值
29	comboBox1	(Name)	levelSelector
		Font->Size	24
		Items	1 2 3 4 5 6 7 8 9 10
		Text	5
30,31	timer1,2	(Name)	countDownTimer, totalProblemTimer
		Interval	1000, 5000

2. 各元件需處理的事件，彙整如表 7.2.2。

表 7.2.2 RapidComputation 事件彙整表

項次	元件名稱	事件名稱	對應程式
1	Form1	Load	Form1_Load
2	startBTN	Click	startBTN _ Click
3	pauseBTN	Click	pauseBTN_Click
4	hideBTN	Click	hideBTN _Click
5	checkedListBox1	ItemCheck	checkedListBox1_ItemCheck
6	problemSelector	ValueChanged	problemSelector_ValueChanged
7	levelSelector	SelectedIndexChanged	levelSelector _SelectedIndexChanged
8	CountDownTimer	Tick	countDownTimer _Tick
9	totalProblemTimer	Tick	totalProblemTimer_Tick

★程式碼

```
1  namespace SecretNumber
2  {
3      public partial class Form1 : Form
4      {
5          const int totalData = 474; // 設定題庫資料長度
6          TextBox[] tb;
7          Label[] lb;
8          int[,] data; // 題庫資料
9          int totalProblem;
10         int level; // 選擇難易度
11         int checkAnswer; // 玩家的選項
12         int timeCounter; // 答題倒數計數器
13         int randomChoice; // 隨機選擇的題號
14         int answer; // 正確答案
15         static Random r = new Random();
16
17         public Form1()
18         {
19             InitializeComponent();
20         }
21
22         private void Form1_Load(object sender, EventArgs e)
23         {
24             //createData(); // 產生題庫資料
25             tb = new TextBox[] { textBox1, textBox2, textBox3, textBox4 };
26             lb = new Label[] { label1, label2, label3 };
27             data = new int[,] // 題庫資料
28 {{3,2,3,4,7},{1,2,3,4,9},{3,2,3,5,6},{3,2,3,6,5},{3,2,3,7,4},{0,2,3,9,4},
29 {1,2,4,3,7},{3,2,4,3,9},{3,2,4,5,7},{1,2,4,5,9},{0,2,4,7,3},{3,2,4,7,5},
30 {3,2,4,9,3},{0,2,4,9,5},{1,2,5,3,6},{1,2,5,4,7},{3,2,5,4,9},{0,2,5,6,3},
31 {3,2,5,6,7},{1,2,5,6,9},{0,2,5,7,4},{3,2,5,7,6},{3,2,5,9,4},{0,2,5,9,6},
32 {1,2,6,3,5},{0,2,6,5,3},{1,2,6,5,7},{3,2,6,5,9},{0,2,6,7,5},{1,2,6,7,9},
33 {3,2,6,9,5},{0,2,6,9,7},{1,2,7,3,4},{0,2,7,4,3},{1,2,7,4,5},{0,2,7,5,4},
34 {1,2,7,5,6},{0,2,7,6,5},{3,2,7,6,9},{1,2,7,8,9},{3,2,7,9,6},{0,2,7,9,8},
35 {3,2,8,7,9},{3,2,8,9,7},{0,2,9,3,4},{1,2,9,4,3},{0,2,9,4,5},{1,2,9,5,4},
36 {0,2,9,5,6},{1,2,9,6,5},{0,2,9,6,7},{1,2,9,7,6},{0,2,9,7,8},{1,2,9,8,7},
37 {3,3,2,4,5},{1,3,2,4,9},{3,3,2,5,4},{0,3,2,9,4},{1,3,4,2,5},{3,3,4,2,9},
38 {0,3,4,5,2},{3,3,4,5,6},{1,3,4,5,8},{3,3,4,6,5},{1,3,4,6,9},{0,3,4,8,5},
```

```
39 {3,3,4,9,2},{0,3,4,9,6},{1,3,5,2,4},{0,3,5,4,2},{1,3,5,4,6},{3,3,5,4,8},
40 {0,3,5,6,4},{1,3,5,6,8},{1,3,5,7,9},{3,3,5,8,4},{0,3,5,8,6},{0,3,5,9,7},
41 {1,3,6,4,5},{3,3,6,4,9},{0,3,6,5,4},{3,3,6,5,8},{1,3,6,7,8},{3,3,6,8,5},
42 {0,3,6,8,7},{1,3,6,8,9},{3,3,6,9,4},{0,3,6,9,8},{3,3,7,5,9},{3,3,7,6,8},
43 {3,3,7,8,6},{3,3,7,9,5},{0,3,8,4,5},{1,3,8,5,4},{0,3,8,5,6},{1,3,8,6,5},
44 {0,3,8,6,7},{3,3,8,6,9},{1,3,8,7,6},{3,3,8,9,6},{0,3,9,2,4},{1,3,9,4,2},
45 {0,3,9,4,6},{0,3,9,5,7},{1,3,9,6,4},{0,3,9,6,8},{1,3,9,7,5},{1,3,9,8,6},
46 {3,4,2,3,5},{1,4,2,3,7},{3,4,2,5,3},{1,4,2,5,9},{0,4,2,7,3},{0,4,2,9,5},
47 {1,4,3,2,5},{3,4,3,2,7},{0,4,3,5,2},{1,4,3,5,8},{1,4,3,6,9},{3,4,3,7,2},
48 {0,4,3,8,5},{0,4,3,9,6},{1,4,5,2,3},{3,4,5,2,9},{0,4,5,3,2},{3,4,5,3,8},
49 {1,4,5,6,7},{0,4,5,7,6},{1,4,5,7,8},{3,4,5,8,3},{0,4,5,8,7},{1,4,5,8,9},
50 {3,4,5,9,2},{0,4,5,9,8},{3,4,6,3,9},{3,4,6,5,7},{3,4,6,7,5},{3,4,6,9,3},
51 {0,4,7,2,3},{1,4,7,3,2},{0,4,7,5,6},{3,4,7,5,8},{1,4,7,6,5},{3,4,7,8,5},
52 {0,4,7,8,9},{1,4,7,9,8},{0,4,8,3,5},{1,4,8,5,3},{0,4,8,5,7},{3,4,8,5,9},
53 {1,4,8,7,5},{0,4,8,7,9},{3,4,8,9,5},{1,4,8,9,7},{0,4,9,2,5},{0,4,9,3,6},
54 {1,4,9,5,2},{0,4,9,5,8},{1,4,9,6,3},{3,4,9,7,8},{1,4,9,8,5},{3,4,9,8,7},
55 {3,5,2,3,4},{1,5,2,3,6},{3,5,2,4,3},{1,5,2,4,7},{0,5,2,6,3},{1,5,2,6,9},
56 {0,5,2,7,4},{0,5,2,9,6},{1,5,3,2,4},{3,5,3,2,6},{0,5,3,4,2},{1,5,3,4,6},
57 {3,5,3,6,2},{0,5,3,6,4},{1,5,3,6,8},{1,5,3,7,9},{0,5,3,8,6},{0,5,3,9,7},
58 {1,5,4,2,3},{3,5,4,2,7},{0,5,4,3,2},{3,5,4,3,6},{3,5,4,6,3},{1,5,4,6,7},
59 {3,5,4,7,2},{0,5,4,7,6},{1,5,4,7,8},{0,5,4,8,7},{1,5,4,8,9},{0,5,4,9,8},
60 {0,5,6,2,3},{3,5,6,2,9},{1,5,6,3,2},{0,5,6,3,4},{3,5,6,3,8},{1,5,6,4,3},
61 {3,5,6,4,7},{3,5,6,7,4},{0,5,6,7,8},{3,5,6,8,3},{1,5,6,8,7},{0,5,6,8,9},
62 {3,5,6,9,2},{1,5,6,9,8},{0,5,7,2,4},{3,5,7,3,9},{1,5,7,4,2},{0,5,7,4,6},
63 {3,5,7,4,8},{1,5,7,6,4},{0,5,7,6,8},{3,5,7,8,4},{1,5,7,8,6},{3,5,7,9,3},
64 {0,5,8,3,6},{0,5,8,4,7},{3,5,8,4,9},{1,5,8,6,3},{3,5,8,6,7},{0,5,8,6,9},
65 {1,5,8,7,4},{3,5,8,7,6},{3,5,8,9,4},{1,5,8,9,6},{0,5,9,2,6},{0,5,9,3,7},
66 {0,5,9,4,8},{1,5,9,6,2},{3,5,9,6,8},{1,5,9,7,3},{1,5,9,8,4},{3,5,9,8,6},
67 {1,6,2,3,5},{5,6,2,3,9},{0,6,2,5,3},{1,6,2,5,7},{0,6,2,7,5},{1,6,2,7,9},
68 {4,6,2,9,3},{0,6,2,9,7},{3,6,3,2,5},{5,6,3,2,9},{1,6,3,4,5},{3,6,3,5,2},
69 {0,6,3,5,4},{1,6,3,7,8},{0,6,3,8,7},{1,6,3,8,9},{4,6,3,9,2},{0,6,3,9,8},
70 {3,6,4,3,5},{3,6,4,5,3},{0,6,5,2,3},{3,6,5,2,7},{1,6,5,3,2},{0,6,5,3,4},
71 {1,6,5,4,3},{3,6,5,7,2},{0,6,5,7,8},{1,6,5,8,7},{0,6,5,8,9},{1,6,5,9,8},
72 {0,6,7,2,5},{3,6,7,2,9},{3,6,7,3,8},{1,6,7,5,2},{0,6,7,5,8},{3,6,7,8,3},
73 {1,6,7,8,5},{3,6,7,9,2},{0,6,8,3,7},{3,6,8,3,9},{3,6,8,5,7},{0,6,8,5,9},
74 {1,6,8,7,3},{3,6,8,7,5},{3,6,8,9,3},{1,6,8,9,5},{2,6,9,2,3},{0,6,9,2,7},
75 {2,6,9,3,2},{0,6,9,3,8},{3,6,9,5,8},{1,6,9,7,2},{1,6,9,8,3},{3,6,9,8,5},
76 {1,7,2,3,4},{5,7,2,3,8},{0,7,2,4,3},{1,7,2,4,5},{5,7,2,4,9},{0,7,2,5,4},
77 {1,7,2,5,6},{0,7,2,6,5},{4,7,2,8,3},{1,7,2,8,9},{4,7,2,9,4},{0,7,2,9,8},
```

```
78  {3,7,3,2,4},{5,7,3,2,8},{3,7,3,4,2},{4,7,3,8,2},{0,7,4,2,3},{3,7,4,2,5},
79  {5,7,4,2,9},{1,7,4,3,2},{3,7,4,5,2},{0,7,4,5,6},{1,7,4,6,5},{0,7,4,8,9},
80  {4,7,4,9,2},{1,7,4,9,8},{0,7,5,2,4},{3,7,5,2,6},{1,7,5,4,2},{0,7,5,4,6},
81  {3,7,5,6,2},{1,7,5,6,4},{0,7,5,6,8},{1,7,5,8,6},{0,7,6,2,5},{3,7,6,4,5},
82  {1,7,6,5,2},{3,7,6,5,4},{0,7,6,5,8},{1,7,6,8,5},{2,7,8,2,3},{3,7,8,2,9},
83  {2,7,8,3,2},{0,7,8,4,9},{3,7,8,5,6},{3,7,8,6,5},{3,7,8,9,2},{1,7,8,9,4},
84  {2,7,9,2,4},{0,7,9,2,8},{2,7,9,4,2},{3,7,9,4,8},{1,7,9,8,2},{3,7,9,8,4},
85  {5,8,2,3,7},{5,8,2,5,9},{4,8,2,7,3},{4,8,2,9,5},{5,8,3,2,7},{0,8,3,4,5},
86  {5,8,3,4,9},{1,8,3,5,4},{0,8,3,5,6},{1,8,3,6,5},{0,8,3,6,7},{4,8,3,7,2},
87  {1,8,3,7,6},{4,8,3,9,4},{0,8,4,3,5},{5,8,4,3,9},{1,8,4,5,3},{0,8,4,5,7},
88  {1,8,4,7,5},{0,8,4,7,9},{4,8,4,9,3},{1,8,4,9,7},{5,8,5,2,9},{3,8,5,3,4},
89  {0,8,5,3,6},{3,8,5,4,3},{0,8,5,4,7},{1,8,5,6,3},{0,8,5,6,9},{1,8,5,7,4},
90  {4,8,5,9,2},{1,8,5,9,6},{3,8,6,3,5},{0,8,6,3,7},{3,8,6,5,3},{0,8,6,5,9},
91  {1,8,6,7,3},{1,8,6,9,5},{2,8,7,2,3},{2,8,7,3,2},{3,8,7,3,6},{3,8,7,4,5},
92  {0,8,7,4,9},{3,8,7,5,4},{3,8,7,6,3},{1,8,7,9,4},{2,8,9,2,5},{2,8,9,3,4},
93  {2,8,9,4,3},{3,8,9,4,7},{2,8,9,5,2},{3,8,9,5,6},{3,8,9,6,5},{3,8,9,7,4},
94  {0,9,2,3,4},{5,9,2,3,6},{1,9,2,4,3},{0,9,2,4,5},{5,9,2,4,7},{1,9,2,5,4},
95  {0,9,2,5,6},{5,9,2,5,8},{4,9,2,6,3},{1,9,2,6,5},{0,9,2,6,7},{4,9,2,7,4},
96  {1,9,2,7,6},{0,9,2,7,8},{4,9,2,8,5},{1,9,2,8,7},{0,9,3,2,4},{5,9,3,2,6},
97  {1,9,3,4,2},{0,9,3,4,6},{5,9,3,4,8},{0,9,3,5,7},{4,9,3,6,2},{1,9,3,6,4},
98  {0,9,3,6,8},{1,9,3,7,5},{4,9,3,8,4},{1,9,3,8,6},{3,9,4,2,3},{0,9,4,2,5},
99  {5,9,4,2,7},{3,9,4,3,2},{0,9,4,3,6},{5,9,4,3,8},{1,9,4,5,2},{0,9,4,5,8},
100 {1,9,4,6,3},{4,9,4,7,2},{4,9,4,8,3},{1,9,4,8,5},{3,9,5,2,4},{0,9,5,2,6},
101 {5,9,5,2,8},{0,9,5,3,7},{3,9,5,4,2},{0,9,5,4,8},{1,9,5,6,2},{1,9,5,7,3},
102 {4,9,5,8,2},{1,9,5,8,4},{2,9,6,2,3},{3,9,6,2,5},{0,9,6,2,7},{2,9,6,3,2},
103 {3,9,6,3,4},{0,9,6,3,8},{3,9,6,4,3},{3,9,6,5,2},{1,9,6,7,2},{1,9,6,8,3},
104 {2,9,7,2,4},{3,9,7,2,6},{0,9,7,2,8},{3,9,7,3,5},{2,9,7,4,2},{3,9,7,5,3},
105 {3,9,7,6,2},{1,9,7,8,2},{2,9,8,2,5},{3,9,8,2,7},{2,9,8,3,4},{3,9,8,3,6},
106 {2,9,8,4,3},{3,9,8,4,5},{2,9,8,5,2},{3,9,8,5,4},{3,9,8,6,3},{3,9,8,7,2}};
107             initialization();
108             checkedListBox1.Focus(); //將游標移動至選項列表盒
109         }
110 
111         private void initialization()
112         {
113             for (int i = 0; i < tb.Length; i++)
114                 tb[i].Text = "";
115             for (int i = 0; i < lb.Length; i++)
116                 lb[i].Text = "";
```

```
117            for (int i = 0; i < checkedListBox1.Items.Count; i++)
//將選項列表盒的每一個項目，皆設定爲未勾選
118                checkedListBox1.SetItemChecked(i, false);
119            checkedListBox1.Enabled = false; //關閉選項列表盒的功能
120            checkedListBox1.BackColor = Color.LightGray; //將選項列
表盒的背景顏色，設定爲淺灰色
121            totalProblem = int.Parse(problemSelector.Text); //抓取題數
122            problemTB.Text = totalProblem.ToString();
123            level = int.Parse(levelSelector.Text); //抓取難易度
124            countdownTB.Text = level.ToString();
125            totalProblemTimer.Interval = (level + 1) * 1000; //設定
每一題目之總答題時間
126            msgTB.Text = "";
127            correctTB.Text = "0";
128            wrongTB.Text = "0";
129            answer = checkAnswer = -1
130            startBTN.Enabled = true;
131            stopBTN.Enabled = false;
132        }
133
134        private void startBTN_Click(object sender, EventArgs e)
135        {
136            initialization();
137            startBTN.Enabled = false;
138            pauseBTN.Enabled = true;
139            problemSelector.Enabled = false;
140            levelSelector.Enabled = false;
141            totalProblemTimer.Enabled = true;
142        }
143
144        private void pauseBTN_Click(object sender, EventArgs e)
145        {
146            if (pauseBTN.Text.Equals("Pause")) //當此按鈕上之文字爲 Pause 時
147            {
148                totalProblemTimer.Enabled = false; //關閉計時器
149                countDownTimer.Enabled = false;
150                pauseBTN.Text = "GoOn"; //將此按鈕上之文字改爲 GoOn
151            }
152            else
153            {
```

```
154                 totalProblemTimer.Enabled = true;
155                 countDownTimer.Enabled = true;
156                 pauseBTN.Text = "Pause";
157             }
158         }
159
160         private void hideBTN_Click(object sender, EventArgs e)
161         { // 切換訊息文字盒為顯示或隱藏
162             if (msgTB.Visible) msgTB.Visible = false;
163             else msgTB.Visible = true;
164         }
165
166         private void totalProblemTimer_Tick(object sender, EventArgs e)
167         {
168             if (totalProblem > 0) // 若尚未答完全部題目
169             {
170                 problemTB.Text = totalProblem.ToString(); // 顯示題數
171                 totalProblem--; // 遞減題數
172                 timeCounter = int.Parse(levelSelector.Text);
173                 countdownTB.Text = timeCounter.ToString();
174                 randomChoice = r.Next(totalData); // 隨機抽取題號
175                 answer = data[randomChoice, 0]; // 答案為該題號資料之最
    前面的數字
176                 for (int j = 0; j < 4; j++) // 將題目顯示於文字盒內
177                     tb[j].Text = data[randomChoice, j + 1].ToString();
178                 for (int i = 0; i < checkedListBox1.Items.Count; i++)
179                     checkedListBox1.SetItemChecked(i, false); // 設定
    所有項目皆為未被勾選者
180                 for (int i = 0; i < lb.Length; i++)
181                     lb[i].Text = "";
                    msgTB.Text += "Answer = " + (data[randomChoice, 0]
182 + 1).ToString() + "\r\n";
183                 countDownTimer.Enabled = true;
184                 checkedListBox1.Enabled = true;
185                 checkedListBox1.BackColor = Color.LightPink; // 將選
    項列表盒的背景顏色，設定為淺粉紅色
186             }
187             else
188             {
189                 totalProblemTimer.Enabled = false;
```

```
190                 problemTB.Text = "Over!";
191                 for (int i = 0; i < checkedListBox1.Items.Count; i++)
192                     checkedListBox1.SetItemChecked(i, false);
193                 problemSelector.Enabled = true;
194                 levelSelector.Enabled = true;
195                 startBTN.Enabled = true;
196                 stopBTN.Enabled = false;
197             }
198         }
199 
200         private void countDownTimer_Tick(object sender, EventArgs e)
201         {
202             timeCounter--; // 遞減時間計數器
203             countdownTB.Text = timeCounter.ToString();
204             if (timeCounter == 0) checkWin(); // 若時間計數器已歸零，檢
    查是否答對
205         }
206 
207         private void checkWin()
208         {
209             countDownTimer.Enabled = false;
210             if (answer == checkAnswer) // 若玩家的選擇爲正確答案
211             {
212                 correctTB.Text = (int.Parse(correctTB.Text) +
    1).ToString();
213                 answerTB.Text = "Correct!";
214             }
215             else
216             {
217                 wrongTB.Text = (int.Parse(wrongTB.Text) +
    1).ToString();
218                 answerTB.Text = "Wrong!";
219             }
220         }
221 
222         private void levelSelector_SelectedIndexChanged(object
    sender, EventArgs e) // 難易度改變時之對應程式
223         {
224             level = int.Parse(levelSelector.Text); // 抓取難易度值
225             countdownTB.Text = level.ToString();
226             totalProblemTimer.Interval = (level + 1) * 1000; // 重新
    設定每一題目之總答題時間
```

```
227         }
228 
229         private void problemSelector _ValueChanged(object sender,
    EventArgs e) // 題數改變時之對應程式
230         {
231             totalProblem = (int)problemSelector.Value;
232             problemTB.Text = totalProblem.ToString();
233         }
234 
235         private void checkedListBox1_ItemCheck(object sender,
    ItemCheckEventArgs e) // 勾選選項列表盒時之對應程式
236         {
237             if (!checkedListBox1.GetItemChecked(e.Index))
    checkAnswer = e.Index; // 若列表盒中索引項被勾選，則將索引值設爲玩家的選項
238             else checkAnswer = -1;
239             checkedListBox1.Enabled = false;
240             checkedListBox1.BackColor = Color.LightGray;
241             answerTB.Text = (checkAnswer + 1).ToString();
242             switch(e.Index) // 依據被勾選者之索引，設定運算符號
243             {
244                 case 0: lb[0].Text = "+"; lb[1].Text = "+"; lb[2].
    Text = "-";
245                     break;
                    case 1: lb[0].Text = "+"; lb[1].Text = "-"; lb[2].
246 Text = "+";
247                     break;
248                 case 2: lb[0].Text = "+"; lb[1].Text = "-"; lb[2].
    Text = "-";
249                     break;
250                 case 3: lb[0].Text = "-"; lb[1].Text = "+"; lb[2].
    Text = "+";
251                     break;
252                 case 4: lb[0].Text = "-"; lb[1].Text = "+"; lb[2].
    Text = "-";
253                     break;
254                 case 5: lb[0].Text = "-"; lb[1].Text = "-"; lb[2].
    Text = "+";
255                     break;
256                 default: lb[0].Text = "?"; lb[1].Text = "?"; lb[2].
    Text = "?";
257                     break;
258             }
259         }
260 
261         private void createData() // 建立題庫資料
262         {
```

```
263             int counter = 0;
264              for (int i = 2; i <= 9; i++) // 爲求題目不至於太過容易，故將
0 與 1 去除
265                  for (int j = 2; j <= 9; j++)
266                      for (int k = 2; k <= 9; k++)
267                          for (int m = 2; m <= 9; m++)
268                              for (int op = 1; op <= 6; op++)
269                              {
270                                  int result = calculation(i, j, k, m, op);
271                                  if ((result == 10) && (i != j) && (i
!= k) && (i != m) && (j != k) && (j != m) && (k != m)) // 當結果等
於 10，且無重複的數字，出現於題目中
272                                  {
273                                      msgTB.Text += "{" + (op-1).
ToString() + "," + i.ToString() + "," + j.ToString() + "," +
k.ToString() + "," + m.ToString() + "},";
274                                      counter++;
275                                      if (counter % 6 == 0) msgTB.
Text += "\r\n"; // 每隔 6 題跳行
276                                  }
277                              }
278         }
279 
280         private int calculation(int a, int b, int c, int d, int op)
281         {
282             int result = 0;
283             switch (op)
284             {
285                 case 0: result = a + b + c + d; break; // 題目太過容易
，故去除
286                 case 1: result = a + b + c - d; break;
287                 case 2: result = a + b - c + d; break;
288                 case 3: result = a + b - c - d; break;
289                 case 4: result = a - b + c + d; break;
290                 case 5: result = a - b + c - d; break;
291                 case 6: result = a - b - c + d; break;
292                 case 7: result = a - b - c - d; break; // 其運算結果不
可能等於 10，故去除
293                 default: result = 0; break;
294             }
295             return result;
296         }
297     }
298 }
```

★ 執行結果

程式執行之起始畫面如圖 7.2.3，執行中暫停之畫面如圖 7.2.4，執行選項後之畫面如圖 7.2.5，執行時答對之畫面如圖 7.2.6，執行時答錯之畫面如圖 7.2.7，執行時尚未選擇答案之畫面如圖 7.2.8，執行時隱藏訊息文字盒之結果如圖 7.2.9，執行結束之畫面如圖 7.2.10 所示。

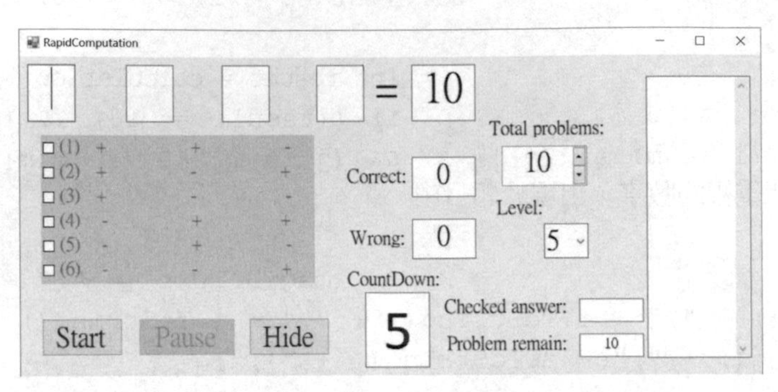

圖 7.2.3　RapidComputation 專案執行之起始畫面

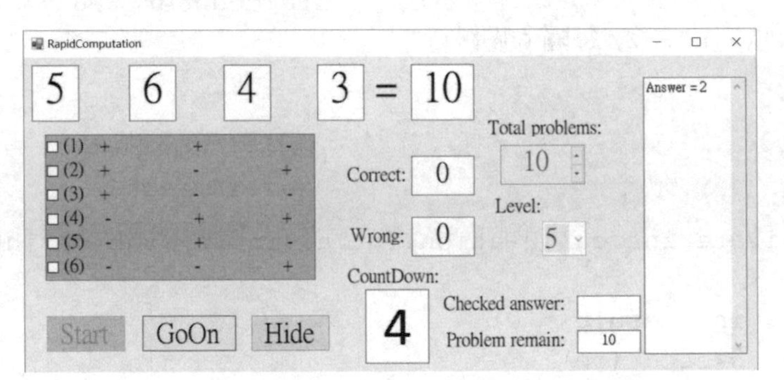

圖 7.2.4　RapidComputation 專案執行中暫停之畫面

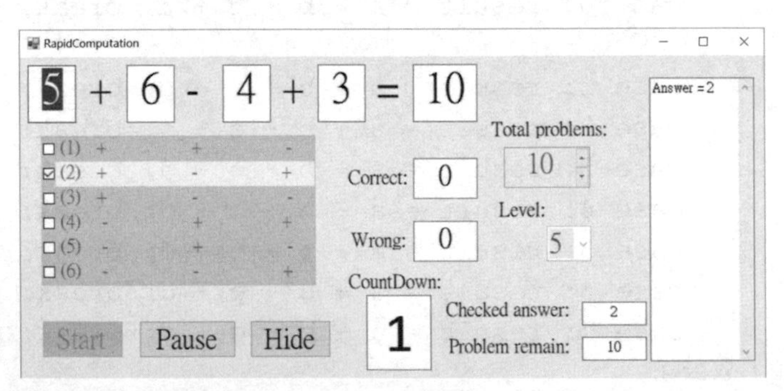

圖 7.2.5　RapidComputation 專案執行選項後之畫面

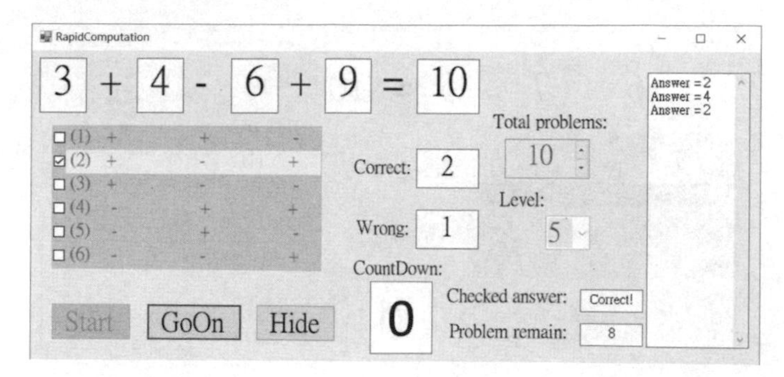

圖 7.2.6　RapidComputation 專案執行時答對之畫面

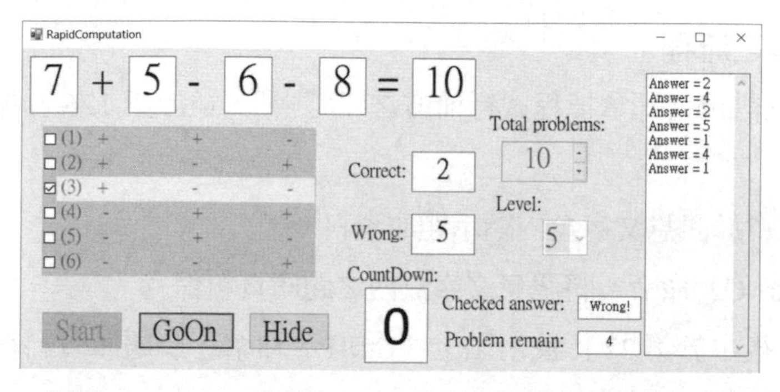

圖 7.2.7　RapidComputation 專案執行時答錯之畫面

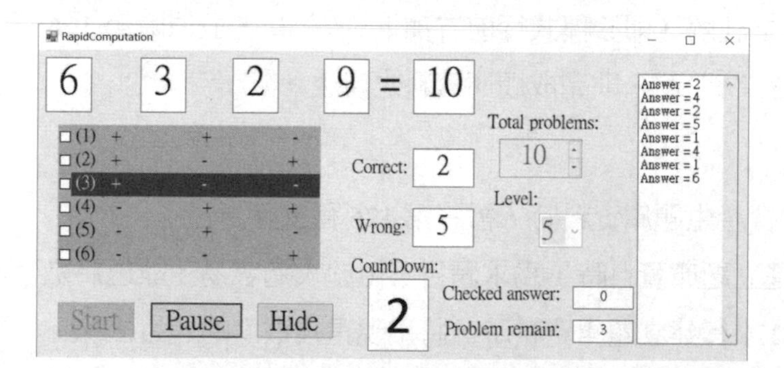

圖 7.2.8　RapidComputation 專案執行時尚未選擇答案之畫面

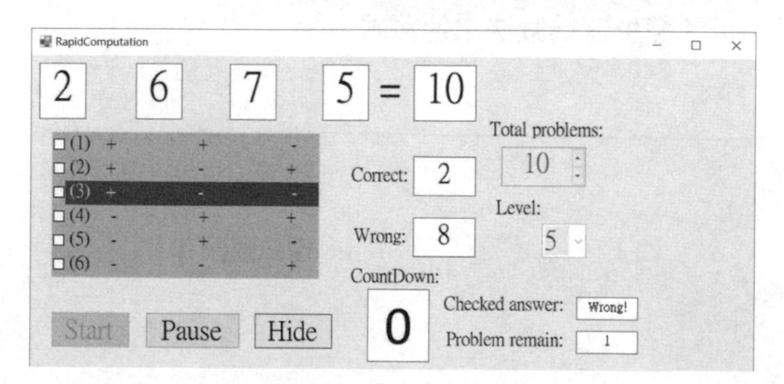

圖 7.2.9　RapidComputation 專案執行時隱藏訊息文字盒之結果

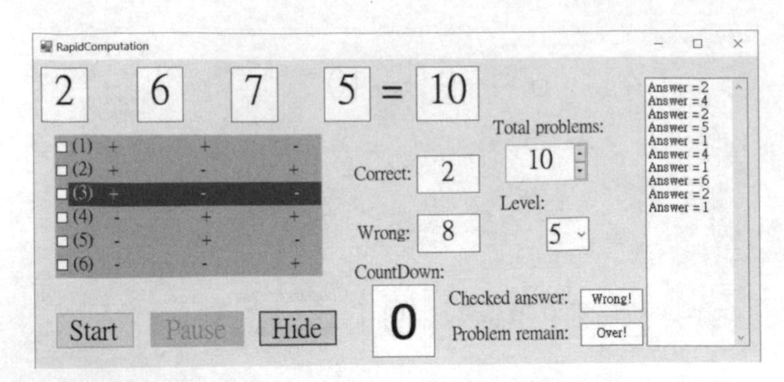

圖 7.2.10　RapidComputation 專案執行結束之畫面

★ 產生題庫資料之流程：

1. 清除第 24 行之註解（即拿掉程式行前方之“//”），並於第 126 行加上註解（即於程式行前方加上“//”）。
2. 程式執行後，會於訊息文字盒內顯示題庫資料。
3. 使用複製（Ctrl-C）命令，將訊息文字盒內之題庫資料保存。
4. 停止程式執行後，於第 27 行使用貼上（Ctrl-P）命令，將題庫資料複製到程式內，於題庫後方加上“};”程式字樣。
5. 恢復第 24 行之註解（即於程式行前方加上“//”），並清除第 126 行之註解（即拿掉程式行前方之“//”），則完成題庫資料之產生。

★ 程式說明

1. 當使用第 24 行產生題庫資料時，需將第 126 行去除。
2. 於第 261 行建立題庫資料時，為求題目不至於太過容易，故已將數字 0 與 1 去除。
3. 同理，於第 271 行建立題庫資料時，將出現重複數字的題目去除。
4. 同理，於第 285 行建立題庫資料時，將皆為加法之運算式去除。
5. 第 292 行表示不可能發生皆為減法之運算式。

7.3 TicTacToe

範例 7-3 → TicTacToe

說明 井字棋遊戲。

1. 遊戲開始時，玩家可由“ChangePlayer”按鈕，設定何者先下手：A 玩家或 B 玩家。
2. 若 A 玩家爲先下棋者，其持“O”棋子，則 B 玩家爲後下棋者，其持“X”棋子。
3. A 玩家與 B 玩家輪流下棋。
4. 當三個相同之棋子，呈水平、垂直、或對角線排列時，遊戲結束，持該棋子者爲贏家。
5. 反之，當棋盤已塡滿棋子而無贏家時，該局爲和局。

★ 使用元件

表單 *1、標籤 *3、文字盒 *4、按鈕 *11。

★ 專案配置

專案之配置如圖 7.3.1 所示。

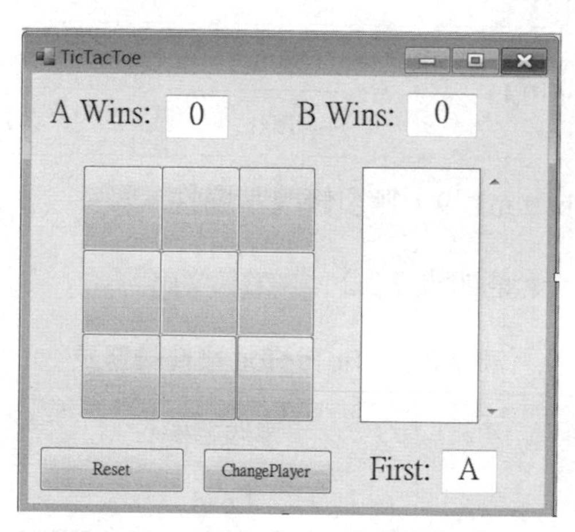

圖 7.3.1 TicTacToe 專案配置圖

★ 屬性彙整表

1. 各元件需修改之屬性，彙整如表 7.3.1。

表 7.3.1 TicTacToe 屬性彙整表

項次	元件名稱	屬性	值
1	Form1	Text	TicTacToe
2,3,4	label1,2,3	Font->Size	16
		Text	A Wins:, B Wins:, First:
5,6,7	textBox1,2,3	(Name)	aTB, bTB, playerTB
		Font->Size	16
		Text	0, 0, A
		TextAlign	Center
8	textBox4	(Name)	msgTB
		Multiline	True
		Text	
		ScrollBars	Both
9,10,11,12,13, 14,15,16,17	button1,2,3,4, 5,6,7,8,9		
18,19	button10,11	(Name)	resetBTN, changeBTN
		Text	Reset, ChangePlayer

註解：項次 9~17 之 button1~9，無須修改其屬性。

2. 各元件需處理的事件，彙整如表 7.3.2。

表 7.3.2 TicTacToe 事件彙整表

項次	元件名稱	事件名稱	對應程式
1	Form1	Load	Form1_Load
2	button1~9	Click	button _Click
3	resetBTN	Click	resetBTN _Click
4	changeBTN	Click	changeBTN _Click

★ 程式碼

```
1   namespace TicTacToe
2   {
3       public partial class Form1 : Form
4       {
5           Button[] B;
6           int count = 0; //計算總步數
7           int aWin = 0; //計算 A 贏次數
8           int bWin = 0; //計算 B 贏次數
9
10          public Form1()
11          {
12              InitializeComponent();
13          }
14          private void Form1_Load(object sender, EventArgs e)
15          {
16              B = new Button[] { button1, button2, button3, button4,
    button5, button6, button7, button8, button9 };
17          }
18
19          private void button_Click(object sender, EventArgs e)
20          {
21              changeBTN.Enabled = false; //遊戲開始，故關閉換手功能
22              Button btn = (Button) sender;
23              if (btn.Text != "") return; //不可按已按過之按鈕
24              if ((count % 2) == 0) //偶數設爲“O”棋子
25                  btn.Text = " o ";
26              else //奇數設爲“X”棋子
27                  btn.Text = " X ";
28              count++;
29              if (count>=5) checkWinner();//若超過 5 步，檢查是否有贏家
30          }
31
32          private void resetBTN_Click(object sender, EventArgs e)
33          {
34              changeBTN.Enabled = true; //重置後，可換先行者
35              for (int i = 0; i < B.Length; i++)
36              {
37                  B[i].Text = ""; //清除按鈕本文
```

```
38                  B[i].Enabled = true;
39              }
40              msgTB.Text += "================\r\n";
41              count = 0; //將步數歸零
42          }
43
44          private void changeBTN_Click(object sender, EventArgs e)
45          { //切換先行者：A玩家或B玩家
46              if (playerTB.Text == "A") playerTB.Text = "B";
47              else playerTB.Text = "A";
48          }
49
50          private void checkWinner()
51          {
52              for (int i = 0; i < B.Length; i += 3)
53                  if ((B[i].Text != "") && (B[i].Text == B[i + 1].Text)
    && (B[i].Text == B[i + 2].Text)) //三個相同之棋子，呈水平排列
54                  {
55                      msgTB.AppendText(B[i].Text + " Checked win by
    row!!!\n");
56                      decision(B[i].Text);
57                      for (int j = 0; j < B.Length; j++)
58                          B[j].Enabled = false;
59                      break;
60                  }
61              for (int i = 0; i < B.Length / 3; i++)
62                  if ((B[i].Text != "") && (B[i].Text == B[i + 3].Text)
    && (B[i].Text == B[i + 6].Text)) //三個相同之棋子，呈垂直排列
63                  {
64                      msgTB.AppendText(B[i].Text + " Checked win by
    column!!!\n");
65                      decision(B[i].Text);
66                      for (int j = 0; j < B.Length; j++)
67                          B[j].Enabled = false;
68                      break;
69                  }
70              if (((B[0].Text != "") && (B[0].Text == B[4].Text) &&
    (B[0].Text == B[8].Text)) || ((B[2].Text != "") && (B[2].Text ==
    B[4].Text) && (B[2].Text == B[6].Text))) //三個相同之棋子，呈斜對角線排列
71              {
72                  msgTB.AppendText(B[4].Text + " Checked win by
    diagonal!!!\n");
```

```
73                  decision(B[4].Text);
74              }
75              int k = 0;
76              while ((k < B.Length) && (B[k].Text != "")) k++;
77              if (k == B.Length) msgTB.Text += "Even game!!!\r\n"; //
    當棋盤已填滿棋子而無贏家時，則爲和局
78          }
79          private void decision(String str)
80          {
81              if (str == "○") //若"O"棋子贏
82              {
83                  if (playerTB.Text == "A") //而先行者爲A玩家
84                  {
85                      aWin++;
86                      aTB.Text = aWin.ToString();
87                  }
88                  else
89                  {
90                      bWin++;
91                      bTB.Text = bWin.ToString();
92                  }
93              }
94              else //若"X"棋子贏
95              {
96                  if (playerTB.Text == "B") //而先行者爲B玩家
97                  {
98                      aWin++;
99                      aTB.Text = aWin.ToString();
100                 }
101                 else
102                 {
103                     bWin++;
104                     bTB.Text = bWin.ToString();
105                 }
106             }
107         }
108     }
109 }
```

★ 執行結果

程式執行之起始畫面如圖 7.3.2，執行中 A 玩家以對角線贏局之畫面如圖 7.3.3，執行之重置畫面如圖 7.3.4，A 玩家以水平線贏局之畫面如圖 7.3.5，A 玩家以垂直線贏局之畫面如圖 7.3.6，B 玩家以對角線贏局之畫面如圖 7.3.7，和局之畫面如圖 7.3.8 所示。

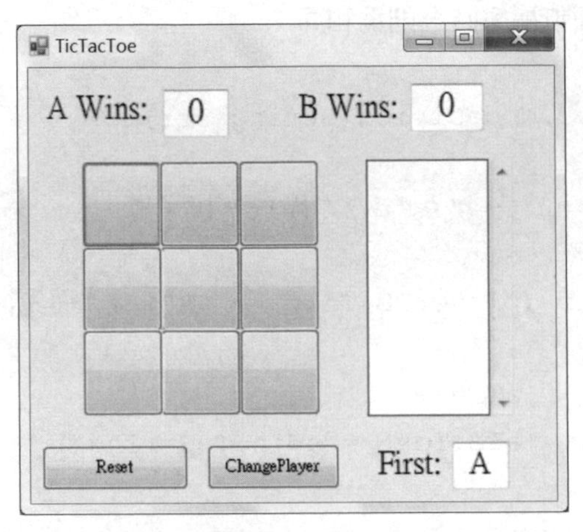

圖 7.3.2　TicTacToe 專案執行之起始畫面

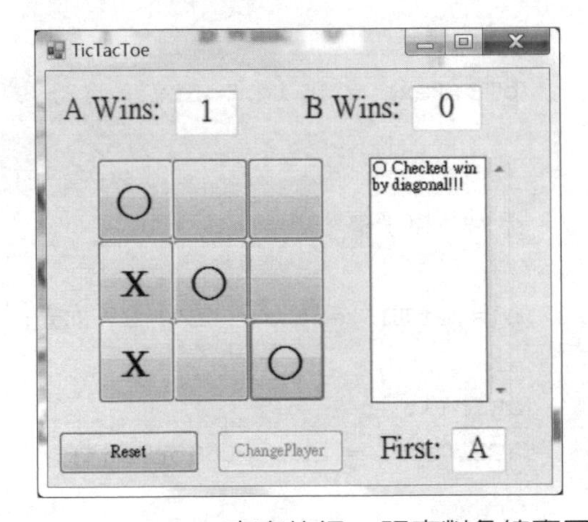

圖 7.3.3　TicTacToe 專案執行 A 玩家對角線贏局畫面

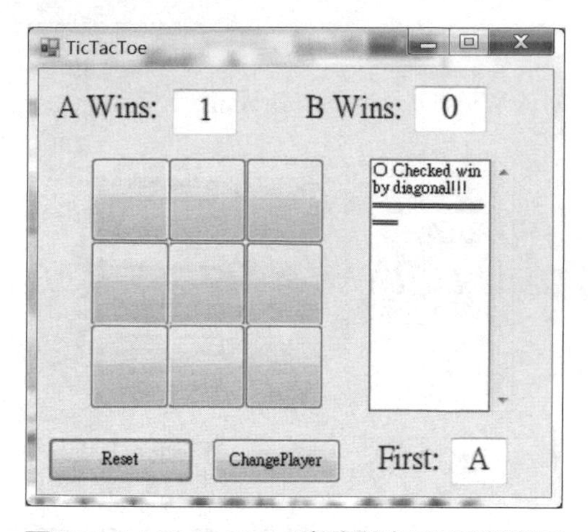

圖 7.3.4　TicTacToe 專案執行之重置畫面

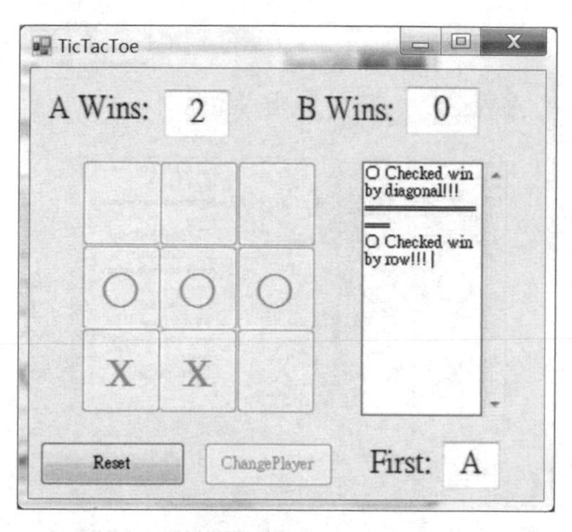

圖 7.3.5　TicTacToe 專案執行 A 玩家水平線贏局畫面

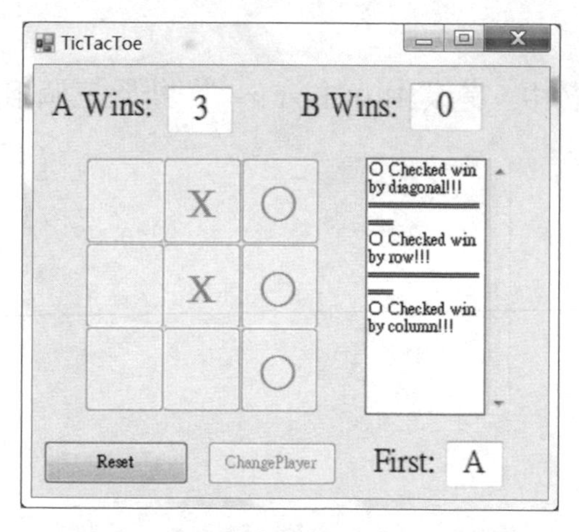

圖 7.3.6　TicTacToe 專案執行 A 玩家垂直線贏局畫面

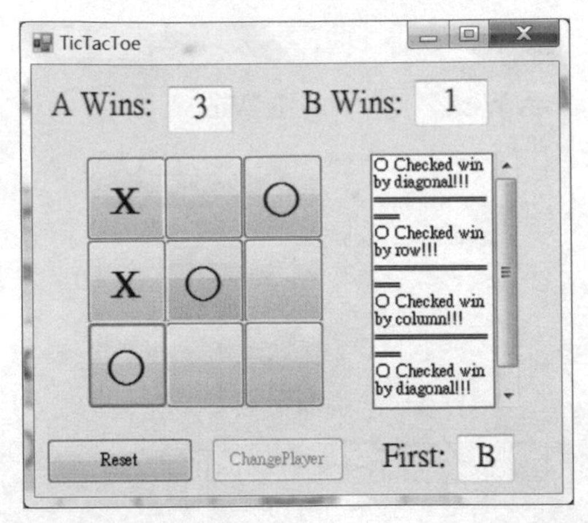

圖 7.3.7 TicTacToe 專案執行 B 玩家對角線贏局畫面

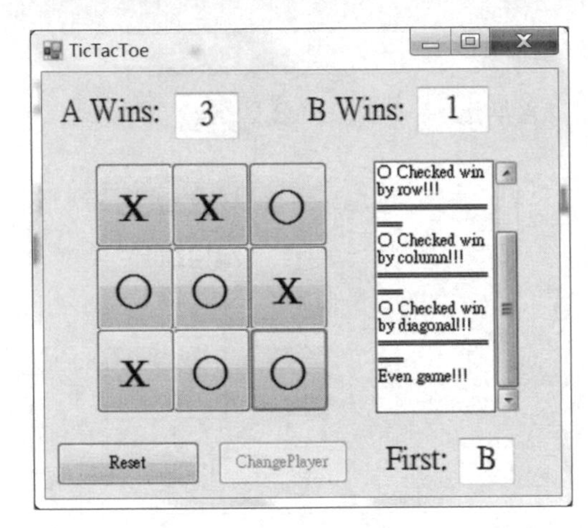

圖 7.3.8 TicTacToe 專案執行之和局畫面

★ 程式說明

1. 注意：第 53、62、70 行中，是以 (B[0].Text != “” 排除三個相同棋子爲空棋子之誤判。

7-4 自我練習

1. 請修改範例 7-1「SecretNumber」程式，當滑鼠移至 guessTB 並按下時，其內容會變爲空白，以利猜測數字之輸入。
2. 請於範例 7-1「SecretNumber」程式中，增加儲存玩家猜測數字過程之功能。
3. 請於範例 7-1「SecretNumber」程式中，增加記錄玩家輸與贏之次數。（例如：若終極密碼之範圍爲 100，則猜測次數在 7 次以內判爲贏局。備註：於程式碼之判斷式中，會使用 Math.Round(Math.Log(limit, 2)) 數學函式。）
4. 於範例 7-2「RapidComputation」程式執行中，當倒數計時器爲“0”時，若按暫停鍵一次就中斷執行，再按暫停鍵一次則恢復執行，此時倒數計時器會從“-1”開始計時，請予以修正之。

筆記頁

08 遊戲二

本章是以坊間的遊戲機爲例，以C#程式模擬設計類似之遊戲，其中包括：射擊砲彈、打地鼠、水果盤、與吃角子老虎等動態遊戲。

8.1 Cannon

範例 8-1 Cannon

說明 發射砲彈之遊戲。

1. 遊戲開始時，玩家可使用上下左右游標移動砲台，各方向之移動均有其極限值。
2. 使用“Space”鍵發射砲彈，用以射擊目標，當目標被擊中，其顏色將改變爲粉紅色。
3. 射擊之目標會因遊戲之進行，而變得越來越遠，且越來越短。
4. 若未擊中目標之次數達 5 次，遊戲即告結束。
5. 當按下“Reset”按鈕，即可重置遊戲。

★ 使用元件

表單 *1、嵌板 *1、標籤 *3、文字盒 *2、按鈕 *2、計時器 *3。

★ 專案配置

專案之配置如圖 8.1.1，專案中隱藏的元件如圖 8.1.2 所示。

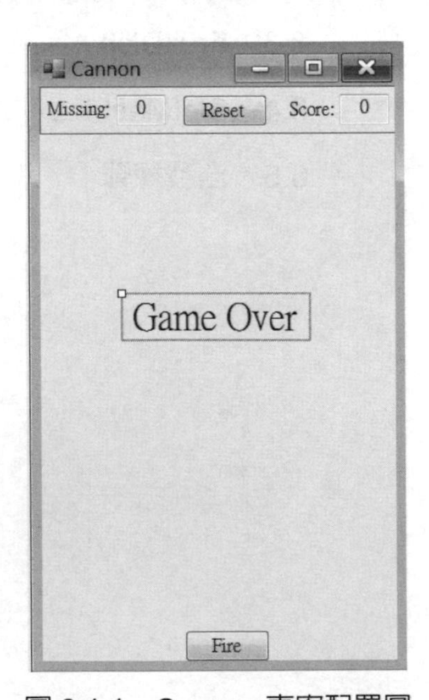

圖 8.1.1　Cannon 專案配置圖

圖 8.1.2　Cannon 專案中隱藏的元件

★ 屬性彙整表

1. 各元件需修改之屬性，彙整如表 8.1.1。

表 8.1.1　Cannon 屬性彙整表

項次	元件名稱	屬性	值
1	Form1	Size	360, 600
		Text	Cannon
2	panel1		
3,4	label1,2	Text	Missing:, Score:
5	label3	(Name)	gameOverLB
		Font->Size	18
		Text	Game Over
		Visible	False
6,7	textBox1,2	(Name)	missingTB, scoreTB
		Text	0, 0
		TextAlign	Center
9,10	button1	(Name)	fireBTN, resetBTN
		Size	80, 30
		Text	Fire, Reset
		TextAlign	MiddleCenter
10,11,12	timer1,2,3	(Name)	timerTarget, timerBullet, timerLevel
		Interval	100, 10, 3000

2. 各元件需處理的事件，彙整如表 8.1.2。

表 8.1.2 Cannon 事件彙整表

項次	元件名稱	事件名稱	對應程式
1	Form1	Load	Form1_Load
2	Form1	Paint	Form1_Paint
3	fireBTN	Click	fireBTN _Click
4		PreviewKeyDown	fireBTN _PreviewKeyDown
5	resetBTN	Click	resetBTN _Click
6	timerTarget	Tick	timerTarget _ Tick
7	timerBullet	Tick	timerBullet _ Tick
8	timerLevel	Tick	timerLevel _ Tick

★程式碼

```
1   namespace Cannon
2   {
3       public partial class Form1 : Form
4       {
5         int targetLength = 120, targetWidth = 10; //設定目標之長與寬
6         int bulletLength = 10, bulletWidth = 10; //設定砲彈之長與寬
7         int targetMinLength = 30; //設定目標之終極長度
8         int targetYLimit = 30; //設定目標 Y 軸位置之終極值
9         int hitCount = 0, missCount = 0; //命中目標與未命中目標之次數
10        static int targetOriginX = 0, targetOriginY = 250; //目標初
    始位置之 X 軸與 Y 軸
11        Point target = new Point(targetOriginX, targetOriginY);
12        Point bullet;
13        bool moveRight = true; //是否向右移動
14        bool hitTarget = false; //是否命中目標
15        bool missHit = false; //是否未命中目標
16        Color currTargetColor = Color.Gray;
17
18        public Form1()
19        {
20            InitializeComponent();
21        }
22
```

```
23         private void Form1_Load(object sender, EventArgs e)
24         {
25             initialization();
26         }
27 
28         private void initialization()
29         {
30             resetBTN.Enabled = false;
31             fireBTN.Enabled = true;
32             gameOverLB.Visible = false;
33             missCount = 0;
34             hitCount = 0;
35             missingTB.Text = "0";
36             scoreTB.Text = "0";
37             targetLength = 120;
38             targetOriginX = 0; targetOriginY = 250;
39             target = new Point(targetOriginX, targetOriginY);
40             timerTarget.Enabled = true;
41             timerLevel.Enabled = true;
42             fireBTN.Focus();
43             this.Refresh();
44         }
45 
46         private void Form1_Paint(object sender, PaintEventArgs e)
47         {
48             e.Graphics.FillRectangle(new SolidBrush(currTargetColor),
   target.X, target.Y, targetLength, targetWidth); //繪製目標
49             if (bullet.X > 0 && bullet.Y > 0)
50                 e.Graphics.FillRectangle(new SolidBrush(Color.
   Green), bullet.X, bullet.Y, bulletLength, bulletWidth); //繪製砲彈
51         }
52 
53         private void timerTarget_Tick(object sender, EventArgs e)
54         { //控制目標左右移動之計時器
55             if (moveRight) //若是向右移動
56                 target.X += 10;
57             else
58                 target.X -= 10;
```

```
59          if ((target.X + targetLength) >= this.Width &&
moveRight) // 目標若是向右移動，且已到達表單之最右端
60              moveRight = false; // 則改為向左移動
61          else if (target.X < 0 && !moveRight) // 目標若是向左移動，
且已到達表單之最左端
62              moveRight = true; // 則改為向右移動
63          currTargetColor = Color.Gray; // 目前目標之顏色為灰色
64          this.Refresh(); // 刷新圖案
65      }
66
67      private void timerBullet_Tick(object sender, EventArgs e)
68      { // 控制砲彈飛行之計時器
69          if (bullet.Y > 0) // 若砲彈尚未到達表單之頂端
70          {
71              if (!missHit && (target.Y >= (bullet.Y -
bulletWidth)) && (bullet.Y >= (target.Y - targetWidth))) // 若砲彈
尚未被判定為未擊中目標，且以 Y 軸考量，砲彈已進入目標的範圍，而又尚未離開目標
的範圍
72              {
73                  if ((target.X <= (bullet.X + bulletLength) &&
bullet.X <= target.X + targetLength)) // 以 X 軸考量，砲彈已進入目標的
範圍，而又尚未離開目標的範圍
74                  {
75                      hitTarget = true;
76                      hitCount++;
77                      scoreTB.Text = hitCount.ToString();
78                      currTargetColor = Color.Pink;
79                      fireBTN.Enabled = true;
80                      fireBTN.Focus(); // 聚焦於“fireBTN”
81                      timerBullet.Enabled = false;
82                      bullet = new Point(fireBTN.Location.X +
fireBTN.Width / 2, fireBTN.Location.Y + 1); // 由按鈕的中央位置發射砲彈
83                  }
84              }
85              else if (bullet.Y < target.Y - targetWidth) missHit
= true;
86              if (!hitTarget) // 若未擊中
87              {
88                  bullet.Y -= 10; // 砲彈繼續飛行
89              }
90          }
91          else
```

```
92            {
93                if (missHit)
94                {
95                    missCount++;
96                    missingTB.Text = missCount.ToString();
97                }
98                if (missCount >= 5) // 結束遊戲
99                {
100                   gameOverLB.Visible = true; // 顯示 Game Over
101                   timerBullet.Enabled = false;
102                   timerTarget.Enabled = false;
103                   timerLevel.Enabled = false;
104                   fireBTN.Enabled = false;
105                   resetBTN.Enabled = true;
106               }
107               else
108               {
109                   fireBTN.Enabled = true;
110                   fireBTN.Focus();
111                   timerBullet.Enabled = false;
112               }
113           }
114           this.Refresh();
115       }
116
117       private void timerLevel_Tick(object sender, EventArgs e)
118       { // 控制目標向上移動之計時器
119           if (target.Y > targetYLimit) target.Y -= 10;
120           if (targetLength > targetMinLength) targetLength -= 10;
121       }
122
123       private void resetBTN_Click(object sender, EventArgs e)
124       {
125           initialization();
126       }
127
128       private void fireBTN_Click(object sender, EventArgs e)
129       {
130           label1.Focus();
```

```
131             bullet = new Point(fireBTN.Location.X + fireBTN.Width /
    2, fireBTN.Location.Y + 1); //由按鈕的中央位置發射砲彈
132             hitTarget = false;
133             missHit = false;
134             timerBullet.Enabled = true;
135             fireBTN.Enabled = false;
136         }
137
138         private void fireBTN_PreviewKeyDown(object sender,
    PreviewKeyDownEventArgs e)
139         {
140             Point newPoint = new Point(fireBTN.Location.X, fireBTN.
    Location.Y);
141             switch (e.KeyData) //依據按鍵資訊
142             {
143                 case Keys.Up: //若爲游標上移之按鍵
144                     if (newPoint.Y > 300) : //若小於游標上移之極限值
145     ( = 300 )
                        {
146                         newPoint.Y -= 5;
147                         fireBTN.Location = newPoint;
148                     }
149                     break;
150                 case Keys.Down: : //若爲游標下移之按鍵
151                     if (newPoint.Y < this.Height - fireBTN.Height -
152     panel1.Height - 8)
                        {
153                         newPoint.Y += 5;
154                         fireBTN.Location = newPoint;
155                     }
156                     break;
157                 case Keys.Left: : //若爲游標左移之按鍵
158                     if (newPoint.X > 2)
159                     {
160                         newPoint.X -= 5;
161                         fireBTN.Location = newPoint;
162                     }
163                     break;
164                 case Keys.Right: : //若爲游標右移之按鍵
165                     if (newPoint.X < this.Width - fireBTN.Width - 20)
166                     {
167                         newPoint.X += 5;
```

```
168                         fireBTN.Location = newPoint;
169                     }
170                     break;
171             }
172             bullet = new Point(fireBTN.Location.X + fireBTN.Width /
    2, fireBTN.Location.Y + 1);
173             this.Refresh();
174         }
175     }
176 }
```

★ 執行結果

程式執行之起始畫面如圖 8.1.3，執行中砲彈發射之畫面如圖 8.1.4，執行結束之畫面如圖 8.1.5，重置之畫面如圖 8.1.6 所示。

圖 8.1.3 Cannon 專案執行之起始畫面

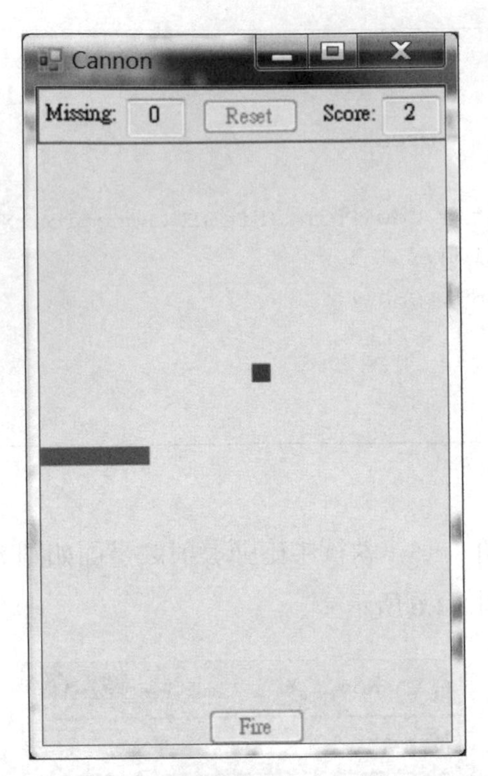

圖 8.1.4　Cannon 專案執行中砲彈發射之畫面

圖 8.1.5　Cannon 專案執行結束之畫面

圖 8.1.6 Cannon 專案重置之畫面

★ 程式說明

1. 注意：長方形物件是以其左下角之座標，標示爲物件之位置，由左向右 X 軸之數值漸增，由上到下 Y 軸之數值漸增。
2. 以垂直方向而言，第 71 行中之 target.Y >= (bullet.Y - bulletWidth) 代表砲彈已進入目標的範圍，而 bullet.Y >= (target.Y - targetWidth) 代表砲彈尚未離開目標的範圍，故以 Y 軸考量，表示砲彈與目標具有部分重疊之情形，如圖 8.1.7 所示。

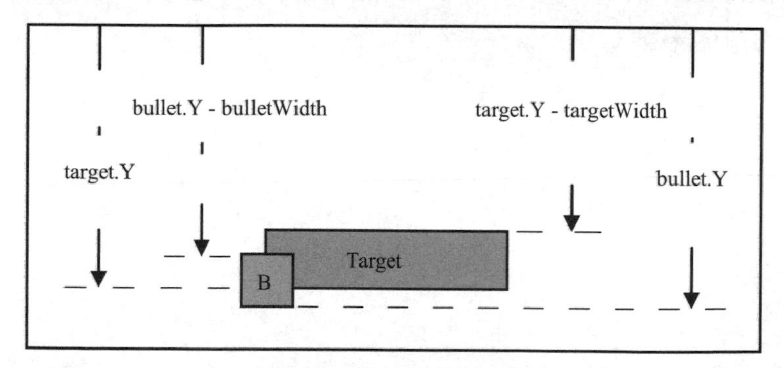

圖 8.1.7 Cannon 專案執行時判別砲彈命中目標之 Y 軸圖

3. 以水平方向而言，第 73 行中之 target.X <= (bullet.X + bulletLength) 代表砲彈已進入目標的範圍，而 bullet.X <= (target.X + targetLength) 代表砲彈尚未離開目標的範圍，故以 X 軸考量，表示砲彈與目標具有部分重疊之情形，如圖 8.1.8 所示。

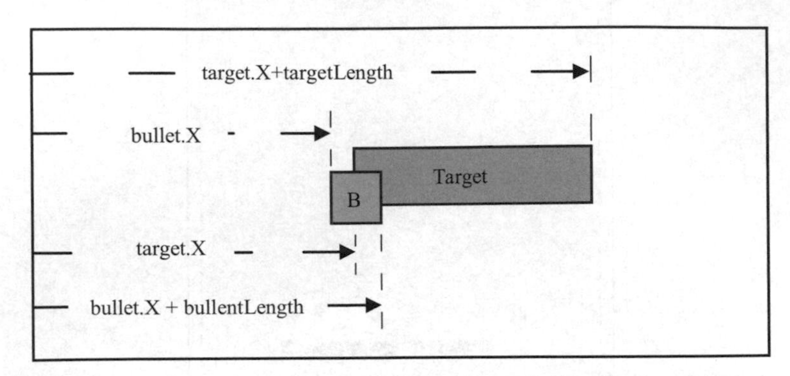

圖 8.1.8 Cannon 專案執行時判別砲彈命中目標之 X 軸圖

4. 第 80 行中之 fireBTN.Focus()，是告知程式執行至此時，將焦點聚於“fireBTN”，如此方便玩家按壓“Space”鍵或“Enter”鍵，即具有以滑鼠點擊“fireBTN”之功能。
5. 第 82 行中之 bullet = new Point(fireBTN.Location.X + fireBTN.Width / 2, fireBTN.Location.Y + 1)，具備雙重意義，第一：“new”代表砲彈擊中目標後即行消失，第二：由按鈕的中央位置發射砲彈，其中之“+1”是避免砲彈之上緣會凸出於按鈕。
6. 第 151 行中之 (this.Height - fireBTN.Height - panel1.Height – 8)，是將 (表單高度 - 按鈕高度 - 嵌板高度 -8) 設為按鈕下移之極限值，其中之“-8”是用於補償，以避免按鈕過度下移，而造成按鈕之下緣被表單所覆蓋。
7. 第 165 行中之 (this.Width - fireBTN.Width - 20)，是將 (表單寬度 - 按鈕寬度 -20) 設為按鈕右移之極限值，其中之“-20”亦是用於補償，以避免按鈕過度右移，而造成按鈕之右緣被表單所覆蓋。

8.2 HitShrewmouse

範例 8-2 —• HitShrewmouse

說明 打地鼠之遊戲。

1. 遊戲開始前，玩家可先設定地鼠數量，與遊戲難易度（“1”代表最難，“20”代表最容易）。
2. 當按下“Play”鍵則遊戲開始，玩家需於限定的時間內，以滑鼠點擊不定點出現的地鼠。
3. 玩家若擊中地鼠，則地鼠會暈眩過去，玩家因此獲得 1 分。
4. 若地鼠出現的次數，達到玩家事先設定的地鼠數量，遊戲即告結束。
5. 注意：畫面右邊之訊息文字盒會顯示答案，以供初學者練習之用。於正式遊戲時，可按“Hide”鍵將訊息文字盒做顯示與隱藏之切換動作。
6. 當再次按下“Play”按鈕，即可重置遊戲。

★ 使用元件

表單 *1、嵌板 *1、群組盒 *1、組合盒 *1、標籤 *3、文字盒 *4、按鈕 *18、計時器 *2。

★ 專案配置

專案之配置如圖 8.2.1，專案中隱藏的元件如圖 8.2.2 所示。

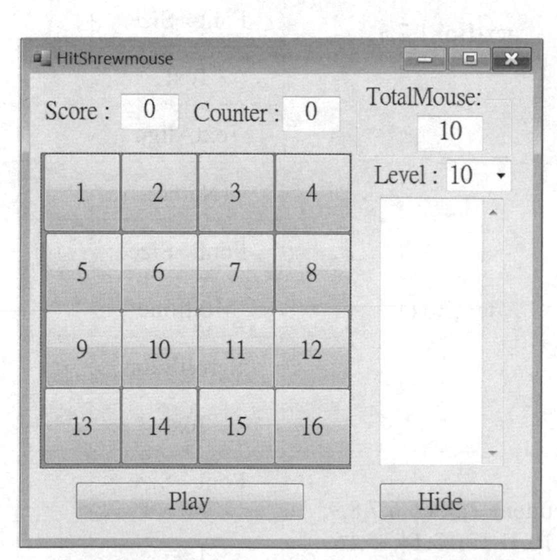

圖 8.2.1　HitShrewmouse 專案配置圖

timerMouseStay timerMouseShow

圖 8.2.2 HitShrewmouse 專案中隱藏的元件

★ 屬性彙整表

1. 各元件需修改之屬性，彙整如表 8.2.1。

表 8.2.1 HitShrewmouse 屬性彙整表

項次	元件名稱	屬性	值
1	Form1	Text	HitShrewmouse
2	panel1		
3	groupBox1	Font->Size	14
		Text	TotalMouse:
4	comboBox1	Font->Size	14
		Text	10
5,6,7	label1,2,3	Font->Size	14
		Text	Score:, Counter:, Level:
8,9,10	textBox1,2,3	(Name)	scoreTB, counterTB, totalMouseTB
		Font->Size	14
		Text	0, 0, 10
		TextAlign	Center
11	textBox4	(Name)	msgTB
		Font->Size	14
		Multiline	True
		ScrollBars	Both
		Text	
12,13,14,15,16,17, 18,19,20,21,22,23, 24,25,26,27	button1,2,3,4,5,6,7,8,9, 10,11,12,13,14,15,16	Font->Size	14
		Text	1,2,3,4,5,6,7,8,9,10, 11,12,13,14,15,16

項次	元件名稱	屬性	值
28,29	button17,18	(Name)	playBTN, hideBTN
		Font->Size	14
		Text	Play, Hide
30,31	timer1,2	(Name)	timerMouseStay, timerMouseShow

2. 各元件需處理的事件，彙整如表 8.2.2。

表 8.2.2 HitShrewmouse 事件彙整表

項次	元件名稱	事件名稱	對應程式
1	Form1	Load	Form1_Load
2	comboBox1	SelectedIndexChanged	comboBox1_ SelectedIndexChanged
3	button1,2,3,4,5, 6,7,8,9,10,11, 12,13,14,15,16	Click	mouseBTN _Click
4	resetBTN	Click	resetBTN _Click
5	hideBTN	Click	hideBTN _Click
6	timerMouseStay	Tick	timerMouseStay _ Tick
7	timerMouseShow	Tick	timerMouseShow _ Tick

★ 程式碼

```
1   namespace HitShrewmouse
2   {
3       public partial class Form1 : Form
4       {
5           Button[] mouse;
6           int choice; //隨機選擇將出現之地鼠號碼
7           int counter; //計算出現過之地鼠數量
8           static Random r = new Random();
9           bool hit; //地鼠是否被擊中
10
11        public Form1()
```

```
12         {
13             InitializeComponent();
14         }
15 
16         private void Form1_Load(object sender, EventArgs e)
17         {
18             mouse = new Button[] { button1, button2, button3, 
button4, button5, button6, button7, button8, button9, button10, 
button11, button12, button13, button14, button15, button16 };
19             for (int i = 0; i < mouse.Length; i++)
20                 mouse[i].BackgroundImage = Resources.hole; //開始時，
將地鼠背景設爲地洞
21             for (int i = 0; i < 20; i++)
22                 comboBox1.Items.Add((i + 1).ToString()); // 加入難易
度選擇項目
23             timerMouseStay.Interval = 1500; // 設定地鼠停留時間
24             timerMouseShow.Interval = 1600; // 設定地鼠出現時間
25         }
26 
27         private void initialization()
28         {
29             for (int i = 0; i < mouse.Length; i++)
30                 mouse[i].BackgroundImage = Resources.hole;
31             hit = false;
32             counter = 0;
33             scoreTB.Text = "0";
34             counterTB.Text = "0";
35             msgTB.Text = "====\r\n";
36             totalMouseTB.Enabled = false; // 當遊戲開始後，不准變動地鼠數量
37             comboBox1.Enabled = false; // 當遊戲開始後，不准變動遊戲難易度
38         }
39 
40         private void playBTN_Click(object sender, EventArgs e)
41         {
42             initialization();
43             playBTN.Enabled = false;
44             timerMouseShow.Enabled = true; // 地鼠準備出現
45         }
46 
47         private void timerMouseShow_Tick(object sender, EventArgs e)
```

```
48          {
49              for (int i = 0; i < mouse.Length; i++)
50                  mouse[i].BackgroundImage = Resources.hole;
51              hit = false;
52              choice = r.Next(16); // 隨機選擇將出現之地鼠號碼
53              msgTB.Text = (choice + 1).ToString() + "\r\n" + msgTB.Text;
54              mouse[choice].BackgroundImage = Resources.mouse; // 將背
景設為地鼠
55              timerMouseStay.Enabled = true;
56          }
57
58          private void timerMouseStay_Tick(object sender, EventArgs e)
59          {
60              counter++; // 計算是第幾隻地鼠
61              counterTB.Text = counter.ToString();
62              if (counter >= int.Parse(totalMouseTB.Text)) // 若地鼠數
量已到達設定值
63              {
64                  timerMouseShow.Enabled = false;
65                  totalMouseTB.Enabled = true;
66                  comboBox1.Enabled = true;
67                  playBTN.Enabled = true;
68              }
69              timerMouseStay.Enabled = false;
70          }
71
72          private void hideBTN_Click(object sender, EventArgs e)
73          { // 將訊息文字盒做顯示與隱藏之替換動作
74              if (msgTB.Visible) msgTB.Visible = false;
75              else  msgTB.Visible = true;
76          }
77
78          private void mouseBTN_Click(object sender, EventArgs e)
79          {
80              if (timerMouseStay.Enabled && sender == mouse[choice]
&& !hit) // 若仍在地鼠停留時間內，且點擊到所選地鼠，且此地鼠尚未被點擊過
81              {
82                  mouse[choice].BackgroundImage = Resources.dizzy; //
將背景設為暈眩之地鼠
83                  hit = true;
```

```
84                  scoreTB.Text = (int.Parse(scoreTB.Text) + 1).ToString();
85              }
86          }
87
88          private void comboBox1_SelectedIndexChanged(object sender, EventArgs e)
89          {
90              int level = int.Parse(comboBox1.Text); //抓取遊戲難易度
91              timerMouseStay.Interval = 100 * level ; //將難易度*0.1秒後，設定爲地鼠停留時間
92              timerMouseShow.Interval = timerMouseStay.Interval + 100; //將地鼠停留時間+0.1秒後，設定爲地鼠出現時間
93          }
94      }
95  }
```

★ 執行結果

程式執行之起始畫面如圖 8.2.3，執行時修改地鼠數量與難易度之畫面如圖 8.2.4，執行時出現地鼠之畫面如圖 8.2.5，執行時命中地鼠之畫面如圖 8.2.6，執行時隱藏訊息文字盒之畫面如圖 8.2.7 所示。

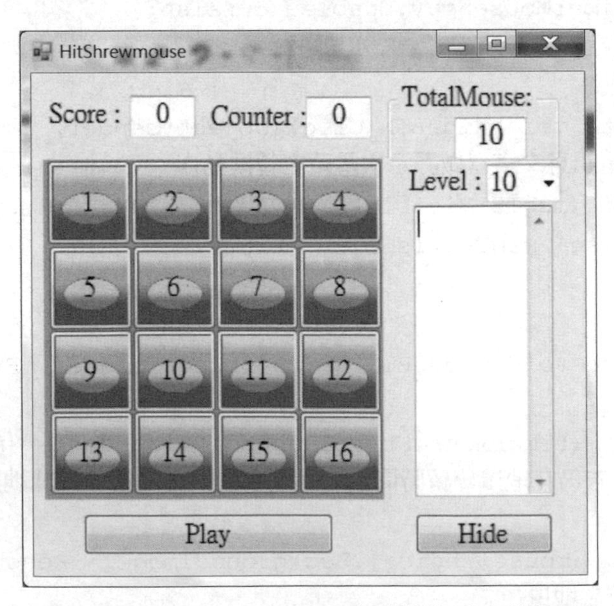

圖 8.2.3　HitShrewmouse 專案執行之起始畫面

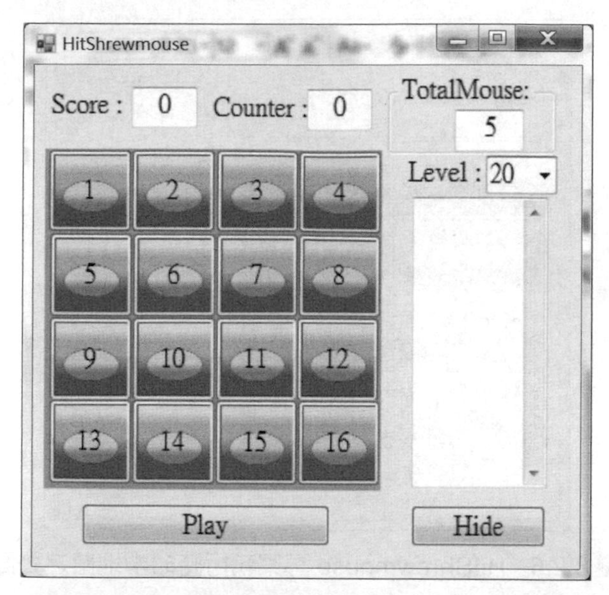

圖 8.2.4　HitShrewmouse 專案執行時修改地鼠數量與難易度之畫面

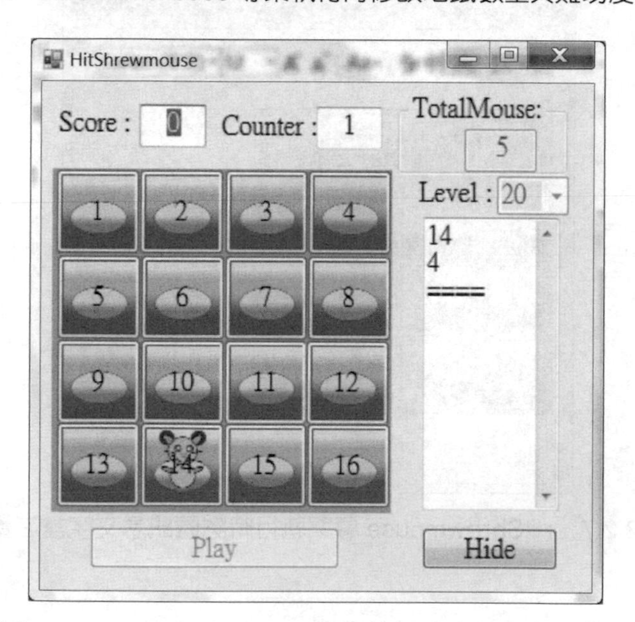

圖 8.2.5　HitShrewmouse 專案執行時出現地鼠之畫面

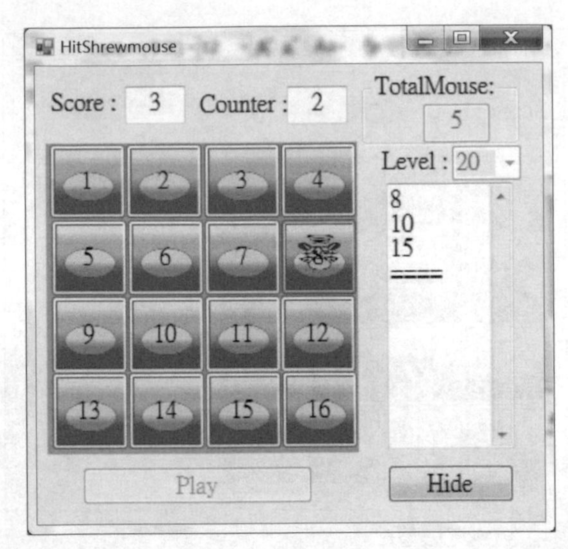

圖 8.2.6 HitShrewmouse 專案執行時命中地鼠之畫面

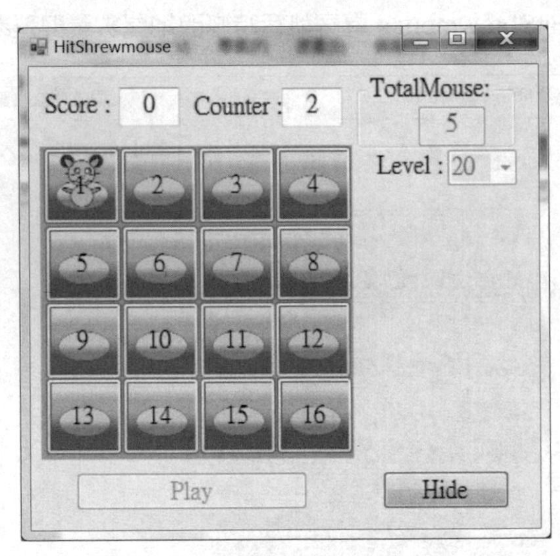

圖 8.2.7 HitShrewmouse 專案執行時隱藏訊息文字盒之畫面

★ 程式說明

1. 注意：於第 22、23 行中，需將地鼠出現時間設定得較地鼠停留時間為長。
2. 第 79 行中之"timerMouseStay.Enabled"代表玩家點擊地鼠時，仍在地鼠停留期間內，故為有效之點擊。若無此項測試條件之存在，則當出現最後一隻地鼠時，玩家可於任何時間點擊，皆會被誤認為有效。
3. 第 79 行中之"sender == mouse[choice]"代表玩家所點擊之地鼠，即為隨機出現之地鼠。
4. 第 79 行中之"!hit"代表玩家所點擊之地鼠尚未被點擊過。如此方可避免重複點擊，而又重複計算之錯誤。

8.3 FruitDish

範例 8-3 FruitDish

說明 水果盤之遊戲。

1. 遊戲開始前，玩家先由下拉式選單，選擇欲下注之項目。
2. 在“YourBet”欄，選擇欲下注之金額。
3. 當按下“Press”鍵則遊戲開始，此時不可更改所下注之項目與金額。
4. 若水果盤旋轉後所停留之項目，與玩家所下注之項目相同時，則玩家可獲得12 倍下注金額之報酬；反之，則玩家將會被由本金中，扣除所下注之金額。

★ 使用元件

表單 *1、圖像盒 *12、按鈕 *1、標籤 *3、組合盒 *1、文字盒 *2、進度橫桿 *1、計時器 *1。

★ 專案配置

專案之配置如圖 8.3.1，專案中隱藏的元件如圖 8.3.2 所示。

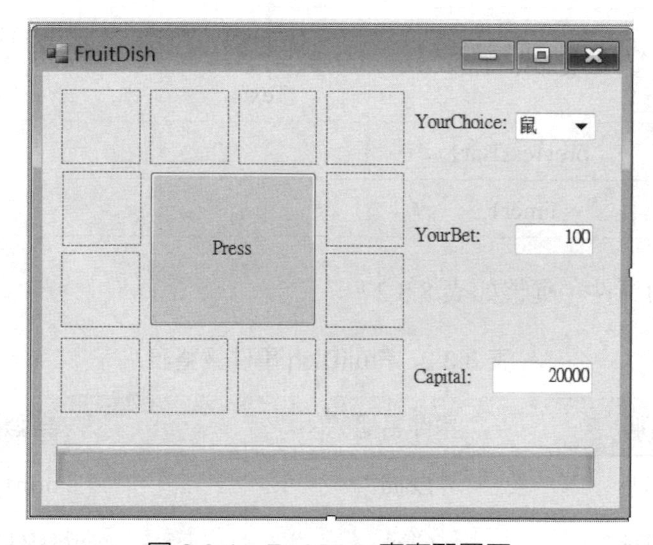

圖 8.3.1 FruitDish 專案配置圖

圖 8.3.2 FruitDish 專案中隱藏的元件

★ 屬性彙整表

1. 各元件需修改之屬性，彙整如表 8.3.1。

表 8.3.1 FruitDish 屬性彙整表

項次	元件名稱	屬性	值
1	Form1	Text	FruitDish
2,3,4,5,6,7, 8,9,11,12,13	pictureBox1,2,3,4, 5,6,7,8,9,10,11,12	Padding	8,7,8,7
		SizeMode	StretchImage
14	button1	(Name)	pressBTN
		BackColor	GradientInactiveCaption
		Font->Size	16
		Text	Press
15,16,17	label1,2,3	Text	YourChoice:, YourBet:, Capital:
18	comboBox1	(Name)	choiceCB
		Text	鼠
19,20	textBox1,2	(Name)	betTB, capitalTB
		Text	100, 20000
21	progressBar1		
22	timer1,		

2. 各元件需處理的事件，彙整如表 8.3.2。

表 8.3.2 FruitDish 事件彙整表

項次	元件名稱	事件名稱	對應程式
1	Form1	Load	Form1_Load
2	pressBTN	Click	pressBTN_Click
3	timer1	Tick	timer1 _ Tick

★ 程式碼

```
1   namespace FruitDish
2   {
3       public partial class Form1 : Form
4       {
5         const int differentImage = 12; //圖像樣式共 12 種
6         PictureBox[] B;
7         int target; // 下注之項目
8         int answer; // 水果盤旋轉後所停留之項目
9         int count; // 轉動計數器
10        Image[] img;
11        string[] itemName;
12        Random r = new Random();
13        SoundPlayer player = new SoundPlayer(Resources.Windows_
    Information_Bar);
14
15        public Form1()
16        {
17            InitializeComponent();
18        }
19
20        private void Form1_Load(object sender, EventArgs e)
21        {
22            B = new PictureBox[] { pictureBox1, pictureBox2,
    pictureBox3, pictureBox4, pictureBox5, pictureBox6, pictureBox7,
    pictureBox8, pictureBox9, pictureBox10, pictureBox11, pictureBox12 };
23            img = new Image[] { Resources._1mouse, Resources._2cow,
    Resources._3tiger, Resources._4rabbit, Resources._5dragon,
    Resources._6snake, Resources._7horse, Resources._8sheep,
    Resources._9monkey, Resources._10chicken, Resources._11dog,
    Resources._12pig, };
24            itemName = new string[] { "鼠", "牛", "虎", "兔", "龍
    ", "蛇", "馬", "羊", "猴", "雞", "狗", "豬" }; //項目名稱
25            for (int i = 0; i < B.Length; i++)
26            {
27                B[i].BackColor = Color.LightGray;
28                B[i].Image = img[i]; //載入項目圖像
29                choiceCB.Items.Add(itemName[i]); //載入組合盒之項目名稱
30            }
31            choiceCB.SelectedIndex = 0; //選擇組合盒顯示之項目名稱
```

```
32            capitalTB.Enabled = false;
33        }
34
35        private void pressBTN_Click(object sender, EventArgs e)
36        {
37            target = choiceCB.SelectedIndex; // 由組合盒決定下注之項目
38            answer = 60 + r.Next(60); // 隨機決定停留之項目
39            pressBTN.Text = choiceCB.SelectedItem.ToString(); // 將下
   注項目之名稱顯示於按鈕上
40            count = 0;
41            progressBar1.Value = 0;
42            pressBTN.BackColor = Color.LightGray;
43            progressBar1.Maximum = answer + 1;
44            pressBTN.Enabled = false;
45            betTB.Enabled = false; // 禁止更改所下注之金額
46            choiceCB.Enabled = false; // 禁止更改所下注之項目
47            timer1.Enabled = true;
48        }
49
50        private void timer1_Tick(object sender, EventArgs e)
51        {
52            if (count <= answer)
53            {
54                timer1.Interval = 50 + count * 3; // 延遲計時器之間隔時間
55                progressBar1.Value ++;
56                for (int i = 0; i < B.Length; i++)
57                    B[i].BackColor = Color.Cyan;
58                B[count % differentImage].BackColor = Color.Pink;
   // 依序變更圖像盒之背景顏色
59                player.Play();
60                count++;
61                cunTB.Text = count.ToString();
62            }
63            else
64            {
65                timer1.Enabled = false;
66                pressBTN.Enabled = true;
67                pressBTN.Text = "Press";
68                betTB.Enabled = true;
```

```
69                  choiceCB.Enabled = true;
70                  if ((answer % differentImage)== target)
71                  {
72                      capitalTB.Text = (int.Parse(capitalTB.Text) +
    int.Parse(betTB.Text) * differentImage).ToString(); // 獲得 12 倍下注
    金額之報酬
73                      pressBTN.BackColor = Color.Pink;
74                  }
75                  else
76                  {
77                      capitalTB.Text = (int.Parse(capitalTB.Text) -
    int.Parse(betTB.Text)).ToString();
78                      pressBTN.BackColor = System.Drawing.
    SystemColors.GradientInactiveCaption;
79                  }
80                  for (int i = 0; i < B.Length; i++)
81                      B[i].Enabled = true;
82                  pressBTN.Focus();
83              }
84          }
85      }
86  }
```

★ 執行結果

程式執行之起始畫面如圖 8.3.3，執行中選擇下注項目之畫面如圖 8.3.4，執行中之畫面如圖 8.3.5，執行結束未命中之畫面如圖 8.3.6，執行結束命中之畫面如圖 8.3.7 所示。

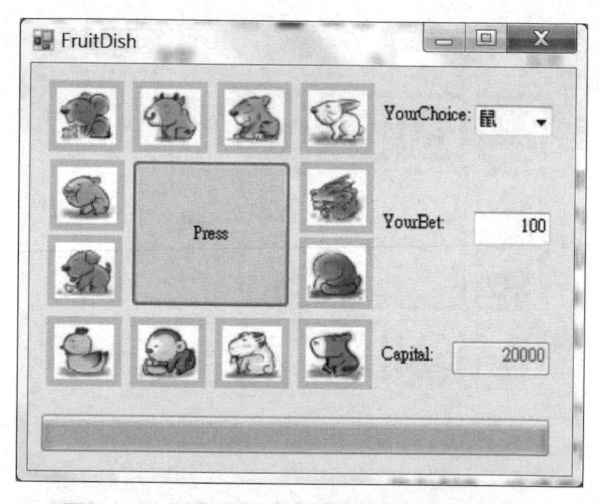

圖 8.3.3　FruitDish 專案執行之起始畫面

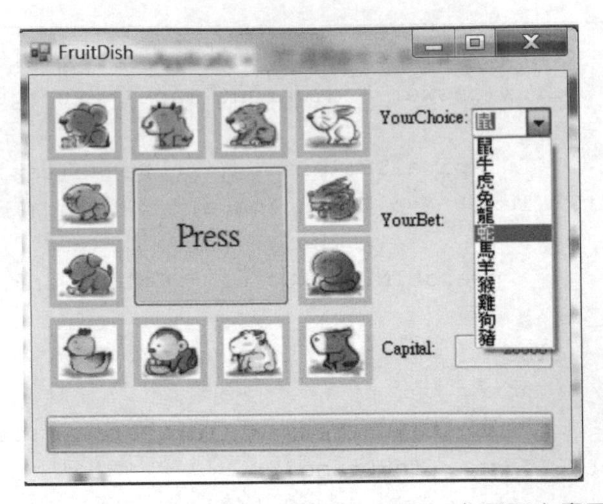

圖 8.3.4　FruitDish 專案執行中選擇下注項目之畫面

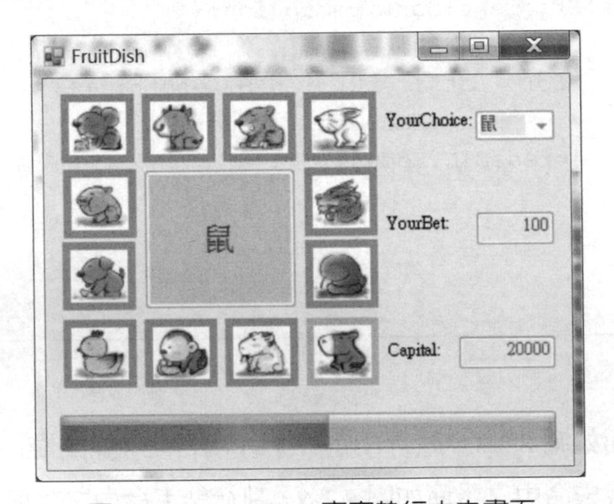

圖 8.3.5　FruitDish 專案執行中之畫面

圖 8.3.6　FruitDish 專案執行結束未命中之畫面

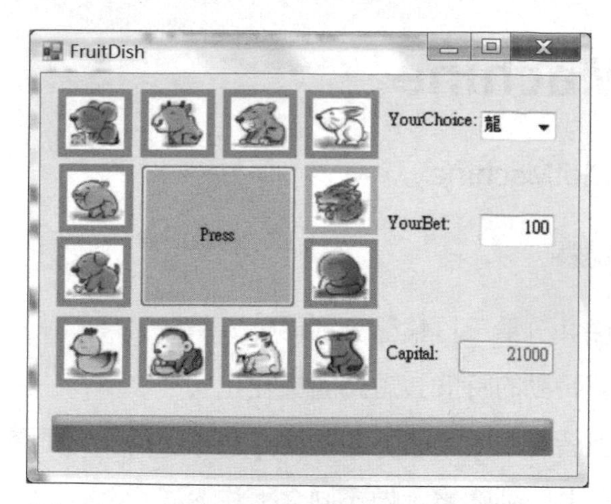

圖 8.3.7　FruitDish 專案執行結束命中之畫面

★ 程式說明

1. 第 38 行中之兩個數字，皆需取 12 的倍數，數字越小，則轉動越快結束。
2. 於第 43 行中之加 1，是爲了補償 answer 由 0 開始而非 1。
3. 第 70 行中之“answer % 12”是因爲 target 介於 0 ~ 11，而 answer 介於 0 ~ 11 + 12 的倍數。
4. 第 82 行中之“pressBTN.Focus()”，可讓程式執行結束後，將焦點停留在按鈕上，如此玩家可以”Space“鍵取代滑鼠，做點擊按鈕之動作。

★ 圖片來源

設計師圖庫，意念數位科技股份有限公司製作。

8.4 SlotMachine

範例 8-4 — SlotMachine

說明 吃角子老虎遊戲。

1. 吃角子老虎共分爲三行輪盤分別轉動。
2. 每一行輪盤轉動的時間長短爲隨機變化。
3. 每一行輪盤皆有七組圖案，其順序亦爲每次轉動時隨機變化。
4. 每次可針對共三列圖案，做不同之下注。
5. 若某一列三圖案爲“777”，則賠率爲 100 倍，即玩家可獲得該列下注金額 100 倍之報酬。
6. 若某一列三圖案皆爲“BAR”，則賠率爲 60 倍。
7. 若某一列三圖案皆爲“西瓜”，則賠率爲 50 倍。
8. 若某一列三圖案皆爲“茄子”，則賠率爲 40 倍。
9. 若某一列三圖案皆爲“柳丁”，則賠率爲 30 倍。
10. 若某一列三圖案皆爲“香蕉”，則賠率爲 20 倍。
11. 若某一列三圖案皆爲“櫻桃”，則賠率爲 10 倍。
12. 其餘圖案之排列，則判定爲輸家，將會於其本錢中扣除下注金額。
13. 遊戲開始時，玩家先設定各列之下注金額，遊戲開始後不可更改。
14. 當按下“Play”鍵則遊戲開始。
15. 當按下”Hide”鍵將訊息文字盒做顯示與隱藏之切換動作。

★ 使用元件

表單 *1、嵌板 *3、圖像盒 *9、標籤 *4、文字盒 *5、按鈕 *2、進度橫桿 *1、計時器 *3。

★ 專案配置

專案之配置如圖 8.4.1，專案中隱藏的元件如圖 8.4.2 所示。

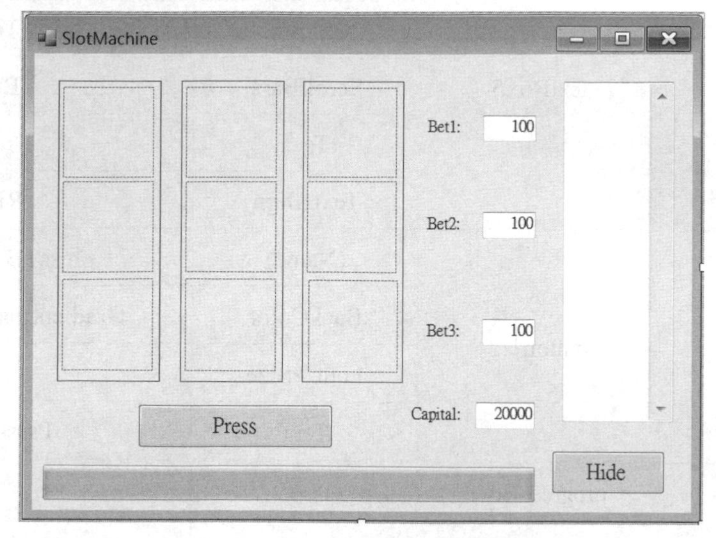

圖 8.4.1　SlotMachine 專案配置圖

圖 8.4.2　SlotMachine 專案中隱藏的元件

★ 屬性彙整表

1. 各元件需修改之屬性，彙整如表 8.4.1。

表 8.4.1　SlotMachine 屬性彙整表

項次	元件名稱	屬性	值
1	Form1	Text	SlotMachine
2,3,4	panel1,2,3		
5,6,7,8,9,10, 11,12,13	pictureBox1,2, 3,4,5,6,7,8,9	SizeMode	StretchImage
14,15,16,17	label1,2,3,4	Text	Bet1:, Bet2:, Bet3:, Capital:
18,19,20,21	textBox1,2,3,4	(Name)	betTB1, betTB2, betTB3, capitalTB
		Text	100, 100, 100, 20000

項次	元件名稱	屬性	值
22	textBox5	(Name)	msgTB
		Multiline	True
		ScrollBars	Both
		Text	
		TextAlign	Right
23,24	button1,2	(Name)	pressTB, hideBTN
		BackColor	GradientInactiveCaption
		Font->Size	12
		Text	Press. Hide
25	progressBar1		
26,27,28	timer1,2,3		

2. 各元件需處理的事件，彙整如表 8.4.2。

表 8.4.2 SlotMachine 事件彙整表

項次	元件名稱	事件名稱	對應程式
1	Form1	Load	Form1_Load
2,3	pressBTN, hideBTN	Click	pressBTN_Click, hideBTN_ Click
4	timer1,2,3	Tick	timer_Tick

★程式碼

```
1  namespace SlotMachine
2  {
3      public partial class Form1 : Form
4      {
5          const int differentImage = 7; // 圖像樣式共 7 種
6          const int column = 3; // 3 行
7          const int row = 3; //3 列
8          TextBox[] tb;
9          PictureBox[,] pb;
```

```
10         Image[,] img;
11         Timer[] tm;
12         int[] rollNumber = new int[row]; //轉動次數
13         int[] count = new int[row]; //轉動計數器
14         int proBarController; //進度橫桿主控者
15         int[,] indicator = new int[differentImage, column]; //答案指示器
16         int[] multiPay = { 100, 60, 50, 40, 30, 20, 10 }; //賠率
17         Random r = new Random();
18         SoundPlayer player = new SoundPlayer(Resources.Windows_
   Information_Bar);
19
20         public Form1()
21         {
22             InitializeComponent();
23         }
24
25         private void Form1_Load(object sender, EventArgs e)
26         {
27             pb = new PictureBox[,] {{ pictureBox1, pictureBox4,
   pictureBox7 },
28                                     { pictureBox2, pictureBox5,
   pictureBox8 },
29                                     { pictureBox3, pictureBox6,
   pictureBox9 }};
30             img = new Image[,] {{ Properties.Resources.seven,
   Resources.seven, Resources.seven },
31                                 { Resources.bar, Resources.bar,
   Resources.bar },
32                                 { Resources.watermelon, Resources.
   watermelon, Resources.watermelon },
33                                 { Resources.eggplant, Resources.
   eggplant, Resources.eggplant },
34                                 { Resources.orange, Resources.orange,
   Resources.orange },
35                                 { Resources.banana, Resources.banana,
   Resources.banana },
36                                 { Resources.cherry, Resources.cherry,
   Resources.cherry }};
37             for (int i = 0; i < differentImage; i++) //答案指示器初始化
38                 for (int j = 0; j < column; j++)
```

```
39                  indicator[i, j] = i;
40              tb = new TextBox[] { betTB1, betTB2, betTB3 };
41              tm = new Timer[] { timer1, timer2, timer3 };
42              for (int i = 0; i < row; i++) //圖像盒初始化
43                  for (int j = 0; j < column; j++)
44                      pb[i,j].Image = img[i,j];
45              showInd(); //顯示答案
46              pressBTN.BackColor = Color.Green;
47          }
48
49          private void pressBTN_Click(object sender, EventArgs e)
50          {
51              int largestRollNumber; //最多轉動次數
52              count[0] = count[1] = count[2] = 0;
53              for (int i = 0;i < column; i++) //隨機產生轉動次數
54                  rollNumber[i] = 30 + r.Next(30);
55              largestRollNumber = rollNumber[0]; //尋找轉動次數最多者
56              proBarController = 0;
57              for (int i = 1; i < column; i++)
58                  if (rollNumber[i] > largestRollNumber)
59                  {
60                      largestRollNumber = rollNumber[i];
61                      proBarController = i; //設定轉動次數最多者爲進度橫
    桿主控者
62                  }
63              progressBar1.Maximum = largestRollNumber;
64              progressBar1.Value = 0;
65              for (int i = 0; i < column; i++) //隨機變動各行圖像之順序
66                  for (int j = 0; j < 100; j++)
67                      for (int k = 0; k < differentImage; k++)
68                      {
69                          int m = r.Next(differentImage);
70                          Image tmp = img[k, i];
71                          int tmp2 = indicator[k, i];
72                          img[k, i] = img[m, i];
73                          indicator[k, i] = indicator[m, i];
74                          img[m, i] = tmp;
75                          indicator[m, i] = tmp2;
76                      }
```

```
77             showInd();
78             pressBTN.BackColor = Color.LightGray;
79             pressBTN.Enabled = false;
80             for (int i = 0; i < column; i++)
81             {
82                 tb[i].Enabled = false; // 禁止變動下注金額
83                 tm[i].Enabled = true; // 起動計時器
84             }
85         }
86 
87         private void timer_Tick(object sender, EventArgs e)
88         {
89             int j;
90             for (j = 0; j < 3; j++) // 尋找計時器之派送者
91                 if (sender == tm[j]) break;
92             if (count[j] < rollNumber[j]) // 若該派送者之計數器尚未到達
   應轉動之次數
93             {
94                 tm[j].Interval = 50 + count[j] * row; // 設定該派送者
   計時器之延遲時間
95                 if (j == proBarController) progressBar1.Value++; //
   若該派送者爲進度橫桿之主控者，則將進度橫桿之值進位
96                 Image tmp = img[0, j]; // 保留該派送者最前方之圖像
97                 int tmp2 = indicator[0, j];
98                 for (int i = 0; i < differentImage - 1; i++) // 將該
   派送者之圖像向前進位
99                 {
100                    img[i, j] = img[i + 1, j];
101                    indicator[i, j] = indicator[i + 1, j];
102                }
103                img[differentImage - 1, j] = tmp; // 將該保留之圖像設爲
   最後方之圖像
104                indicator[differentImage - 1, j] = tmp2;
105                for (int i = 0; i < row; i++) // 更新圖像盒
106                    pb[i, j].Image = img[i, j];
107                player.Play();
108                count[j]++;
109            }
110            else if (j == proBarController) // 若該派送者爲進度橫桿之主控者
111            {
112                for (int i = 0; i < column; i++) // 關閉所有計時器
```

```
113                 tm[i].Enabled = false;
114             pressBTN.Enabled = true;
115             pressBTN.BackColor = Color.Green;
116             checkWin(); // 檢查輸贏
117 
118         }
119     }
120 
121     public void checkWin()
122     {  // 檢查輸贏之程式
123        for (int i = 0; i < row; i++)
124        {
125            if (indicator[i, 0] == indicator[i, 1] &&
indicator[i, 1] == indicator[i, 2]) // 若某列三個指示器之值相同，代表命中
126                capitalTB.Text = ((int.Parse(capitalTB.Text)) +
(int.Parse(tb[i].Text)) * multiPay[indicator[i, 0]]).ToString();
// 則贏得賭注 * 賠率之金額
127            else capitalTB.Text = ((int.Parse(capitalTB.Text)) -
(int.Parse(tb[i].Text))).ToString();
128        }
129        for (int i = 0; i < column; i++)
130        {
131            tb[i].Enabled = true;
132            tm[i].Enabled = false;
133        }
134        showInd();
135     }
136 
137     public void showInd()
138     {
139       for (int i = 0; i < differentImage; i++)
140       {
141           for (int j = 0; j < column; j++)
142               msgTB.Text += (indicator[i, j]).ToString() + "   ";
143           msgTB.Text += "\r\n";
144       }
145       msgTB.Text += "=========\r\n";
146     }
147 
```

```
148        private void hideBTN_Click(object sender, EventArgs e)
149        {
150            if (msgTB.Visible) msgTB.Visible = false;
151            else msgTB.Visible = true;
152        }
153    }
154 }
```

★ 執行結果

程式執行之起始畫面如圖 8.4.3，執行中之畫面如圖 8.4.4，執行結束之畫面如圖 8.4.5，執行時命中三個茄子之畫面如圖 8.4.6，執行時隱藏訊息文字盒之畫面如圖 8.4.7 所示。

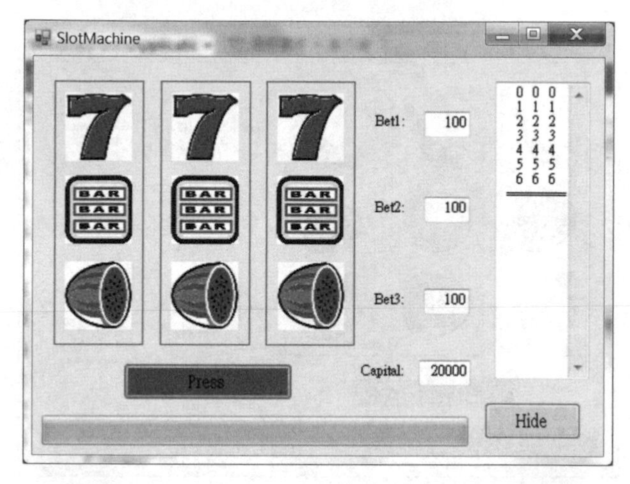

圖 8.4.3　SlotMachine 專案執行之起始畫面

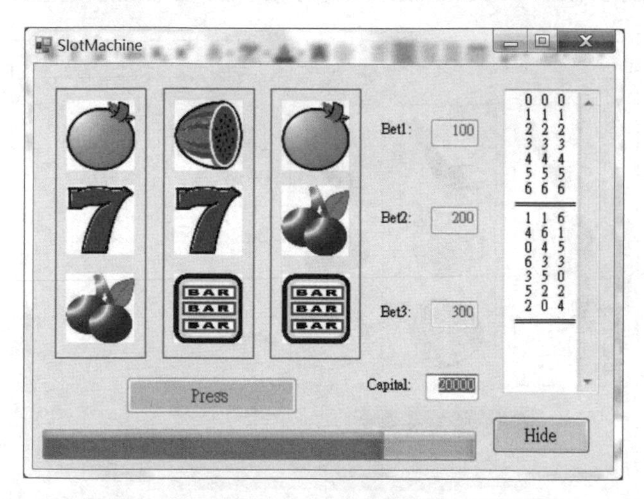

圖 8.4.4　SlotMachine 專案執行中之畫面

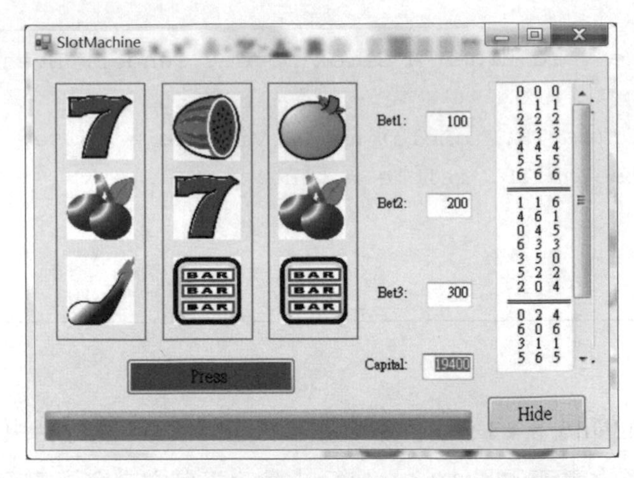

圖 8.4.5 SlotMachine 專案執行結束之畫面

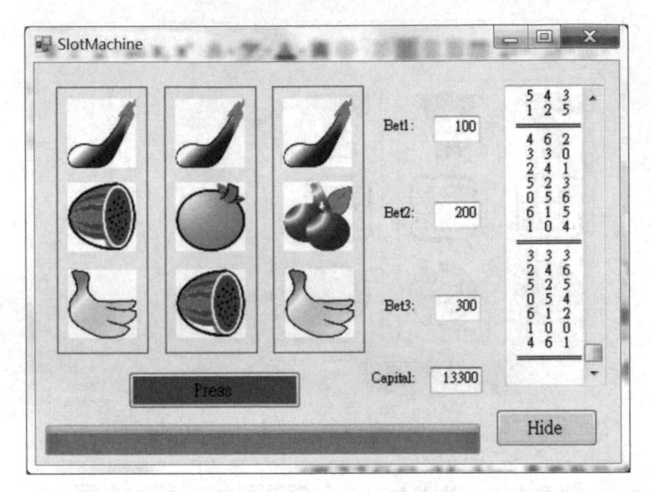

圖 8.4.6 SlotMachine 專案執行時命中三個茄子之畫面

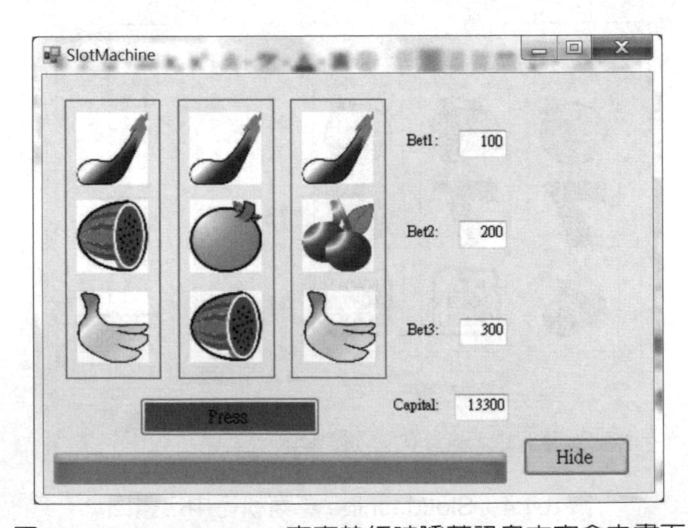

圖 8.4.7 SlotMachine 專案執行時隱藏訊息文字盒之畫面

★ 程式說明

1. 第 55~62 行是用來尋找轉動次數最多者，並將之設定為進度橫桿主控者。
2. 於第 65~76 行中，隨機交換各行之圖像各 100 次，其目的是在打亂各行圖像之順序。
3. 第 80~84 行是當遊戲啓動後，禁止玩家變動下注金額之用。
4. 第 96~104 行是先保留第一個圖像，再依序將其他圖像向前進位，最後再將該保留之圖像設定為最後一個圖像，以達到圖像轉動之效果。
5. 進度橫桿之主控者，除了於第 95 行負責將進度橫桿之值進位外，並於第 116 行負責檢查輸贏。
6. 第 126 行為贏得之金額 = 原有本金 + 賭注 * 賠率。

8.5 自我練習

(1) 請於範例 8-3「FruitDish」程式中增加作弊功能，按 Press 按鈕則一定會命中玩家所選擇之圖像。注意：仍然是漸漸地到達該圖像，而非急停至該圖像。

筆記頁